JN233180

化石鑑定のガイド

小畠郁生 編

朝倉書店

「新装板」の刊行にあたって初版を120%に拡大し，判型もA5判からB5判に大きくしました．
ただし，図説明などにあるスケール表記（たとえば，×1, ×0.9, ×5/7, …など）は初版のままですのでご注意ください．

執筆者

小畠郁生（おばたいくお）　国立科学博物館古生物第四研究室長・理学博士

速水　格（はやみいたる）　東京大学総合研究資料館助教授・理学博士

棚井敏雅（たないとしまさ）　北海道大学理学部教授・理学博士

浅間一男（あさまかずお）　国立科学博物館地学研究部長・理学博士

藤　則雄（ふじのりお）　金沢大学教育学部教授・理学博士

小泉　格（こいずみいたる）　大阪大学教養部地学教室・理学博士

（執筆順・所属は初版刊行時）

序

　近年，化石についての市民の関心が高まるにつれて，これに関する一般向けの読み物は急速に増加した．学問の裾野が広がるという意味で斯界にとって喜ばしいことであろう．いっぽう，研究者ないしは専攻課程の学生のための古生物学教科書あるいはマニュアルのたぐいも内外で刊行されていて，昔のような大学カリキュラムのうえでの不便さが解消される日も遠くないことと思う．

　しかしながら，上記の両者のほぼ中間に当たる人たちが実際に化石を手にして研究を始めようとする時，既存の本を参考にしただけでは，どうにもならない焦そうを感じられることも否めないであろう．事実，出版社に寄せられた読者からの希望によれば，その間の事情は歴然としている．化石図鑑や図譜をもってしても，この問題は解決できない．

　本書は，主としてそのような方々の悩みを軽減するのにいくらかでも役立てばという考えで作られた．つまり，初歩の化石研究者・愛好者が，古生物学の高度の生物学的分類の知識が充分でなくても，また必要な学術上の文献がなくとも，一応自分なりに化石をしらべ，また鑑定ができるよう，具体的な実例を示しながら書かれた鑑定法の手びき書を刊行するというのが，本書を出版する目的であった．一冊の本としての頁数の制限などもあって，この刊行の趣旨がうまく果たされたかどうかは，この本を利用して下さる方がたの御批判をまつしかないが，ともあれ，本書の企画そのものが，市民からの強い要望と支持に添ったものであったという事実が，執筆者一同の心の支えでもあった．本書が市民と学界のはざまにおられる多くの方がたの座右の友となってお役に立つことができれば，筆者たちの幸いこれに過ぐるものはない．

1979年4月

　　　　　　　　　　　　　　　　　　　　　　　　　　小　畠　郁　生

目　　　次

はじめに ……………………………………………〔小畠　郁生〕… 1

1. 野外ですること ………………………………〔小畠　郁生〕… 9
　§1.　化石の探しかた ………………………………………………… 9
　　（1）　化石産地 ………………………………………………………… 9
　　（2）　服装と用具 …………………………………………………… 10
　　（3）　採集計画 …………………………………………………… 11
　　（4）　発見のきっかけ …………………………………………… 12
　　　　a.　岩石海岸 ………………………………………………… 12
　　　　b.　沢 ………………………………………………………… 12
　　　　c.　道路の切り割り ………………………………………… 13
　　　　d.　工事現場 ………………………………………………… 13
　　（5）　岩石の種類に応じた化石探査のこつ ……………………… 14
　　　　a.　礫　岩 …………………………………………………… 14
　　　　b.　砂　岩 …………………………………………………… 14
　　　　c.　泥岩・頁岩 ……………………………………………… 15
　　　　d.　泥灰岩 …………………………………………………… 15
　　　　e.　石灰岩 …………………………………………………… 15
　§2.　化石のとりかた ………………………………………………… 16
　§3.　記録のとりかた ………………………………………………… 18
　　（1）　地形図 ………………………………………………………… 18
　　（2）　見取り図 ……………………………………………………… 21
　　（3）　地層の重なりの順序 ………………………………………… 21

（4）　地質構造 ………………………………………… 21
　　（5）　岩　質 …………………………………………… 22
　　（6）　化石の産状・堆積状態 ……………………………… 24
　　（7）　化石の種類 ………………………………………… 24
§ 4.　化石の包みかたと運びかた ……………………………… 25
§ 5.　採集のあとしまつ ………………………………………… 26
　　（1）　現場でのあとしまつ ………………………………… 26
　　（2）　標本の所有と保管 …………………………………… 27
§ 6.　各自の特生を生かす ……………………………………… 29

2.　室内での整理のしかた ………………………………〔小畠　郁生〕… 30
　（1）　整　理 ……………………………………………………… 30
　（2）　整形作業 …………………………………………………… 30
　　　a.　物理的方法 ……………………………………………… 31
　　　b.　化学的方法 ……………………………………………… 31
　　　c.　熱的方法 ………………………………………………… 32
　（3）　復元作業 …………………………………………………… 32
　（4）　模型製作 …………………………………………………… 33
　（5）　標本撮影 …………………………………………………… 34
　（6）　各自の特性を生かす ……………………………………… 34

3.　化石鑑定のこつ ……………………………………………………… 37
　§ 1.　貝化石 ……………………………………………〔速水　格〕… 37
　　（1）　二枚貝 …………………………………………………… 37
　　　a.　化石二枚貝の鑑定方法と参考図書 …………………… 38
　　　b.　化石二枚貝の鑑定に役立つ特徴 ……………………… 42
　　　　1)　殻の方位と対称性 …………………………………… 43
　　　　2)　殻の外形 ……………………………………………… 43

			目　　次	v

　　　　3）殻の外面彫刻 ………………………………………………… 45
　　　　4）小月面・楯面 …………………………………………………… 45
　　　　5）殻の構造 ………………………………………………………… 46
　　　　6）靱帯・弾帯 ……………………………………………………… 46
　　　　7）筋肉痕 …………………………………………………………… 46
　　　　8）歯の配列 ………………………………………………………… 47
　　　　9）そのほかの形質 ………………………………………………… 49
　　　c. 日本産の主要な二枚貝 …………………………………………… 49
　（2）巻　貝 ……………………………………………………………… 72
　　　a. 化石巻貝の鑑定方法と参考図書 ………………………………… 74
　　　b. 化石巻貝の鑑定に役立つ形質 …………………………………… 77
　　　　1）殻の外形と巻きかた …………………………………………… 79
　　　　2）殻頂部の特徴 …………………………………………………… 80
　　　　3）螺塔と体層 ……………………………………………………… 80
　　　　4）殻口部の特徴 …………………………………………………… 80
　　　　5）表面の彫刻 ……………………………………………………… 81
　　　　6）へそ穴 …………………………………………………………… 81
　　　　7）殻の構造 ………………………………………………………… 81
　　　　8）そのほかの特徴 ………………………………………………… 81
　　　c. 日本産の主要な化石巻貝 ………………………………………… 82
§ 2.　植物化石 …………………………………………………………… 101
　（1）新生代の植物 ……………………………………〔棚井　敏雅〕… 101
　　　a. 葉化石による鑑定 ……………………………………………… 102
　　　　1）葉　形 ………………………………………………………… 104
　　　　2）葉　先 ………………………………………………………… 105
　　　　3）葉　脚 ………………………………………………………… 107
　　　　4）葉　縁 ………………………………………………………… 110
　　　　5）葉　脈 ………………………………………………………… 113

　　　　6) 葉　柄 …………………………………………………… 116
　　b. 果実などの化石による鑑定 ………………………………… 118
　　　　1) 翼果の化石 ………………………………………………… 119
　　　　2) 球果の化石 ………………………………………………… 122
　　　　3) 堅果やその他の種子化石 ………………………………… 125
　　　　4) 苞葉の化石 ………………………………………………… 125
（2）中・古生代の植物 ……………………………〔浅間　一男〕… 127
　　a. 小葉植物 ………………………………………………………… 129
　　　　1) 古生代中期 ………………………………………………… 129
　　　　2) 古生代後期 ………………………………………………… 130
　　　　3) 中生代 ……………………………………………………… 130
　　b. 有節植物 ………………………………………………………… 132
　　　　1) 古生代 ……………………………………………………… 132
　　　　2) 中生代 ……………………………………………………… 133
　　c. 大葉植物 ………………………………………………………… 137
　　　　1) デボン紀後期 ……………………………………………… 137
　　　　2) 古生代 ……………………………………………………… 137
　　　　3) 中生代 ……………………………………………………… 139

§ 3. 微化石 ……………………………………………………………… 149
（1）花粉・胞子 ……………………………………〔藤　則雄〕… 149
　　a. 花粉プレパラートの作製法 …………………………………… 149
　　b. 花粉・胞子鑑定と分類の基準 ………………………………… 153
　　　　1) 粒　体 ……………………………………………………… 155
　　　　2) 発芽口 ……………………………………………………… 162
　　　　3) 膜 …………………………………………………………… 167
　　c. 花粉・胞子の分類 ……………………………………………… 169
　　d. 主要な花粉・胞子化石の記載 ………………………………… 172
　　　　1) 花粉粒 ……………………………………………………… 173

目次

2) 胞子粒 ……………………………………………………………	178
（2） 珪藻類 ………………………………………………〔小泉　格〕…	181
a． 標本のつくりかた ………………………………………………	181
b． 分　類 ……………………………………………………………	182
1) 円心目 ……………………………………………………………	183
2) 羽状目 ……………………………………………………………	184
（3） 放散虫類 ……………………………………………〔小泉　格〕…	188
a． 標本のつくりかた ………………………………………………	188
b． 分　類 ……………………………………………………………	188
あとがき ……………………………………………………〔小畠　郁生〕…	193
事項索引 ………………………………………………………………………	195
学名索引 ………………………………………………………………………	201

はじめに

　化石というのは，大昔の生物の死がいや生活した跡が残ったもののことである．大昔に生きていた生物が死んで，その残したものが海や湖などに積もりたまった泥・砂・礫の中に埋もれる．泥・砂・礫などはつぎつぎに堆積し，のちに固まって地層となり，陸の上に持ち上がる．そういう地層の中から掘り出された生物の遺物が化石である．

　化石ができるまでの間には短くても数千年，ふつうには1万年以上の月日がたっている．われわれの一生を仮に70年としてみると，一つの化石ができるまでにかかる時間は，少なくとも人間の100人分か200人分の一生をつなぎあわせただけの時間がかかっているのが通例である．それどころか，何億年も昔の化石も少なくない．

　化石ができていくありさまを，例をあげて図によって説明してみよう．①大昔の海底の泥の中に首長竜の死体が横たわる．②その上に砂や泥がつぎつぎと積もり，アンモナイトの死んだ殻も横たわる．③さらに砂や泥が重なり積もって長い年月がたつうちに，砂は砂岩となり，泥は泥岩となる．死んだ動物や植物は化石となる．④地中で地層が褶曲をうけたりする．⑤地層が地上に現れて，川などで浸食をうけたりする．首長竜やアンモナイトの化石が，陸の上の崖や川岸などで発見される．

　それでは，いったい，化石はどうしてできるのであろうか？　生物の体のなかで固いところ——つまり骨や歯や，角・殻などは，固いために腐らずに残りやすいのであろうか？　なるほど，そういえば，私たちがよく見る化石は，貝殻とか動物の歯や骨であることがしばしばである．しかし，もし固いということが化石ができるための第一義的な理由であるならば，よく例にひかれるように，地球の表面はいつも大昔にすんでいて死んだ獣や鳥の骨でいっぱいで，海

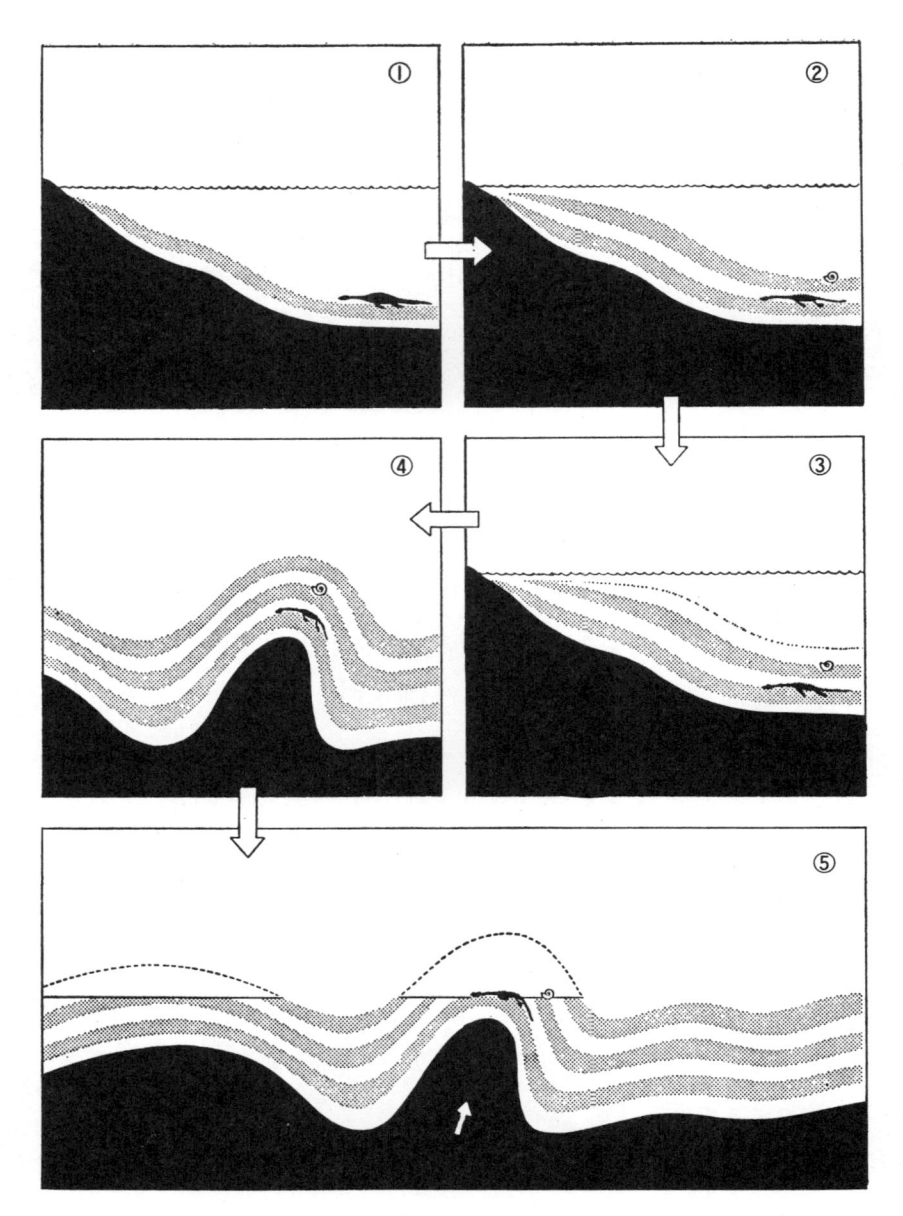

図 1 化石ができる過程

①海底に首長竜の死体が横たわる，②死体の上に，つぎつぎと砂や泥が堆積し，アンモナイトの殻も横たわる，③さらに砂や泥が積み重なる．長年のうちに砂は砂岩に，泥は泥岩となり，動物の死体は化石になる，④地中で地殻の変動をうける，⑤地表に露出した地層が浸食され，埋まっていた化石が発見される．

底には貝殻がしきつめられているということになりそうなものであろう．

では，古生物の残したもののなかを，鉱物や岩石で置き換える働きが重要なのであろうか？ だが，化石のなかには，クラゲの化石とかイカの化石とか大昔の動物のはったあとなどの化石もある．そればかりか，体がやわらかくて，骨も殻も持っていない動物ばかり出る時代の地層もある．しかも，その時代は6億年も昔の時代なのである．このように，特別の鉱物で置き換わってなくとも化石ができている例はたくさんある．

すると，化石ができるための最も大切な条件は，きっと，大昔のある時代には，ある動物や植物が栄えていて，その生物の個体数がとても多かったので，その生物の化石がたくさん産出するということなのであろう．

化石は，古生物が生きていたときと同じところに埋まっているものは少なく，死がいが水で運ばれる途中，礫や砂や泥と同じように，重さや大きさでふるい分けられ，積もりやすいところに，多少なりともまとまって積もるものだといわれる．礫や砂や泥は，ふつう礫層とか砂層とか泥層というような地層として固まる．同様に，化石も化石ばかりあつまった化石層として発見されることが少なくない．

また，古生物の残したものが，こわれたりなくなったりしないで化石として残りやすくなるためには，水底でも陸上でも，遺物が早く泥や砂でおおわれてしまう必要があろう．それから，化石はなにもカチンカチンの石になったものばかりではなく，シベリアで発見された氷づけのマンモスや毛サイのようなものも含む．

つぎに，化石を勉強することの意味について考えてみよう．今から300年ほど前に，イタリアに住んでいたデンマーク生まれの学者ステノは，"つぎつぎに重なった地層では，もともと下にあった地層は，上にある地層よりも古い時代にできたものだ"といいだした．これは，地質学の公理的原理とみなされる地層累重の法則である．もう一つの原理がある．それは，"一つの地層には，その地層にだけしか産しないような化石が含まれていて，その化石はそれより上の地層にも下の地層にも含まれていない"というのである．化石による地層

同定の法則である．今から170年ほどまえのことである．イギリスの測量技師ウイリアム・スミスは，ある日仕事のあいまにあつめた化石の整理をしていたとき，たまたま，チェックする場所ではどこでも，地層ごとに独特の化石の種類を産していることに気がついた．逆にいうと，どの地層の露頭も，出ている化石の種類によって，同じ地層のつづきかどうかをあてることができるのではないかと思われたのである．スミスは，友人の化石収集家リチャードソンを訪ねた．スミスは，リチャードソンのあつめたたくさんの化石の産地をあててみせて，リチャードソンを驚かした．リチャードソンは，当時のおもな地質家に手紙を書いてスミスの考えを宣伝した．この考えは，やがて地質家の常識となって，実際に地質家の野外調査で実証・活用されてきた．こうして化石を使って地層の時代をきめ対比する方法が重要なものとなった．その後20～30年間に多くの学者が地層と化石を研究して，生物や環境が大きく変ったところで時代を区切っている．これが地質時代の区分けである．

　スミスと同じころフランスにいたジョルジュ・キュビエは，現在生きている生物の体のつくりと化石を比べながら研究する方法を築いた．

　地層累重の法則と化石による地層同定の法則という二つの原理の意味をよく理解すると，化石を勉強することの意も，おのずからはっきりしてくるであろう．私たちは，たとえば郷土の地層と化石を調べることによって，大昔からの生物の遷り変りの一班をうかがうことができる．さらに，ある時代のある化石生物が海にすむものか陸にすむものであるかというようなことから，当時の郷土は海におおわれていたのだとか，あるいは大陸と陸つづきであったのかというように，郷土の生い立ちの歴史を推察するきっかけがつかめるであろう．

　また，大昔日本がアジア大陸と陸つづきだったことがあるのだろうか？　大昔の大陸にすんでいた脊椎動物の化石が日本でも発見されている．実例の一つをあげてみると，今から15万年から5万年ほど前，氷河時代の氷期と氷期の間のやや暖かかったころ，今の東京付近にはナウマンゾウがのし歩いていた．ナウマンゾウの化石は，静岡県の浜名湖，長野県の野尻湖，千葉県の印旛沼，瀬戸内海，琉球列島の宮古島など各地から発見されている．ゾウのなかまは，

海を泳いで渡ることはできないので，陸伝いに移住してきたはずだと考えられる．だから，当時の琉球列島は，今のように離ればなれの島でなく，陸地だった台湾や黄海などと陸つづきの時があって，ナウマンゾウのなかまは大陸と日本との間を往来していたのだと考えられる．

大昔にすんでいた生物の記録は，地層の重なりの順序と，地層に含まれている化石を細かく調べることにより判明する．今から30億年〜20億年前の時代に，すでにバクテリアや藍藻のようなものが存在したことは，最近の電子顕微鏡による研究でつぎつぎに確認されている．6億年以上昔の地層から，サンゴの祖先・ワムシのなかま・クラゲのなかまや所属未詳の生物化石など，無殻・無脊椎の動物化石が発見されている．5億年ほど昔には，海中に三葉虫をはじめほとんどの無脊椎動物の祖先が現れていた．4億年ほど昔の川や湖には，よろいかぶとをつけたような甲冑魚が栄えた．3億年ほど前には，地球上にはシダに似た大きな林がたくさんあって両生類の好んだ沼や湖が多かった．その後2億数千万年から7千万年前に至るまでの間爬虫類の全盛時代に移ったが，6千万年ほど昔からあと哺乳類時代となって，現在では特に人類が繁栄している．

ヒマラヤ山脈のように何千メートルも高いところでも，大昔には海底だったところがある．ヒマラヤの中心部から北のほうには，1億年以上昔の地層が分布している．その地層の石灰岩中から海生貝化石が発見される．だから，あのように高いヒマラヤ山脈も大昔にはそういう貝のすむ海底だったと考えられるのである．ヒマラヤだけでなく，アルプス，ロッキー，アンデスなど世界の大山脈は，みな昔の海底が盛り上がってできたということがわかっている．

白亜紀恐竜イグアノドンは，イギリス，ベルギー，北アフリカはおろか北極海のスピッツベルゲンやオーストラリア大陸から発見されている．だが，現在はなればなれの場所であるこれらの土地に，イグアノドンはいったいどうして分布することができたのであろうか？ 白亜紀のはじめころ，スピッツベルゲンは現在の位置よりもかなり南にあったのか，北極の位置が現在とは違っていたのかどちらかであろう．過去の地質時代に大陸が移動しており極がさまよっていたことが示唆される．

以上のようにして，化石の研究からは，生命の歴史，古地理・古気候の復元，過去の大陸の移動などについての情報が得られる．これは，私たちの社会観や人生観の基礎としての自然観の一部を体験的に構成することになるであろう．

　ところで，ここに一つ問題がある．初歩の化石研究者，愛好者がまずぶつかる一つの壁がある．それは，化石の鑑定をどうやるかということである．学問は日に日に進歩していて，古生物学も例外でない．識者の説くように，化石の研究方法としては，鑑定学などというものは，たしかに低次の初歩的段階のものであろう．だが，はじめて化石を勉強しだしたひとや地方の化石愛好者としてみれば，この第一歩を踏み出せるか出せないかということが，極めて大切なこととなる．昨今，ようやく古生物学ないしは化石に関する啓蒙書・解説書・図鑑の類も増してきた．しかし，いずれも，学術的にすぎたり，あるいはあまりに図鑑的であったり，あるいはいわゆる読物であったりする．はじめて化石を探しあて，はじめて化石の勉強にとりかかり，はじめて郷土の歴史をひもどこうとする諸氏は，どこからどういうふうに勉強を進めていけばよいか，類書を手にして，きっととまどわれているに違いない．それらが，あまりに学術的，体系的，あるいは概論的，図鑑的であるからだ．近くに，同じく化石を勉強している友人，教師のいるひとはよい．化石研究のサークルに属することができるひとはよい．大学の先生や博物館研究員を個人的に知っているひとはよい．多くの先達から本に書いていないようなことを体験的に学びとって自分のものとすることができるからだ．しかし，すべてのひとがそのような境遇なり，そのような機会に恵まれているというわけではない．そのひとたちはどうすれば化石の勉強をつづけられるだろうか？　文献がないとき，どうやって勉強を進めればよいだろうか？

　こういう観点から，本書は古生物学に関し，高度の生物分類学的知識が十分でなくとも，自分なりに化石を調べ鑑定をやりたいという読者を対象として，鑑定のこつを具体的に示そうとする，いわば鑑定法の手びき書といった性格を持つものである．筆者らの微力のゆえに，あるいは十分目的を果たす書とはなりえなかったというそしりをうけざるをえないかもしれぬ．しかし，少なくと

はじめに

も一つの進み方を読者に示唆しうるのではないだろうか．

ここで特に付言しておきたいことがある．その第一は，化石をけっして私財の財源として金銭に換算した対象物としてはみないことである．昨今の日本の例でいうと，博物館にはしばしばたとえば巨大アンモナイトが持ちこまれてくる．鑑定をして意味を説明したあとで彼らが発する質問は，これを売って車を買う資金にしたいとか，家の建て増しの費用にしたいとか，そのための鑑定書を書いてくれということである．世が世とはいえ悲しいことだと思う．こういう話は私はすべてお断りすることにしている．

第二に，化石を骨とう品と同一視しないこと，ただいたずらに採集化石の数を誇ったり，化石の新奇を誇ったりしないことである．今から240年ほど前のことであった．ドイツのビュルツブルグ大学の先生をしていたベリンガーという学者がいた．ベリンガーは，化石にとても興味を持っていて，いろいろとあつめていた．彼は掘り出した化石を見つめては喜んでいた．彼は得意の絶頂だった．そして自分があつめた2,000個以上の採集品のイラストを一冊の大きな本にまとめて出版した．化石の種類は200をこえていた．ところが，その本の中にはほんものの化石のほかに，太陽・月・星・エジプトの古文書などの"化石"の図が書かれた変な本だったのである．そのうち，なんとベリンガーと書かれたにせの化石が見つかった．化石マニアのベリンガー教授にも，自分がペテンにかかっていたことがわかり，さすがに，"これはたいへんなことをしてしまった"と気づき，全財産をはたいて自分の著書を買いもどしては焼いてしまったという有名な話がある．これは，化石をただの宝物と同じように考えて，化石の本当の意味を理解していなかった点にあやまちのもとがあったのである．化石は，常にそれが発見される地層のことといっしょに考えてこそ意味があるということの教訓でもあろう．

第三に，化石の採集は，新奇をてらって，世間を驚かせるためにするのではないということ，いたずらに虚名を追わないという心がけが必要である．ロンドンの博物館にエオアントロプス・ドーソニィというラベルのついたピルトダウン人の頭骨がある．この"化石"は，1911年から1915年にかけて，イギリス

のドーソンというひとがサセックス州から発見したものといわれ，当時の有名な人類学者ウッドワード教授により今の人類の祖先だと発表された．頭骨が今の人間に似て容積が大きいのに下顎の骨は類人猿に似た奇妙な"化石"であった．ずっとあとに疑わしく思った学者たちが，くわしくいろんな方法で調べた結果，これはにせ物の化石だと判明した．オランウータンの下顎骨に薬を塗り，人類の頭骨と対になっているようにみせかけたといういんちきであった．人間の名誉欲というものはおそろしいものである． 〔小畠郁生〕

1. 野外ですること

§1. 化石の探しかた

（1） 化 石 産 地

　自分たちの住んでいるところ，あるいはどこかある地方で，そこの化石の勉強を始めようとするとき，まず化石産地を知らねばならない．

　化石の産地については，その地方で化石のことにくわしいひと，学校の先生，付近の農家，工事現場のひとなど，いくらかでも地層と縁のありそうな仕事をしているひとにまず教わってみるのがよい．ここで特に知っておいてよいことは，地方の小・中学生の男の子に尋ねてみるということである．彼らは都会の子と違って，小さいときから自然の中で育ち，付近の化石産地などは，いつのまにか知っているものである．

　最近では，どこの市町村でもその土地の歴史を記した史誌のようなものがあって，たいていの場合，化石産出の記録も記されている．地方によっては地学同好会のあるところもあって，同好会誌など出版されている場合がある．それから，各県庁の所在地には理科教育センターがあるし，県立や市立の博物館のあるところもふえてきた．そういうところにはいろいろと資料もあるであろうから，野外に出る前にそういうところで下調べをしておくのもよいであろう．

　ふつうの文献としては，その地方に関する既発行の5万分の1の地質図や地質学雑誌・古生物学雑誌などの学術報告をもとにして，化石を含んでいる地層や化石産地のことを知ることができる．しかし，これらの雑誌は，学会会員になるか，大学や博物館の図書館に行かねば見られない．

　後述各章の参考文献には，化石産地名・地層名などが記されている．そこで化石採集にあたっては，目的に応じてそれらの地方の県地図，5万分の1ある

いは2万5千分の1地形図を求め，地形図中で産地名を自分で探すのがよい．これは楽しい作業である．

いずれにしろ，化石採集の予定地は，はじめのうちは自分たちの住んでいるところを中心とし，慣れてきたら，だんだんと行動半径を広げていくようにしたがよい．

（2）服装と用具

化石採集のときの服装は，採集に行く場所や採集計画により多少異なるが，登山・河釣り・ハイキングなどの服装と共通的なところがある．要するに，沢歩きや山登り，あるいは海崖などで地層を調べながら化石を採集していくにさいして，能率的に行動できて，しかも丈夫であるような服装がよい．たとえば，上衣やズボンに大きなポケットがいくつもあると，こまごまとした調査用具を入れることができてよいだろう．ひざまで水につかろうと，砂や泥にまみれようと，少々の岩くずがあたろうと大丈夫であるにこしたことはない．登山帽・キャンプ用ジャンパー・登山ズボン・キャラバンシューズあるいは地下足袋に，登山用靴下などというようないでたちは，よく見るところである．もちろんハイキング的な化石採集の場合，それ向きに軽装であってもかまわないし，逆に非常に落石の危険のあるような場合は，登山用ヘルメットを使用するのも一法であろう．

つぎに，基本的に必要な調査用具をあげておく．ハンマー（1～2ポンド），タガネ（大小の丸タガネと平タガネ），クリノメータ，ルーペ（虫メガネ），地形図（2万5千分の1，5万分の1），野帳（フィールドノート），鉛筆・消しゴム（ゴム付きのシャープペンシルなどはポケット中に安全に保存できるので便利である），折尺または巻尺，包装紙（古新聞や古雑誌の中トジをはずして使う），採集袋，リュックサック，写真機，マジックインキ（最も細字用の黒・赤など．化石や岩石に採集地名・番号を記入するため）．このほか，タオル，チリ紙，弁当，水筒などを持っていく．

ハンマーはむろん，岩を割るためのものであるが，使途に応じていろんな種類のものがある．これについては後述する．タガネは地層中から化石を取り出

すのに使用する．これは，ふつうの金物屋でタイル切り用のいろんな種類を売っているので，それを買い求めてもよい．地形図は地理調査所発行のもので，地図店や大きな書店で販売している．野帳は，固い表紙で各ページが方眼になっているものがよい．化石のくわしい産状や，採集日誌，ときにはルートマップの記入などを行う．デパートや測量器具店に売っているところがある．折尺や巻尺は，化石産状や地層の厚さなどを測るのに使用する．包装紙は化石を包むためのもので，包装された小さな化石は採集袋に納められる．地形図は採集ルートの検討，産地の位置記録，地質図の記入のために必要である．クリノメーターは，地形図の北とクリノメーターの磁北をあわせて自分の位置を確認したり，地層の走向（水平方向の伸びの方向）・傾斜（傾きのぐあい）を知るために必要である．

（3）採集計画

　前述の1-(1)により化石産地を知れば，つぎに化石の採集計画をたてなければならない．県地図・地形図・時刻表をもとに，出発日時，宿泊予定，調査ルート，バスや汽車の時刻，帰宅日時を書いてみる．旅館があるかどうかなども調べてみなければならない．調査範囲内の汽車の駅やバス停留所まで何時にたどりつけば無事帰宅できるかを，あらかじめ調べられるだけ調べておく．手もとで不明の場合は，現地に着き次第，各停留所で調べてノートに書きとめるなり，地方の小時刻表を入手するようにする．化石の採集地点から駅や停留所までの距離を調べておいて，重いリュックをかついで自分の足で何時間かかるかというようなことを細かく計算しておく必要がある．特に化石産地のあるようなところは，いなかで乗物の便がわるいから，最終バスや最終列車に乗りおくれないように，十分考慮しておくとよい．時間を十分すぎるほどとっておくことが必要である．夕方おそくなってうす暗い山道や沢の中を急ぐ帰路には，思いがげぬ危険なめにあうことがある．あやまって転んだりけがをしたりするといけない．目前にバスや汽車がとまっているのを見て，重い荷物をしょって走ったりすると，急に腰を痛めたり，心臓発作を起こしたりすることがないとはいえぬから，年配のひとは十分に気をつけなければならない．この点，自分で

車を運転できるひとは好都合である．

　出発の時刻には，一日巡検のときには家族に，数泊旅行のときは宿のひとに，どういうコースでどこの沢に入るかということを，よくいっておく必要がある．めったにひとの通らないような沢の中でないにしても，知らない土地で何か事故にでもあったときには，すぐに探し出すことができるからである．

　ある場所にはじめて化石採集に出かけるときは，どんな岩の中に，どんな状態で化石が入っているかもまだ具体的にわからないし，土地の便も不明なので，採集時の服装や用具の点で，むだなものを持ちこむことが多いが，同じ産地に2度目以後訪れるときには，かなり要領よくいくものである．回数を増すにつれて，服装や採集用具，文具の使いかたの上で工夫をこらしていくとよい．

（4）　発見のきっかけ

1-(3)により化石採集計画ができると，そのスケジュールに従って，いよいよ化石採集に出かけることになる．肉眼で見ることのできるふつうの大型の化石を探すには，新鮮な母岩が出ている露頭を探すことである．それはどこにあるかというと，たとえば，岩石海岸・沢・道路の切り割り，採石場など工事現場である．それでは，こういったことを事実によって例示してみよう．

　a. 岩石海岸　　海岸に沿って海崖ができているとき，特に潮がひいているときに堆積岩の露頭をよく観察し，転石をよくたたくことが大切である．

　イギリスの少女メアリー・アニングが世界で最初の魚竜や首長竜を発見した産地は，イギリスの南海岸ライム・レジスの岩石海岸である．潮がひいたときには，岡の上から海崖の下へ降りて，浜伝いに化石探しをやれるようなところである．特に嵐のあと露頭が新しく崩れたり，埋まっていた転石が再び掘り起こされたりするから，化石発見の可能性が増すのである．化石や転石が洗い出されて磯・浜に打ち上げられることもある．

　b. 沢　　日本のように，厚い表土がどこにでも発達しており地表はふつう多くの樹木でおおわれているところでは，西部劇でおなじみのアメリカのように，大陸の大露頭がむき出しに広がっているのとは事情が異なる．たいていの化石探しは，川沿いの崖や切り割り，川床などを目標にして行われる．露頭が

比較的よく連続して観察されるのは大きな本流沿いのことが多く，小沢に入ると露出はしばしばとぎれているし，もっぱら転石を追うようなことが多い．沢のようなところでは，まず転石中に化石を発見してそれの由来した母岩を追求するとよい．地層の走行方向に沢がのびている場合には，同一層準の化石産地をつぎつぎと発見しやすい．ただ，最近は道路工事などのために，かなり遠方から砂利や砕石が運ばれるようであるから，転石の出所については十分慎重に検討してみなければならない．河原の石は，その付近か，またもっと上流から流されてきたものであるから，化石探しの要領は，ちょうど鉱山技師が鉱石の露頭とか鉱脈を探査するのと同じく，川やガレの石に注意するのが第一歩であろう．化石を含む転石が発見された位置よりも上流に化石産地を発見する場合は少なくない．

c. 道路の切り割り 道路や山はだの切り割りの露頭ももちろん観察のよい材料である．地方には皿貝坂，貝山とか貝殻山，あるいは貝沢とか貝殻沢とよばれるところがある．そういう場所では，昔から貝化石が発見されていたのであろうから，土地の小さな名前にも十分気をつけるべきである．たとえば，"土目が木"という地名のところに珪化木の化石が多産していたのかもしれないというふうに勘を働かせるセンスも必要である．地方では，化石同好会がなくとも，土地の老人や子どもたち，土地の物知りのひとの話を注意して聞いてみると，思わぬ知識を得ることがあろう．道路の切り割りに注意すると同時に，道ばたのズリとか，村の石垣や石段に使われている石とか，庭の置石にも注意しておくがよい．そういう場合は，持ち主にその石をどこから運んできたのか，いちおうは聞いておくものである．

d. 工事現場 上記のように，採石所などの工事現場からは化石が発見される例がままある．また，露天掘りの採石所にとどまらず，炭坑などの地下深くの坑内からも時に大型の動・植物化石が掘り出されるから，現場のひとには関心を持っていただきたいと思う．たとえば，長崎県三菱高島炭坑から草食恐竜トラコドンのなかまが採集されたり，山口県宇部炭坑からサイ化石が発見されるといったたぐいのことである．

さて，以上は，採石所のようにかなり長期間にわたり工事が行われる場所での化石採集の実例であったが，極めて短期間の工事現場でも，化石発掘の例がかなりあるから注意されたい．ここで特に注意しておきたいことは，めずらしい大型の動物化石の発見などというような事件は，古今東西の歴史を通じてみても，ほとんど学者自身によってではなく，アマチュアの手によってなされていることである．もう一つ重要なことは，発見者がすべて，しかるべき学界の機関に通報し，疑問を専門家に連絡したことである．学問上成果のあがった事例は，すべてこのような手つづきを経ているのである．つぎに標本の所有と保管の問題があるが，これについては後章で改めて論ずる．

(5) 岩石の種類に応じた化石探査のこつ

a. 礫岩 ふつう礫岩中には化石は含まれていないことが多いが，時によっては，礫同様の大きさの化石が多く含まれていることがある．

ほかに，基底礫岩や角礫岩・中礫岩中に，二枚貝やアンモナイト，哺乳類化石を産したり，基底礫岩のすぐ上位にくる中礫岩や細礫岩中に二枚貝を産出するような例がよく知られている．

b. 砂岩 塊状砂岩には，しばしば層状またはレンズ状に密集して大型化石を産する．特に注目すべきは，軽微な不整合面のすぐ上の位置とか，厚い砂岩の基底部，礫岩から砂岩にうつり変る位置などである．厚い殻を持った軟体動物化石や群体サンゴなどが，礫と同様の淘汰をうけて礫混じりの砂岩に含まれていることもよく見られるところである．ほかに，ノジュールやコンクリーションなどを含む砂岩中には，二枚貝・アンモナイト・脊椎動物などをしばしば含む．また，チョコレート色に風化するような砂岩の部分に貝化石を含むことがあるので留意するとよい．ところが，同じ砂岩でも，ラミナや斜交層理が発達するところ，すなわち水流の流れの強いと思われる環境で堆積した砂岩には，化石が少ない．仮に貝化石などがあっても，その多くが破片となっており，貝殻質砂岩を形成したりしていて良好な標本は得られない．陸成層の場合，クロスラミナの発達する地層には部分骨しか産出せず，塊状シルト岩からは恐竜骨格を産出するというような例もある．また，砂岩と頁岩との細互層に

も化石は概してまれである．しかし，砂岩・泥岩の互層でも，いくらか厚いものでは，砂岩の下面に生痕がついており，泥岩中には貝化石を産するというようなこともあるから注意を要する．石灰質の砂岩では，貝殻化石などが機械的な風化作用に対し，母岩よりも強い抵抗を示し，海岸では基質が先に洗い出されて，風化面に化石が突出していることがある．しかし，ふつうの場合，石灰質の殻は陸水により母岩よりも先に溶解し，化石の部分は空隙となって残りやすい．この場合には，砂岩の風化面に注意して化石の発見に努めるとよい．

c. 泥岩・頁岩 ノジュールやコンクリーションを含む泥岩中には，アンモナイト・二枚貝・巻貝・甲殻類・脊椎動物・植物などを含むことが多い．無層理で貝殻状に風化する泥岩にも化石を産するが，一般に風化面では化石の存在がわかりにくい．砂岩と異なり風化面が崩れやすいこと，細粒岩には概して薄殻の種類が多いため大きな空隙ができないこと，殻が溶解後に地層が押しつぶされて空隙がなくなりやすいことによる．日本の中生界に多い海成の黒色泥岩または砂質泥岩では，大型の化石を含む地層は極めて多くの場合に炭化した植物破片を持つから，その存在に注意することにより化石発見の糸口をつかむことが多い．ほかに，黄鉄鉱で黄色の汚点のついた泥岩に軟体動物化石を含むことがある．また炭層の上下にある泥岩には植物化石などを含むことが多い．層灰岩にはしばしば植物や魚の化石を含む．

d. 泥灰岩 外国では，厚い泥灰岩中には保存のよい化石を含むことが多い．しかし，日本では頁岩と石灰岩のうつり変りに小規模に発達するぐらいで，石灰質の頁岩はあっても泥灰岩といえるほどのものは少ない．だが既述したように，細粒岩中にはしばしば泥灰質ノジュールが発達し，特に北海道その他の上部白亜系中のノジュールは豊富だ．したがって，化石探査の場合，泥灰質ノジュールはいちおう徹底的にたたくというのが鉄則である．ノジュール中の大型化石は不規則にいろんな方向を向いて入っていることが多いから，現地で化石が入っていることを確認したら無理をして取り出さず，そのまま持ち帰り室内で整形するのがよい．

e. 石灰岩 石灰岩は非結晶質の場合，変形の少ない，細部のよく保存さ

れた化石を含むことが多い．日本の古生層は固結・変質が著しいので，化石採集はほとんど石灰岩を対象としてなされてきた．むろん例外もあって，**古生界**でもたとえば泥岩や砂岩中に化石を産することもある．珪化作用の影響で，二枚貝・巻貝・腕足貝・サンゴなどの大型化石が石灰岩の風化面上に突出している例もある．

§2. 化石のとりかた

極端にいえば，すべての**露頭**，すべての岩石を，ハンマーでたたき割るという努力をつづけているうちに，探しかたのこつらしいもの，とりかたのこつらしいものが自然に会得されていくであろう．化石を発見したあと，化石だけを小さく取り出そうと思わず，化石の周りの岩石を含めて少し大きめに岩石ごと化石を地層中から取り出すようにするのがよい．それには化石を取り巻いて溝を掘り，ある程度掘り下げてから，根こそぎ化石をほじり出すというようなやりかたをする．掘り出された化石の周りについている岩石は，室内作業で取り除けばよいのであって，それについては後章で述べる．

母岩が新鮮であればあるほど良好な化石標本が含まれているはずである．ところが，固い地層，特に砂岩などから，大型化石をそっくり取り出すのは必ずしも容易なことではない．そのような場合には，付近のいくらか風化の進んだ部分を探して採集するのがよい．

石灰質の殻は失われていることが多いが，その内外面の特徴は雌型（mould）に印象されている．外型（external mould）と内型（internal mould）をそろえて持ち帰り，適当な印象材で雄型（cast）をつくれば，一つの個体の内外面の特徴を同時に知ることができる．

三畳紀やジュラ紀の剝離性に富む頁岩や粘板岩では，殻の内面と外面の特徴がともに一つの面に印象されることが多く，ふくらみの強い種類では変形が著しい．層理面や節理のよく発達した頁岩では，大型ゲンノウよりツルハシや金テコが採集に威力を発揮する．また，ツルハシや金テコは泥岩中に存在する大型の含化石コンクリーションの発掘にも欠くことができない．沢に転がってい

る大きな転石やノジュールなどを割るには大型のゲンノウが使いよい．これは，ゲンノウの重さを利用して石をたたき割るという力の使いかたである．

　一般に，地層から採集した岩石標本について，頁岩や砂岩を層理面に平行に割って化石を探すことが，大切である．扁平な大型化石，つまり植物の葉や多くの二枚貝の殻片やアンモナイトなどは，地層面に平行して埋没していることが多いからである．節理や剪断面など層理と異なる面が発達する砂岩や頁岩では，特にこのことに留意して採集すべきである．

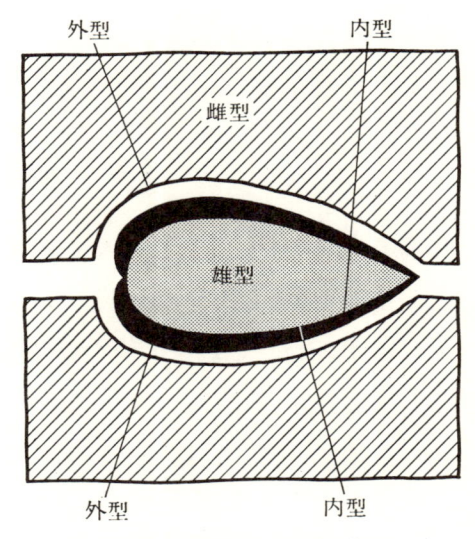

図2 雄型・雌型，内型・外型

　個体発生を検討するには，多くの異なった成長段階を示す標本が必要である．しかし，そういった標本が同一の地層中にそろって産出するということは，特に時代の古いものでは，恵まれた場合にかぎられる．たとえば，アンモナイトの幼殻ばかりがあつまっている地層がしばしばある．二枚貝の場合にも，殻の厚い種類が粗粒岩中にしばしば含まれ，その幼殻はふるい分けされて，粗粒岩に近接したより細粒の地層中に含まれることがある．短命のものでは大量に死滅した年齢や季節により成長段階の一定した個体があつまりやすいことや，死殻は堆積するまでに水中で大きさによるふるい分けをうけることを示しているのであろう．個体が成長に伴って多少移動するからというような場合もあるのかもしれない．

　大型化石の採集の場合，同一産地をただ1回訪問するにとどまらず，事情がゆるせば，2回以上数回の採集調査を行い，初回に不備であった資料を補うように努めるのが常識であろう．地質学的ないしは層序学的調査を主目的とする場合には，化石採集のために必ずしも多くの時間をさくことはできないけれども，化石採集を主目的とする場合には，同一地点での採集に何日も費すことが

ある．大型脊椎動物化石の大規模な発掘などはこの好例であろう．このように日時をかけた採集調査により，ふつうの地質調査では得られなかったような貴重な化石資料が得られた例は，古今東西を通じて多くの実例がある．

§3. 記録のとりかた

化石を発見したとき，採集する前にも採集中にも採集後にも，化石そのもの，化石の出かた，化石を含む地層のようすなどを，しっかりと観察して記録をとっておくのがよい．これは，その後の室内での研究のためにも，欠かすことのできない基礎資料となる．

（1） 地 形 図

化石を発見した場所を地形図上に正確に記入する．地形図上に，×点や☆印をつけるだけでなく番号や記号をつけておく．番号や記号のつけかたには，別に定まった方法があるわけではない．たとえば 1967 年の 11 月 15 日に採集を行ったとして，67111501, 67111502, ……というふうに番号をつければ，採集年月日があとになっても区別できるという利点があるが，そういう区別はそれほど本質的なものではないし，別にフィールドノートに記録しておくことができる．この方法だと，何よりも化石につける番号が長すぎて標本に記入するのに不便である．そこで，やはり地域別に頭文字をローマ字として，あとは 1 から始まる通し番号とするのが，いちばん無難であろう．沢ごとのはじめの数字を変えるのも一法である．そして地形図の番号とノートの番号と，化石標本へ記入した番号とが必ず一致するように，現地で記録をとっておく．標本への記入は，化石そのものでなくなるべく化石を取り巻く周りの石のほうへ書く．マジックは一番細いものを使う．小さい標本のときには，小さい紙片に番号を記入したものを，化石といっしょに包んでおく．

地形図上で位置をきめることについては，慣れないうちは，ハイキングに行ったりするとき常に地形図とクリノメーターを持参して，位置を確かめる習慣をつけておくとよい．

地形図を持っていない場合にも，化石産地は何郡何町何部落の南，何川何橋の

§3. 記録のとりかた　　　　　　　　19

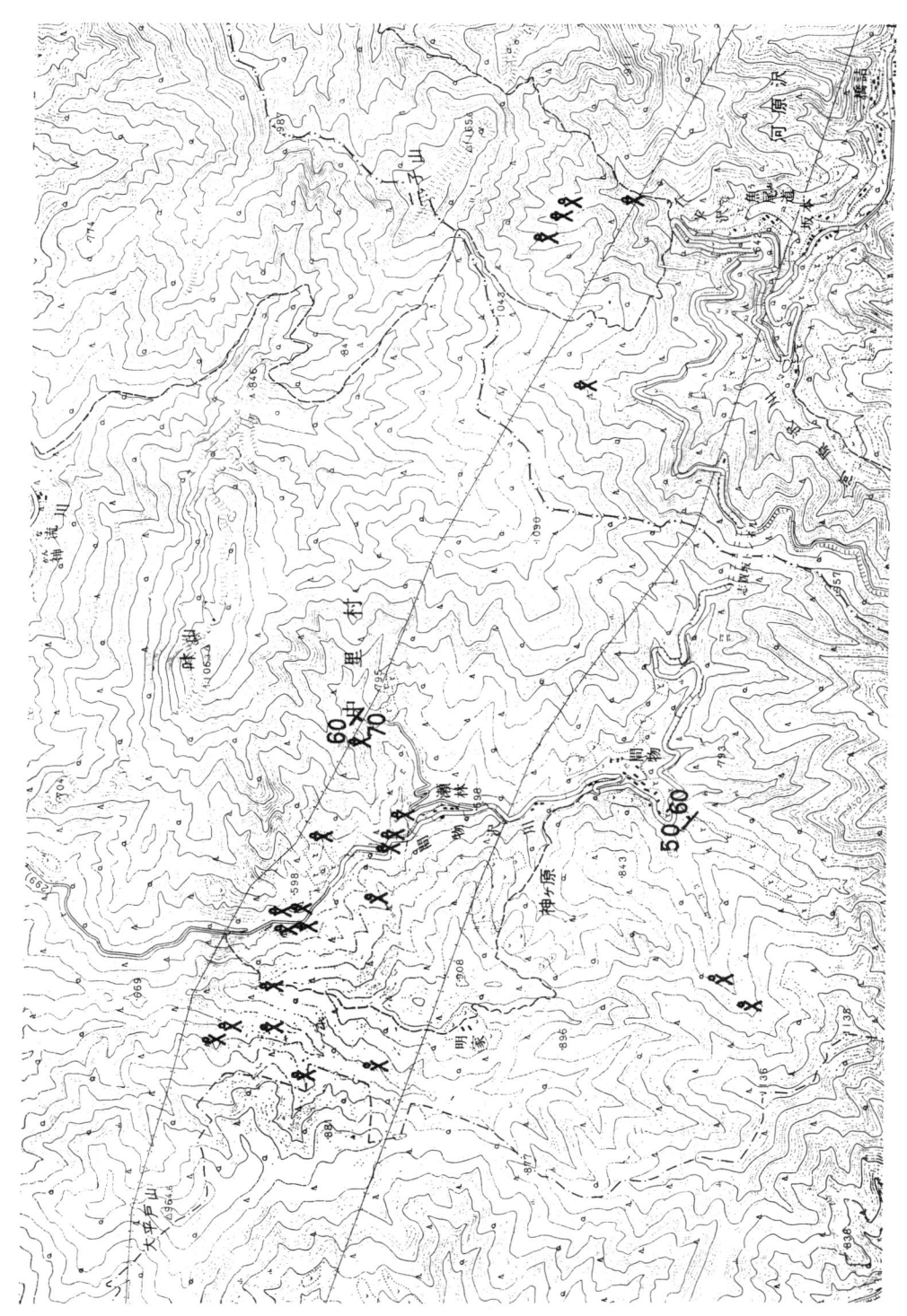

図 3　地形図上に化石産地を示した例〔国土地理院発行　2万5千分の1地形図「両神山」による〕（松川，原図）

下流何メートルの左岸というふうにできるだけくわしく記述しておくことである．それから，目標となる建物その他があれば，それも必ずノートしておく．

地形図に化石産地を記入するだけでなく，産地付近の地形の特徴を見て，産地付近の拡大した見取り図をノートに書いておくと，のちのち便利である．

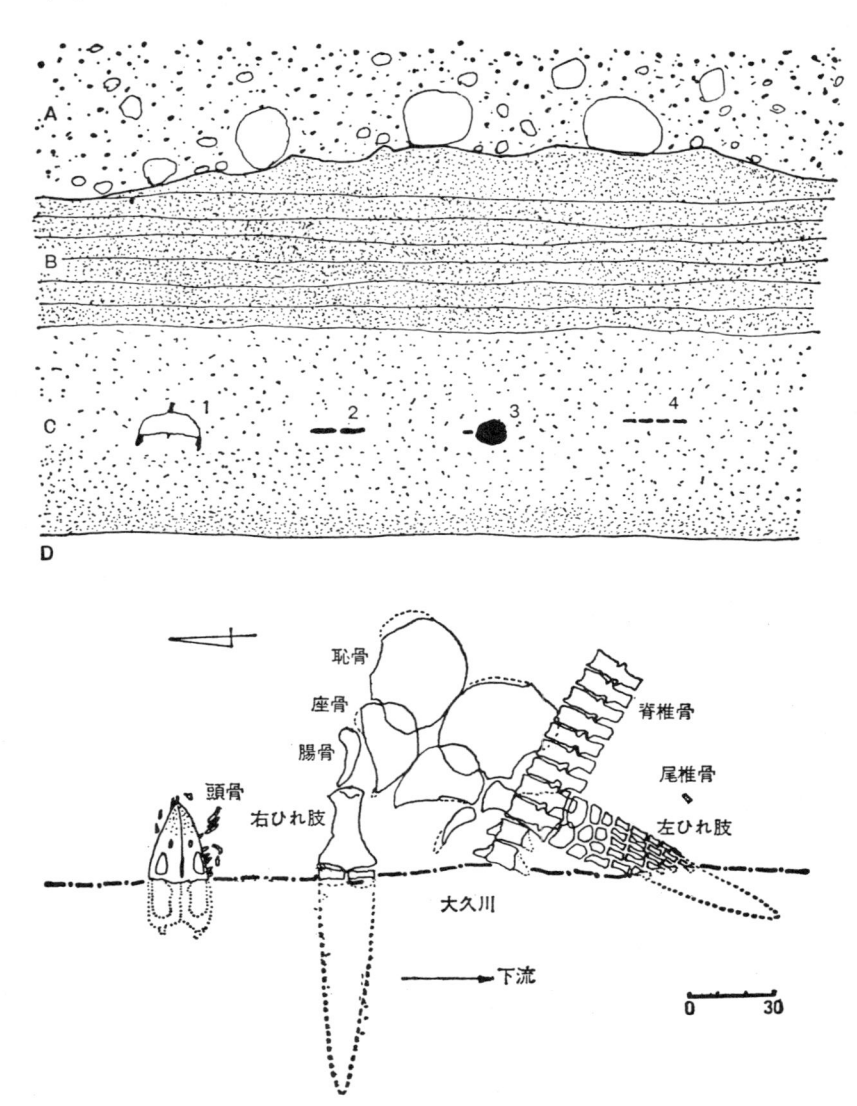

図4 露頭にみられた双葉鈴木竜の最初の産状と各部分の記置図
A：第四紀の砂礫層　B：白亜紀の硬い砂岩層　C：砂質泥岩層
D：大久川の水面
1：頭骨　2：右ひれ肢　3：脊椎骨　4：左ひれ肢（長谷川，1970より）

（2） 見 取 り 図

化石産地では，露頭の見取り図をスケッチする．そのスケッチには以下に述べるいろんな観察結果を記入し，できれば，宿で墨入れをして，色鉛筆で塗色をする．もちろん，事情によっては，露頭の見取り図をとるまでもないことも多い．

（3） 地層の重なりの順序

化石を含む岩が，基盤の露出した地山であるか，あるいは露頭ではなく転石であるかどうか？　あるいは，地すべり地塊であるかどうかを調べる．転石の場合には，その転石はどこの地層に由来したものかを追跡する．

それから，この化石を含む地層は，何層群何層のどの層準にあたる地層かとか，上下の地層との関係はどうなっているかなどをきめる．地層はたがいに重なっているので，化石を含む地層と，その付近に露出している別の地層とはどちらが上で（時代が新しく），どちらが下か（時代が古い）をはっきりさせる．また，化石を含む地層の性質は，横の方向につづいているかどうか，地層の性質が変っていないかどうかなども観察する．山を遠望して，化石を産する露頭は，ほかの露頭と比べてどちらが上か下かを考えてみる．

（4） 地 質 構 造

（3）と関連して，化石の入っている地層の走向と傾斜をクリノメーターで測る．ふつうは，地層が自分の歩いていく方向に向かって傾いているときには歩くにしたがってだんだんと上のほうの地層を見ることになる．手まえのほうに傾いているときには，だんだんと下の地層を見ることになる．自分が歩いてゆく道や沢の方向と，地層の走向・傾斜を測って，グラフ用紙に記入してゆくと，同じ地層を何度も見ているのか，そうでなくて上下の地層を新しく見ながら進んでいるのかということを考える上で非常に役立つ．

当然のことながら，地層が傾いていず水平なときには，歩いてゆく方向に高度が増すと，上位の地層を見ることになる．断層があれば，断層の性質やそのためにできた地層のくいちがいの様子を調べる必要もあるし，地層の上下関係が逆転していないかどうかとか，地層の褶曲の様子，不整合があるかどうかな

ど，地層について調べねばならないことはいろいろある．特にラミナやグレイディッドベッディングの様子を調べる．

　こうして，地層とその中に含まれる化石をいっしょに調べていくことによって，化石についても正しい基礎が得られることになる．たとえば，数か所の化石産地が発見されたとき，それらの化石はどこのものが相対的に新しいのか古いのか，あるいは同時代のものか，というようなことがはっきりする．その知識は，さらにその付近の新しい化石産地の発見へと私たちを導く．

　このように，化石産地付近の地層の様子を明確にするには，地形図ないしはグラフ用紙の上で，自分の立っている場所や進んで行く方向を正確に知って記入するという技術が必要である．ところが，ふつう市販されている5万分の1地形図や2万5千分の1地形図では，相当に縮尺・簡略化されているため，よほど明確な目標物が印刷されていないと，地形図上で自分の位置を正しく記入しにくかったり，接近した化石産地相互の関係を知ることがむずかしくなったりする．

　そこで，そういう場合には，1万分の1とか5千分の1とか1千分の1程度のルートマップを自分でつくるとたいへん便利である．1万分の1ならば実際の10mが1mmで表されるから，かなりくわしい書きこみが可能となるからである．

　ルートマップは，クリノメーターとグラフ用紙さえあればできる．距離は，あらかじめ自分の歩幅で何歩歩くと100mになるかを測って覚えておくとよい．それから計算して，50mが何歩，40m，30m……というふうな対照表をつくっておいて，フィールドノートの裏表紙に書きこんでおくのもよい．

　クリノメーターを使って簡単な測量をして，グラフ用紙中に岩石の種類や地層の状態・走向・傾斜を書きこんでゆくと，化石産地付近の地層の分布について，かなりはっきりとしたイメージを頭の中で画くことができるようになる．

（5）岩　　　質

　（4）で述べたようなルート・マップをつくるときにも，そうでないときにも，化石を含む地層や，その上下の地層の岩質を調べて岩石の名前をきめる．

§3. 記録のとりかた

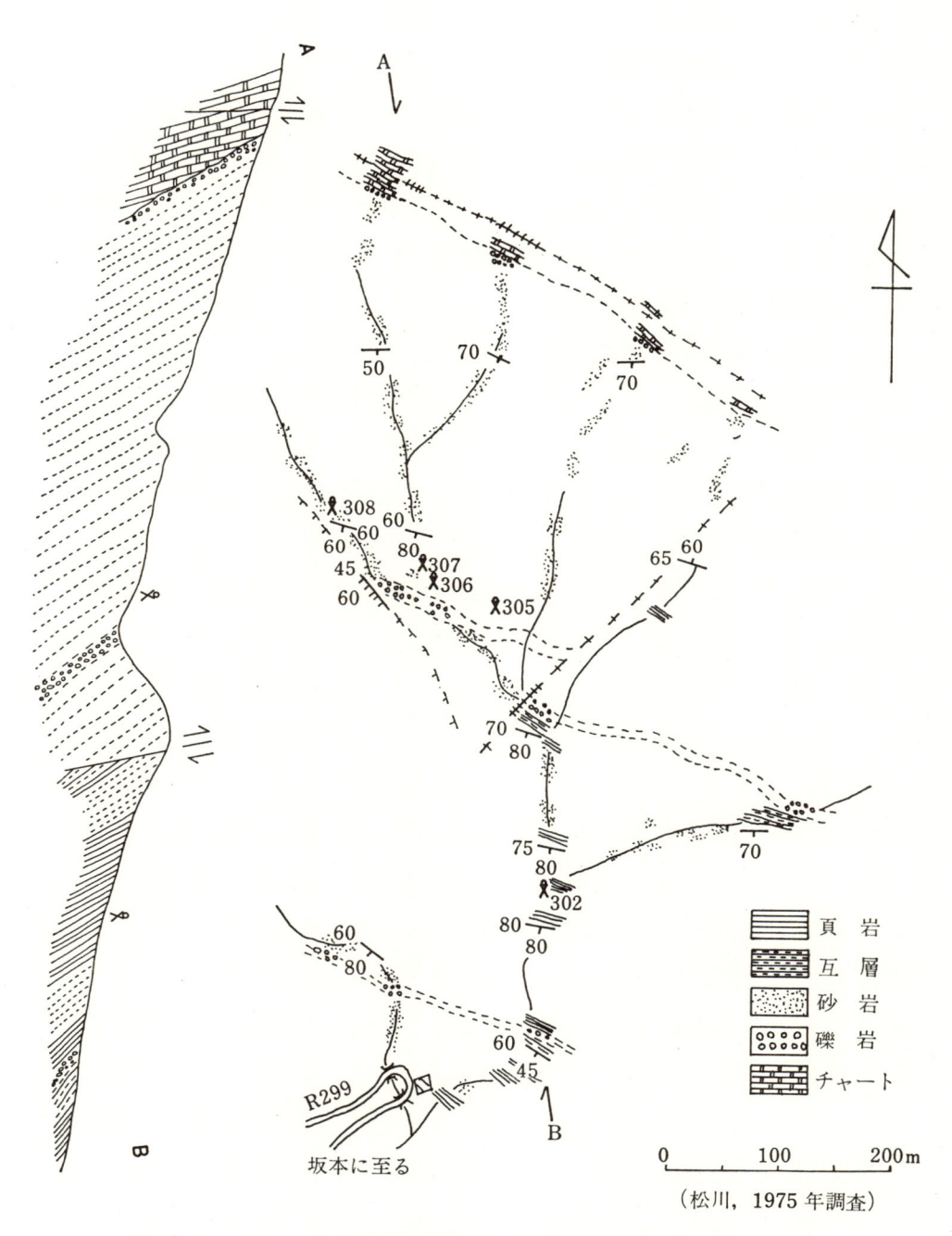

図 5 ルートマップと地質断面図の例（図 3 の右下隅にあたる地域）

（松川，1975 年調査）

凡例:
- 頁岩
- 互層
- 砂岩
- 礫岩
- チャート

岩質というのは，岩石をつくっている鉱物とそれら粒の大きさ・色などである．地層の厚さなども記録しておく．

　化石を採集したときに，化石だけでなく，周りの岩も少し持ち帰っておくと便利である．周りの岩つきの化石はもちろんよい．それは周りの岩の質をあとから調べたり，それを頼りに似たような岩質のところに新しい化石産地を見つけることもある．周りの岩から，顕微鏡でしか見えないような花粉とか有孔虫などの微化石が発見されることもある．

（6）化石の産状・堆積状態

　化石産地では，採集に先立って露頭の見取り図をつくることを述べたが，必要に応じて化石の採集中も，また化石の採集後も，化石の産状を調べ記録しておく必要がある．たとえば，化石が密集して一つの地層をつくっているとか，レンズ状に密集して入っていて横のほうでなくなってしまうとか，母岩中には散点的にしか入っていないがノジュール中に密集して入っているとかいうようなことも，その例である．二枚貝の例でいうと，殻の両側がぴったりあわさっているか，それとも，ばらばらであるかとか，地層の層理と平行的に入っているか，両側の殻がそろっていておまけに立ったまま地層に入っているか，種類により貝殻の方向が一定して入っているかどうかなどもその例である．

　また，貝殻のまめつや破損の程度とか，貝殻が現物そのままの状態で保存されているか，何かの鉱物で置換されているかなどの観察・記録をとる．

　こうしたことの一つ一つについて細かい注意をすることによって，その貝殻が生きていたときとほぼ同じところに埋没されたものか，あるいは死んでばらばらになったものが遠く流され運ばれてきて堆積したものかをきめる第一歩となるであろう．

　貝殻を採集するときには，1個1個の貝殻をばらばらに採集するばかりでなく，貝殻の産状を一般的に示しているような部分を大きく標本として採集しておくのもよい．

（7）化石の種類

　化石産地では，以上のほかに化石の種類とか，多数産出するか少ないかとか，

深いところにすんでいる種類か浅いところにすんでいる種類かとか，化石の形態学的特徴なども，できることなら現地で詳細に調べておく．

§4. 化石の包みかたと運びかた

　化石は採集後，どこの産地でとれたものかという証拠を現地で必ず化石に記入しておかないと，室内まで運ぶ途中で異なる産地の化石が混じりあってしまって，あとの室内研究に支障をきたす．

　採集番号は，現地で一標本ごとに，細字用マジックインキで，明確に記入する．万一，何らかの理由から現地で全標本に記入できない場合にも，根拠地でその日のうちに必ず整理して記入しておく．そうしておかないと，室内作業の段階になって必ず後悔する結果となる．

　標本がぬれていて，直接番号をつけられないときには，それを包むビニール袋に記入するとか，一標本ごとに，採集番号を記入したラベルといっしょに包装する．

　採集番号のつけかたについては，既述した同じ化石産地の化石にはみな同じ採集番号をつけ，特にその中で区別をしたいときには，前記番号のあとか，斜め下ぐらいのところに，別の番号をつける．ある番号の露頭のすぐ近くの転石でその露頭に由来した転石と思われるものには，その露頭番号のあとにpをつけるという習慣もある．

　採集番号は，標本，フィールドノート，ルートマップまたは地形図の三つに，できれば同じ番号で必ず記入する．ノートは宿で墨入れをし，色鉛筆でスケッチに塗色する．墨入れは近ごろよく使われるロットリング，細字用サインペンなどを用いると便利である．

　もろくて現地で破損しやすい標本は，化石の表面に上からちり紙か和紙をあてておいて，はけを使って濡らし岩にはりつける．その上に石膏を流して固め補強をして運ぶ場合もある．化石がいくつかに割れてしまった場合には，セメダインやボンドでつぎあわせるか，つなぎ目がわかるように印をつけておく．

　こわれやすそうな化石は，綿のようなものでくるんで，それだけを袋に入れ

て，静かにさげて帰るようなこともある．そうするとリュックの中でほかの化石とすりあうことがないので安全に運ぶことができる．

ふつうは，化石全体を古新聞紙できれいに包む．包みかたの要領は薬包紙で薬を包む要領である．化石の表面が軟らかくてこわれるおそれのあるようなときには，その大切な表面に綿かちり紙をあてておく．

特に小さな標本は，チリ紙で包んでから，キャラメルやタバコの箱などに入れる．

こうして，古新聞紙に包んだ化石は，できれば化石産地ごとに採集袋に入れる．採集袋をリュックに入れて運ぶ．化石を裸のままごろごろとリュックに入れることはけっしてしない．化石の表面がすれあって，まめつするし，リュックを背負った背中がゴツゴツとして痛むからである．

包装した化石は，宿でダンボール箱詰めにして，室内研究用に運搬する．

化石は，ふつう産地別に箱に入れる．包装した化石の箱詰めの要領は，箱の中にすきまができないように，つぎからつぎと，ぎっしりと詰めこむことである．どうしても開いた空間ができたときには，古新聞紙を丸めたものを入れて，あいた空間がないようにする．箱の中へ化石をゆったりと入れておくと，運搬の途中で化石が動いてたがいにすれあったり箱のへりとぶつかったりして，こわれる危険が多いからである．

調査地が不便な土地であった場合，箱や細びきが入手できかねたり，駅までの運搬の便がなかったりすることがあるが，そういうときは土地のひとびとに相談して，彼らの経験から学ぶことで解決する．

いなかのほうでも，かなりの地方に駅の近くには日通（日本通運）の営業所があるから，ふつう，運搬は日通を通じて依頼する．営業所までの運搬方法について困ったときには土地のひとに相談するのがいちばんよい．

§5. 採集のあとしまつ

（1）現場でのあとしまつ

化石採集を行った場合に，特に注意を忘れてならないことがある．それは，

§5. 採集のあとしまつ

現場でのあとしまつをちゃんとすることである．化石採集を行うにあたっては，道ばたの崖やたんぼの小沢に露出する崖などの岩を切り崩したりするが，化石をたたいたあとの岩片などをそのまま放置すると，村道を通る村人のじゃまになったり，お百姓さんの仕事のじゃまになったりすることは明らかである．

岩片は，ひとびとのじゃまにならぬよう，きれいにかたづけること．むしろ，道の凹凸をならしたりするなど心をくばるべきであろう．岩くずで小沢をせきとめて流れないようにして知らぬ顔をしておくというようなことがないようにする．弁当のからをあちらこちらに散らかしたまま帰るようなことはないようにする．要するに，他人に迷惑のかからぬように気をつけることである．

（2） 標本の所有と保管

町やいなかの人家の裏の崖からの化石採集にあたっては，常識的にも家人の許可を得て行うべきである．しかし，ふつう地質調査や化石採集は人里離れた山や沢で行われるし，一般に所有者に被害をあたえるような行為を伴わないから，いわば収得物のような形で化石は採集者の手に帰することになる．だが，（1）現場でのあとしまつの項で既述したように，土地所有者の仕事のじゃまだとか，道路・家屋の破損や交通の妨害とか，落石による種々の危険などを十分配慮して，土地のひとに迷惑や被害をあたえないような細かい心づかいが道義的にも法律的にも絶対に必要である．

法律上の所有権をめぐる係争は，たとえばゾウやクジラ，デスモスチルスなどの骨格化石の発掘のように，特別大規模の発掘を行う場合のほかには，事実上起こってこない．大型の脊椎動物骨格化石の発掘は，新聞種になるほどのニュース性を持つためか，ときどき所有権にからむトラブルを生ずることは，洋の東西を問わず似た事情にある．

化石の所有権をめぐって，法廷で帰属が争われたような例もあるが，もしも問題が生じた場合には，学問的意義を十分考慮した上で，土地の所有者と化石の発見・発掘者ないしは研究者との協議の上で，良識的に決着がつくようにしなければならない．要は公共的立場に立って，化石は研究上有益に，一般にも公開されるよう保管されることが望ましい．

それで，学問的に新種樹立のもととなったタイプ標本は公式機関に安全に保管し，複製模型は地元で公開するというのも一つの方策であろう．というのはたとえば国際動物命名規約では，タイプ標本は学術上の財産として責任を持って当事者機関が保管することをうたい，標本の保存・登録と目録の出版，内外の学者からの照会をうけたときにはタイプに関する知見を知らせることを勧告しているからである．

　さて今日のように，万事，物をお金に換算して考えるという風潮であると，化石はえてして個人の私有物としてしか見られなくなりがちである．しかし，科学の研究対象としての化石標本は基本的には個人の私有物と考えてはならないだろう．研究という公共的立場からの要請があったときには，進んで公的博物館に寄贈されることが望ましい．化石を売買の対象物としてみるような態度は原則的に厳に戒むべきであろう．

　学問的に研究の価値あることが判明した化石を骨とう品同様に考えて私有することも，一方，地方にある標本を研究のためと称していたずらに都市に集中させることも，ともに反省されるべきであろうが，そのためには，前提として地方にも公的な博物館ないしは類似のものができて，そこで標本が責任を持って保管あるいは公開されなければならない．現実の問題としては，学校・公民館というような機関でも十分安心して保管できるかどうか，はなはだ疑問であろう．

　化石の種類に応じた適当な研究者が地方にいないときに，都市の研究者に研究が依頼されることは，よくあることである．期限を明示した借用証が交換され，研究後は，記載された標本は前述のような責任ある機関で保管するようにすると，のちのちのトラブルがさけられるであろう．もしも地方に適当な博物館がなく，あるいは，問題とする化石の意義が大きく国際的な関心も持たれていて，都市の公的な博物館に納めるのが適当な場合には，その機関からの正式の受領証と交換に，公的寄贈が行われるのが通例である．

　標本保管の一般的な注意としては，たとえば強く陽のあたる場所，ひどく湿気の多い場所などは，標本自体を損する可能性があるばかりでなく，添付ラベ

ルの保存上もよろしくない．やむをえずこういう場所を使用するさいには，標本の損害防止の工夫をなすべきである．標本箱の中にラベルを入れてその上に化石を乗せる場合，化石とラベルの間にパラフィン紙あるいは綿を置くというようなちょっとした手数で，化石もラベルも傷つかずにすむ．

§6. 各自の特性を生かす

　化石採集にあたっては，一人で行うのもよいが，なかまをつくってサークル活動を行うのもよい．地学研究会など既存のグループに入るのもよい．いずれにしろ，化石を中心にして故郷の地質から地史をさぐることを目的とするのがよいだろう．

　グループ活動をするときには，各自がそれぞれ自分の趣味にあわせて特色を出すように，多角的に仕事を進めるのがよい．たとえば，カメラ好きのひとは化石産地の露頭や化石産状についての写真集をつくってみてはどうだろう．絵の好きなひとは，露頭のスケッチ集や化石の産状見取図をつくってみよう．山歩きのすきなひとや製図の好きなひとは，ルートマップをつくってみてはどうだろうか．

〔小畠郁生〕

2. 室内での整理のしかた

(1) 整　理

　野外から送られてきた化石は，荷ほどきしてまず整理・整頓する．その目的は，そのあとの室内研究を能率的にやるためのものである．化石は一個体ごとか一種類ごとに標本小箱に入れ，ラベルをつける．

　標本小箱は，ボール紙製・木製・ガラス箱などがある．大きさは 14×11×4，12×10×3，10.5×9×3，9×7.5×2，7.5×6×2，6×4.5×2，4.5×3×2（単位 cm）などである．

　標本ラベルには，標本番号・属種名・地層名と地質時代・正確な産地・採集者・採集年月日などを記入する．

　また，化石自身には，化石の価値をそこなわないような場所に，白いエナメルを塗って，その上に黒インキで番号をつけておくといちばんよい．化石が小さい場合には，ガラスぶたのついた標本箱や管びんに入れて，そのガラスの上にエナメルを塗り，黒インキで番号をつける．一方，ラベルもむろん箱やびん中に納める．

　標本箱に納めた化石は，分類別・産地別などに従って，戸棚や引き出しあるいは，モロブタに入れる．できれば，一つ一つの標本ごとに一枚ずつの標本カードをつくり，それにはラベルに記入したことと同じことを書いておく．あるいは，標本台帳をつくり，それに記入するかしておけば，整理の仕事としては申し分ない．ふつうは，化石を産地ごとにまとめて，研究ノートや地形図などといっしょに保管しておけば，それだけでもかなり便利であろう．

(2) 整形作業

　研究室に持ち帰った標本については，不要の母岩を取り除く作業を行う．これを整形（クリーニング），または剖出（プリペアレーション）とよぶ．大学の研究室などでは高価な設備を使って細かい作業も行われるが，ふつうは小さい

ハンマー・タガネを用いて，手工業的に行う．

a. 物理的方法　整形作業としては最もふつうに行われ，かつ非常に有効な方法である．採集するときと同様に，作業にかかる前に，化石が母岩中にどのような形で入っているかを見きわめておく必要がある．砂袋のようなクッションの上に標本を安定させて，気長に，少しずつ整形を行う．タガネによって化石を掘りきざむというのではなく，衝撃で標本の表面に付着した母岩を取りはずすつもりで行うのがこつである．タガネを直接，殻にあてたり殻表に対して斜めの方向に用いることはよくない．グラインダーを近くに置いて，タガネの先端を常に鋭利にしておければ理想的である．

整形作業では，よい道具を使って，細心の注意を持って，根気づよくたんねんに行うことが大切である．特に精神の統一が重要である．

> 標本のうち不要の部分を大きく取り除いていくためには，大学や研究機関では，ふつう刃をそなえたロックトリマーすなわち大型の化石挟割機（通称ギロチン）ないしは岩石砕断機によって，母岩を大ざっぱに砕断していくのである．また，ダイアモンドカッターによって大きく切断したり，歯科医の用いるデンタルマシンによって細かく切り取ったりする．ほかに，ビブロトールというピストル型の小さな機械が使われることもある．また，最近ではエアコンプレッサーつきのサンドブラスト機などが活用されている．

しかし，一般には，そういう機械を使うわけにはいかないので，化石の大割りは大型ハンマーで，小割りは小型ハンマーで行うよりほかないし，また，それだけでも，けっこうふつうの目的にはかなうものである．

b. 化学的方法　化石とその母岩の化学成分によっては，母岩または化石を，酸によって溶解することを行う．古生代の石灰岩中の珪化した化石や，非石灰質の化石（たとえば燐酸塩のコノドント）を取り出すには，母岩を多数の小片に割り酢酸に長期間浸しておく．

逆に，母岩が非石灰質のときに，この方法が使われることも多い．それは，たとえば，新鮮な砂岩・頁岩中の二枚貝の蝶つがい構造を観察したいときに，岩石表面に残されている殻の部分を完全に溶解し去ることによって，人工的に完全な雌型をつくるといったような場合である．酢酸に長時間浸しておくと母

岩の基質の石灰分が完全に抜けて標本がもろくなりやすいので，母岩に石灰分があるときには，塩酸(20～30%)で短時間に処理したほうがよい結果が得られる．このとき溶解させたくない部分はあらかじめパラフィンでおおっておく．

c. 熱的方法　母岩が石灰質で新鮮かつ均質な場合に用いると効果があることが多い．堅固な石灰質ノジュールや無層理の石灰岩中の化石を取り出すことは，必ずしも容易なことではない．この場合，標本を恒温器中あるいはアスベスト金網つきのバーナーで熱したあと，水に入れて急冷する．そのあとでハンマーとタガネを使って処理すれば，標本中に生じたわずかのひずみのせいでわりと容易に化石を母岩から分離できる．ただ化石自体が多少なりとももろくなることはさけられない．むろん，標本を極端なまでに熱すると，ぼろぼろになるから，電気炉の使用などは行わない．

　二枚貝や巻貝の多くのものは，外面に装飾を持っていても内面では起伏に乏しいものが多い．このことは，採集・整形を行う上で，実際上大きな障害となっている．二枚貝殻について例をあげれば，殻の主要部分は外型に，起伏の多い蝶つがい部は内型に分離して残りやすい．こういう標本では，いかに保存の状態がよくとも化石鑑定上は困るのである．こういう性質を考慮すれば，採集や整形の過程では，化石を保護したり補強したりするなど，そのつど適当な対策を講ずるのが望ましい．

（3）復　元　作　業

　化石は，多少なりとも不完全で断片的なことが多く，そういうときには，復元作業を行う．不完全な化石標本から完全な個体を復元することである．化石の欠けている部分は，石膏などで補う．この場合，石膏の部分の形は，周りの組織を参考にしてつくられ，周りの化石と同じ色に着色される．むろんこわれた部分は接着剤でつなぎ補強する．雌型化石からは，石膏雄型をつくり着色することもある．

　　断片から1個体を復元するときには，ほかの完全な個体の殻あるいは骨格の形をもとにして，また母岩に残されたほかの部分の形の跡をたどって，石膏で全体の形をつくりあげる．石膏でつくられた骨や殻を適切な位置にはめこむ．ふつうの場合にはこ

のような作業は行わない．石膏模型の作りかたについては，次項でくわしく述べる．

なお，復元という言葉の意味の一つは，化石をもとにしてその化石から推定される古生物を古生態学的に再現するという意味もある．これは古生物学における研究目的の一つでもあって，安直には行いえない．化石の研究手段を十分に駆使し，古生物学における研究方法を十分に活用したうえで，総合的にはじめて行いうることがらである．

（4）模 型 製 作

ふつう，大型化石は母岩中より剖出・復元され，写真が撮影され，観察結果は図に描かれて，研究が進められる．また，研磨標本・研磨薄片・電子顕微鏡標本・粉末標本などがつくられることもある．小型有孔虫標本とか花粉標本など微化石標本では，むろん，それぞれの対象に応じた標本の作製法がある（『微化石研究マニュアル』参照）．

しかし，ここでは石膏模型を中心とした模型製作法についてのみ紹介する．それは，大型化石は内外の研究者・愛好者どうしが知識の交流をはかるためには，自己の採集標本の模型をつくっておたがいに交換しあうことが多いからである．そのためには，自然の化石にそっくりの模型をつくる技術を自分なりに修得できていることが望ましい．むろん，少なくとも研究機関には，そのような専門技術者がいることが当然なのであるが，日本では例がないようである．

一方，日本の特に古い時代の地層の大型化石は雌型として産出することが少なくない．だから，採集標本を細かく観察したり鑑定したりするためには，よい模型を作製することが大切である．アンモナイト・腕足貝化石などの雄型が1種類につき1個体しか得られていないとき，その化石の殻形横断面を調べるには，石膏雄型模型を作製し，それを実際に切断して調べるのがよい．1個しかない雌型内型の腕足貝化石に印象されている内部構造の断面が，成長するにつれてどう変っているかを調べるのに，石膏模型の切断を何回も繰り返すということは，ふつうにやることである．

模型製作の操作は，①雄型から雌型をつくること，②雌型から雄型をつくることの二つの操作がある．上記のように，目的に応じて，この二つの操作を

行って，原標本そっくりの複製模型をつくったり，それとは逆の凹凸を持った模型をつくる．印象材の種類は多いが，標本の強さ・大きさ・凹凸の程度・模型の用途などに応じて選ぶ．模型製作の材料としては，焼石膏・粘土・モデリングコンパウンド・アルギン酸ソーダ・パラフィン・シリコンゴム印象材・塩化ビニール印象材・プラスチック印象材・ラテックス乳液・ポリサルファイドゴムなどが使われるが，それらの使用法については，刊行予定の『大型化石研究マニュアル』を参照されたい．

実際問題として，一般の化石愛好者にとっては，上述の諸方法のうち，焼石膏・油粘土・モデリングコンパウンドなどを使用する方法が簡便であり，よく使われるであろう．しかし，歯科用シリコンゴム印象材などもできあがりが精巧で携帯が便利なので，そのうち一般に普及され愛用されるものと考えられる．

（5）標 本 撮 影

写真撮影の基礎的テクニックについては，多くの専門書・指導書があり，本書の目的とする範囲からやや逸脱するので，ここには標本撮影を含めて一般的な参考書をあげておくので参照されたい．

参考文献
化石研究会（編）(1971)：化石の研究法，710 p.，共立出版．
竹村嘉夫(1964)：接写と顕微鏡写真，160 p.，共立出版．
速水　格・小畠郁生(1966)：大型化石の研究テクニック（Ⅰ，Ⅱ），自然科学と博物館，33巻，7-8号，181-184 pp；9-10号，151-166 pp．

（6）各自の特性を生かす

室内作業においても，野外作業とまったく同様で，各自の特性を生かすよう十分留意されることが肝要である．常時1冊のノートを備えておいて，化石採集や整理を行った日には，採集あるいは化石整理の日誌をつけることをおすすめする．ただ機械的にその日に行ったことを記述するばかりではなく，採集時または室内整理を行っているとき，何かヒントを得たり，アイデアが心に浮かんだならば，どんな幼稚な考えでもかまわないから，おめず憶せず書きとめておくことだ．これならば，だれにでもできる．

室内作業を多角的に進める一法として，それぞれ自分の趣味にあわせて，化

2. 室内での整理のしかた

石の整理・勉強を行うとよい．たとえば，カメラ狂のひとは，自分で採集した標本の接写を行って，採集標本の写真集をつくって，きれいに写真帳に整理してみるのはどんなものだろう．記録にはもちろん，撮影時データだけでなく，地質的記録を書きとめておく．標本のバックをいろいろ工夫してみるとか，撮影アングルを考えてみたり，極端にアップでとってみることによって，おもしろいものができるかもしれない．現に，フランスやドイツでは，化石をテーマにして，美術的な写真集が刊行されている．

絵の好きなひとも同様だ．採集標本のスケッチ集をつくってみてはどうだろう．きれいにクリーニングされた標本でもよし，産状を示すようなものでもよい．だいたい化石というものは，野外の地質観察と同様で，それのスケッチをていねいにしているときに，その化石の特徴を，あやまらずに，的確にはあくできるものである．だから絵を画くという楽しみにとどまらずに，化石そのものの勉強にもなる．もしも，あまりにも写実的なことは気が向かないというひとがあれば，アブストラクトでもよい．現に，有名なパウル・クレーは，幼少時，石灰岩中のフズリナやサンゴなどの模様を画くことが大好きであったというし，日本の代表的な抽象画家福沢一郎は，『始祖鳥』とか『白亜紀のファンタジア』と題する象徴的な作品を画いている．

手先が器用で，大工仕事の好きなひとについても同様なことがいえる．きれいに整形をしたあと，化石の石膏模型をつくって，その上に塗色をしてみることもよい．重複標本がたくさんあれば，ひとと交換することもできる．また，模型製作の方法は，固定したものではなく，その時々の，歯科技術用製品や理化学製品の進歩とともに進歩してゆくものであるから，その方面に気をつけていて，新しい技術を開発してゆくことさえ可能である．これは，特に化学系のかたに注意していただきたいことだ．

語学の好きなひとは，採集化石に関係するような学術論文や書物の翻訳を試みて，それを自分のメモに使うばかりでなく，友人のためにも役立てることができる．

こうして，一人一人が自分の個性や趣味をのばし，各自が一芸を持つという

ことのほかに，そういうひとたちがあつまって，サークルをつくり，自分たちの住む郷土を中心とした化石の勉強を行うとよい．はじめは自分一人から始まるが，なかまは二人でも三人でもよいのだ．地元に既存のグループがあるならば，それに参加させてもらうのもよい．化石をやることに発して，郷土の地質や地史を知ることへ進もう．

気のあったひとたちが何人かいっしょに，郷土の化石の鑑定の手びきを，自分たちでつくることを企画するのも楽しいことであると思う．上に述べたような特性を持つひとたちが一人，二人とあつまれば，それをつくることができる．いや自分一人だけでも，自分なりの手びきをつくることは可能であろう．友だちがいれば，最初に書き上げつくりあげたものを回覧し，添削を行い，年月がたつにつれて，より完璧なものへとつくりあげてゆくことができる．もちろん，最初は，手書きやガリ版刷りから始めるのだ．体験と知恵の積み重ねによって，必ずみごとなものをつくりあげることができる．化石鑑定のこつは，次章の鑑定編に記述されている実例から学び，自分たちで化石から大昔に生きた生物の分類を工夫してゆこうではないか． 〔小畠郁生〕

3.

化石鑑定のこつ

§1. 貝 化 石

（1）二 枚 貝

二枚貝類（Bivalvia）は弁鰓類（Lamellibranchiata），斧足類（Pelecypoda）ともよばれる軟体動物の1綱で，たとえば，アカガイ，アコヤガイ（いわゆる真珠貝），ホタテガイ，マガキ，アサリ，ハマグリ，マテガイなど，われわれの日常生活に関係の深い種をたくさん含んでいる．その貝殻はほとんどが石灰質であるため，化石に残りやすく，いろいろな時代にさまざまの環境でたまった地層から産出が知られる．

2枚の殻を持つ無脊椎動物にはほかに貝形類，エステリア類，腕足類などがある．貝形類，エステリア類は節足動物に属し，化石によく産出するが，ふつう二枚貝に比べるとはるかに小さく，脱皮によって殻を脱ぎ捨てながら大きくなるので，二枚貝の殻の表面にみられるような成長線はできない．また，腕足類の殻は，原則的に左右が対称の二枚貝の殻片と違って，背側の殻片と腹側の殻片があわさっていて，それぞれの殻片が対称型で内面の構造もまったく違うから容易に区別される．

最近の調査によると，二枚貝の現生種は約20,000（日本産約1,000）に達する．過去に地球上に生存していた絶滅種はおそらくこの数十倍はあったと推定されるから，化石として発見されうる二枚貝の種は膨大な数にのぼるであろう．これらは約10の目（orders），約180の科（families），約3,000の属（genera）に分類されている．それぞれの種には地理的変異・個体変異があり，成長に伴って殻の外形が大きく変化することもある．古い時代の化石では，標本が不完全で二次的に殻の一部が消失したり変形をうけていることも少なくない．また

殻そのものが完全にとけ去っていて雌型だけで鑑定しなければならないことも多い．したがって，採集した二枚貝化石を的確に鑑定して種名を決定することは専門家であっても必ずしも容易なことではないのである．"鑑定ができる"ようになるには，多くの経験とそれなりの努力がいることは申すまでもない．

　本書を利用されるひとは，専門書の探索や基礎的な勉強にはあまり時間をさくことができない一般の化石愛好者であると思う．鑑定に万全を期するには専門家に意見を求めるほかはないであろうが，このような機会に恵まれないひとでも，自分の努力で手持ちの化石が少しずつでも鑑定できるようになれば，それは大きな喜びとなるに違いない．ここでは日本産の化石二枚貝についてこのような愛好者が少しでも効率よく正しい鑑定に近づくことができるように，その手がかりを具体的に示しておくことにする．

　a．化石二枚貝の鑑定方法と参考図書　　二枚貝に限らず，どのような分類群についてもいえることであるが，化石を鑑定するときには，まず標本を清掃整理した上で，既存の文献を鑑定者の能力と環境に応じて効率よく利用することが必要である．そのための手がかりと注意すべき事項をいくつかの段階に分けて説明しておくことにする．

　第1の段階は，手持ちまたは市販の現生および化石二枚貝を扱っている普及書や図鑑などで，いわゆる"絵合せ"を行い，標本の形態が写真や挿図に一致したものにつき種名をつけていく方法である．だれにでもできることであろうが，極めて受動的な方法で収録されていない種についてはお手あげである．鑑定を急ぐあまり，標本を見かけの類似だけで図示されている種のどれかに同定しようとすると，あやまりを起こすことになりやすい．

　しかし，房総半島の成田層群のような第四紀層や貝塚から採集される二枚貝はほとんどが現生種であるから，何冊かの現生貝類の図鑑を丹念に調べれば，大部分の種は一応鑑定できるはずである．この場合，化石や貝塚の二枚貝は色彩模様や殻皮が失われているのがふつうであるから，なるべく大きなスケールで図示され，殻の各部分の特徴もよくわかるような図鑑を利用するのがよい．第三紀の中ごろよりも古い時代の二枚貝化石は，ふつう保存がずっとわるくな

り，現生種がほとんどあるいはまったく含まれなくなるから，極めて特徴的な種を除き，図鑑との"絵合せ"だけで鑑定を行うのはたいへんむずかしい．化石図鑑を利用するときには，図鑑にはごく一部の種しか図示されていないこと，標本の属性（産地・地層・時代など）に矛盾がないかどうかに注意して，一致する種が見つからないときは無理に鑑定を急がない方がよい．将来，その標本が地質・古生物学上価値があるとわかった場合，この段階での鑑定名よりも標本の出所に関する情報のほうがはるかに重要になることも考えに入れておくとよい．鑑定は何度でもやり直すことができるが，属性がわからなくなった標本は，たとえそれが立派なものであっても，学術上の価値は著しく低くなってしまうからである．

この段階の化石二枚貝の鑑定者にとり有用と思われる現生貝類図鑑，化石図鑑にはつぎのものがあり，これらはいずれも街の書店で購入することができる．

波部忠重・小菅貞男 (1967)*: 貝，標準原色図鑑全集，第3巻，223 p., 64 図版，保育社〔ハンディな図鑑であるが，写真が鮮明で，日本産の二枚貝・巻貝のふつう種約 1,500 種を網羅している〕．

吉良哲明 (1959)*: 原色日本貝類図鑑（増補改訂版），239 p., 71 図版，保育社〔おもに大型の貝類約 1,300 種が図示されている〕．

波部忠重 (1961)*: 続原色日本貝類図鑑，183 p., 66 図版，保育社〔前著に収録されなかった貝類（小型種・深海種も多い）約 1,450 種が図示されている．前著とあわせて利用するとよい〕．

奥谷喬司・波部忠重 (1975): 貝II. 学研中高生図鑑，294 p., 159 図版，学習研究社〔572 種の主要な現生二枚貝の内外面が大きく図示され，近似種との区別の要点が記入されているので，新しい地質時代の化石二枚貝の鑑定に非常に便利である〕．

鹿間時夫 (1970)*: 日本化石図譜，増訂版，286 p., 89 図版，朝倉書店〔標準化石として重要なもの，ふつうに産するもの，古生物学上重要なものなど約 1,950 種（うち二枚貝 426 種）の化石標本を原著からの複写により分類群別に整理，図示している〕．

森下　晶（編）(1977)*: 日本標準化石図譜，242 p., 69 図版，朝倉書店〔日本産の主要な標準化石約 800 種（うち二枚貝 220 種）を図示し，特徴を略述してある〕．

益富壽之助・浜田隆士 (1966)*: 原色化石図鑑，268 p., 96 図版，保育社〔日本産の二枚貝は少ないが，化石図鑑にはめずらしくカラー写真が取り入れられ，普及書としても役立つ〕．

---

* 巻貝の鑑定にも同様に役立つ．

第2の段階として化石の産地，時代や分類上の位置などを考慮して，専門書や論文を探し，記載文と挿図などを参照して鑑定することが考えられる．日本産の二枚貝化石（特に中・新生代の種）については多くの記載論文があり，ふつうに化石に出てくる種についてはいちおう記載と命名がほぼ完了しているから，図書館通いなどの努力を払えば，かなりの成果が期待できよう．これらの専門書や論文を通覧したり街の書店で購入することは一般に困難であるが，国内で現生・化石二枚貝の挿図入りの分類専門書やカタログがいくつか刊行されており，その一部は初学者でも分類上の位置を考えたり，文献を探索するための手びきとして利用することができると思う．一般に市販されている図鑑では二枚貝の外面の特徴はよく図示されているが，内面や殻頂部の特徴（たとえば歯・靱帯・筋肉痕）は必ずしもよく示されていない．外面の特徴が種や属の識別によくとりあげられるのに対し，属よりも高次の分類群（科など）はむしろ内面の特徴や殻の構造によって定義されることが多い．したがって，専門書によってこのような分類学上重要な形質が二枚貝の大きなグループの間でどのように違うかを心得ておくと，外面の見かけの類似によって起こる鑑定違いを防止することができるであろう．

この段階の鑑定者にとって利用価値が高いと思われる専門書をいくつかあげておく(多くは購入可能)．

波部忠重 (1977)：日本産軟体動物分類学，二枚貝綱/掘足綱，372 p.，北隆館〔日本産現生二枚貝・掘足類の分類を集大成した専門書で，最新の分類体系を示すとともに，それぞれの科・属の特徴を明示し，各属に含まれる種とそれらの分布を示したリストがついているので，アマチュアから専門研究者にいたる広い範囲の鑑定者にとって極めて有用である．殻の内面の特徴も数多く図示されている〕．

OYAMA, K. (1973)*: Revision of Matajiro YOKOYAMA's type Mollusca from the Tertiary and Quaternary of the Kanto area, 148 p., 57 図版，日本古生物学会特別号，17〔故横山又次郎教授による関東地方の第三紀後期および第四紀の軟体動物の記載論文の図版を分類順に再配列して復刻し，分類名を改訂したもので，この地方の新しい時代の軟体動物化石を鑑定する上に必携の書である．上記学会で購入できる〕．

---

* 巻貝の鑑定にも有用である．

松本達郎（編）(1974)：新版古生物学Ⅱ，441 p.，朝倉書店〔古生物の各分類群の概説と分類各論よりなる書で，二枚貝に関する解説は，この巻に含まれている．化石二枚貝の鑑定や分類に重要である形質と，化石に多い二枚貝の各科の特徴を記述してある〕．

OYAMA, K., MIZUNO, A. and SAKAMOTO, T. (1960)*: Illustrated handbook of Japanese Paleogene Molluscs, 244 p., 71 図版，地質調査所〔日本で記載された古第三紀の軟体動物の全種類を原著から複写したタイプ標本の写真によって示し，原記載を復刻した図鑑〕．

HATAI, K. and NISIYAMA, S. (1952)*: Check list of Japanese Tertiary marine Mollusca, 東北大学理科報告，2類，特別号，第3号，464 p.〔1949年までに日本で記載された第三紀の海生軟体動物の種名および論文リスト〕．

MASUDA, K. and NODA, H. (1976)*: Check list and bibliography of the Tertiary and Quaternary Mollusca of Japan, 1950-1974, 494 p., 斎藤報恩会博物館〔1950—1974年に日本で記載された新生代軟体動物の種名および論文のリスト．前著の続編で両者をあわせると日本の新生代軟体動物の分類研究の全ぼうを知ることができる〕．

HAYAMI, I. (1975): A systematic survey of the Mesozoic Bivalvia from Japan, 東京大学総合研究資料館研究報告，第10号，249 p.，10図版，東京大学出版会〔日本および近隣から記載された中生代二枚貝の分類学的再検討．種名および論文をリストし主要な種のタイプ標本を図示してある〕．

HAYAMI, I. and KASE, T. (1977)*: A systematic survey of the Paleozoic and Mesozoic Gastropoda and Paleozoic Bivalvia from Japan, 東京大学総合研究資料館研究報告，第13号，155 p.，11図版，東京大学出版会〔日本および近隣から記載された中・古生代巻貝と古生代二枚貝の分類学的検討，種名および論文をリストし主要な種のタイプ標本を図示してある〕．

　そのほか，化石を多く産する地方の軟体動物群や二枚貝の中の特定の分類群について，各地の博物館，同好者や専門研究者によって化石図集やさらにこれを集成したもの（たとえば，日本化石集，築地書館）が出版されていることがあり，化石二枚貝の鑑定に役立つことが多い．

第3の段階では単なる"絵合せ"や文献との照合によって鑑定を行うのではなく，二枚貝の分類体系や各分類群（科・属など）の特徴を十分にはあくした上で，標本の分類上の位置と名称の決定を行うことになる．この段階では既存の図書や分類名をよく知っているだけでは不十分で，分類学の基礎的な知識と分類形質の妥当な評価が要求され，命名規約にも通じることが望まれる．学名

や分類上の位置は，新事実の発見や研究者の主観によってしばしば変動するので，これまでの分類研究に対する批判力も必要になる．初学者にはなかなかむずかしいことではあるが，まだ十分に調査されていない地域や時代の二枚貝群（当然未記載種が含まれていることが多い）を扱うときには，このような能力がなければ鑑定はできない．一般にとりうる方法としては，専門書などで標本の科・属の見当をつけておき，前記のリストやカタログでそれに属する種の記載論文を探索するのがよい．同定に疑問がある場合には，文献との比較だけでなく，いろいろの研究機関に保管されている種や亜種の提唱のもとになったタイプ標本を見学して確かめる必要が出てくるであろう．こうなると，鑑定作業は高度の研究になる．

　ある程度経験を積んだ鑑定者が標本の分類学上の位置を推定しようとするときには，つぎの図書を利用するとよい．

　　Cox, L. R. et al. (1969. 1971): Treatise on Invertebrate Paleontology, Part N. Mollusca 6, Bivalvia. Geol. Soc. America and Univ. Kansas, 第1冊 (1969), 1–489 pp.; 第2冊 (1969), 491–952 pp.; 第3冊 (1971), 953–1224 pp.〔現在を含むあらゆる地質時代から知られている世界中の二枚貝の分類体系の集大成で，3,000以上の属につき分類学的特徴，分布，地質時代を明示し，模式種の写真を図示したもの．学術的に非常に価値が高いが，一般の鑑定者にとってもこの上ない便利な書である〕．

b. 化石二枚貝の鑑定に役立つ特徴　　二枚貝の殻にはいろいろの形態上の特徴がみられる．表面装飾の様子や歯の並びかたは種やその種が属するグループに固有の特徴のようであるが，成長の途中で破損した部分を修復したような後天的に生じたと思われる形質もある．したがって，観察される形質のうちでどれが分類をする上に本質的であり，どのような形質に注目して鑑定を行えばよいかが当面の問題となろう．このような形質の評価は分類をする上の根本的な問題で，リンネやラマルク以来の長年にわたる二枚貝の分類研究によって次第に定まってきたのである．一口にいえば，変化しにくい形質は系統をよく反映するので科や目などの大分類に利用され，変化しやすい形質は種のような比較的低い分類群の識別に用いられる．

§1. 貝 化 石

　二枚貝の分類には殻の特徴のほかに鰓・胃・唇弁・水管など化石には極めて残りにくい軟体部の形質も用いられ，幼生の形態も極めて重要である．しかし，幸いなことに，軟体部と個体発生の様式に基づく解剖学者，発生学者による分類体系と殻の形態とその系統発達を重視する古生物学者の分類体系は，たがいにかなりよく対応し，分類群につけられる名称は違っていても，内容に根本的な違いは少ない．

　ここでは，化石二枚貝を鑑定しようとするときにくわしく観察するとよいと思われるいくつかの形質について解説し，キーポイントとなる特徴につき設問を試みよう．

　1) 殻の方位と対称性：　二枚貝の動物体からみて右側が右殻，左側が左殻である．成長の始まりの部分(殻頂)や蝶つがいのある側が背で，殻の開く側が腹になる．殻頂はふつう中央よりも前方に寄っているが，例外もあるので，方位がわからないときには後述の靱帯や筋肉痕を観察して前後，左右をきめるのがよい．二枚貝は発生初期には左右の殻がほぼ完全に対称であるが，イタヤガイのように殻を水平にして生活する種や，カキのように一方の殻で岩礫に固着する種では左右の殻の大きさ，ふくらみ，彫刻に大きな違いが生ずる．化石では左右の殻がばらばらになって出ることが多いが，いくつかの個体を集めて左右の殻を比較すれば，非対称性(不等殻性)の程度を推定することができる．

　○手持ちの化石二枚貝の殻はどちら側が前だろうか？
　○右殻と左殻を判別することができるか？
　○殻頂は前後どちらを向いているか？
　○その種の右殻と左殻は対称か，非対称か？

　2) 殻の外形：　二枚貝の外形は極めて多様で，いろいろな記載用語が使われている．最も多いのは背部が弧状または鈍角をなして曲がっているハマグリ型の種であるが，この中でも丸いものから三角形に近いもの，よくふくれたものから扁平なものまでいろいろある．また，アカガイのように背部が直線的で箱型の殻を持つもの，イガイのように殻頂が殻の前端にあるもの，イタヤガイのように扇形の主部と前後の翼状部が区別されるもの，マガキのように形状が

3. 化石鑑定のこつ

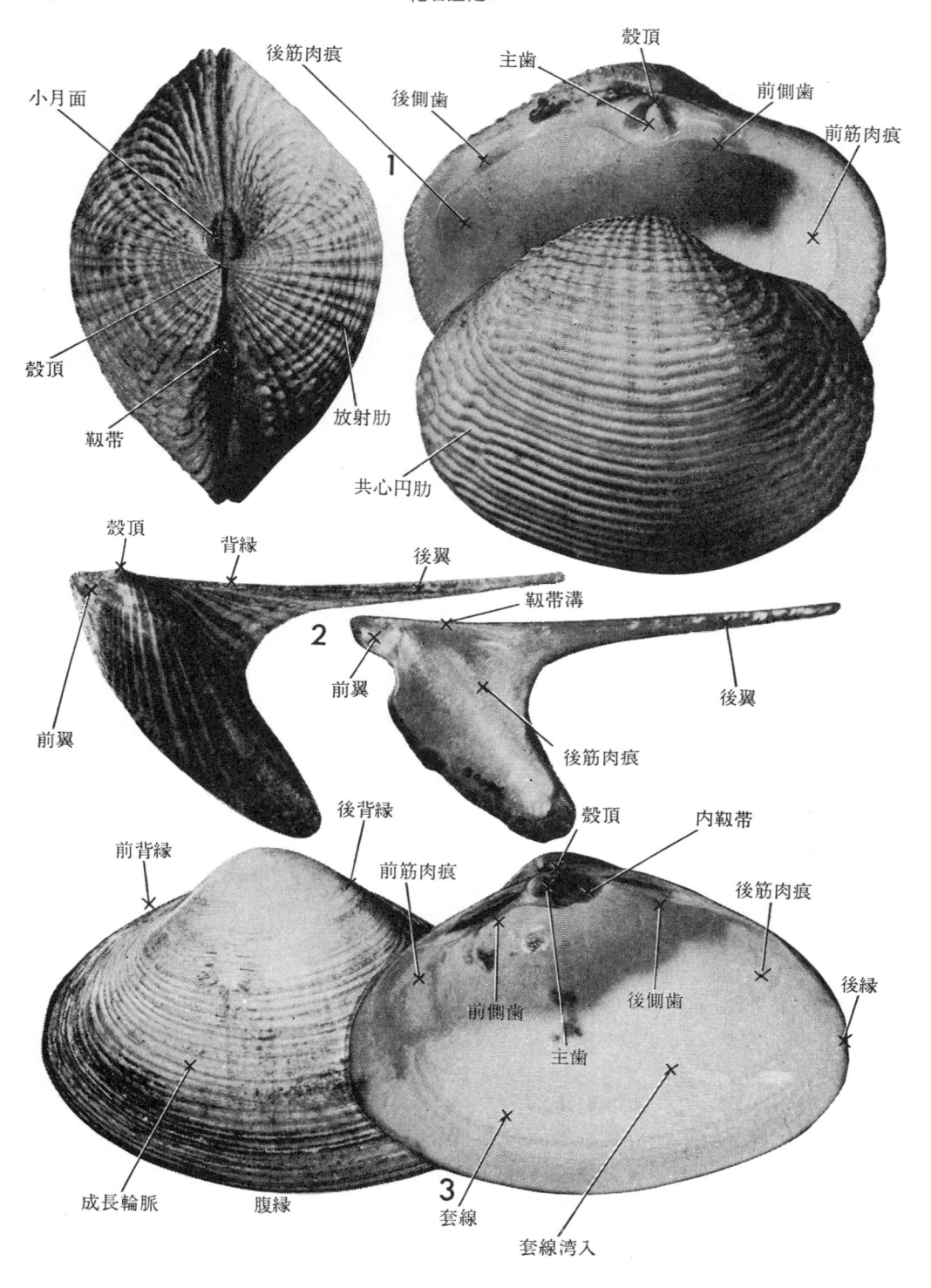

一定せず広い固着面を持つもの，マテガイのように極端に横長のものがある．二枚の殻の周縁はふつうは密着しているが，ミノガイのように足糸を持つ種では前縁から腹縁に，ミルクイのように大きな水管がある種では後縁にすき間を生ずることがある．また，殻頂部から腹縁後部にかけて背稜が走り，殻の外面が斜めに大きく二分されることが少なくない．

  ○殻の背縁は直線的か，曲がっているか？
  ○固着面があるか？　あるとすれば左右どちらの殻にあるか？
  ○翼状部があるか？
  ○二枚の殻は密着するか？　どこかにすき間はないか？
  ○背稜は発達するか？
  ○殻の長さ，高さ，ふくらみの比はどのぐらいか？

 3）　殻の外面彫刻：　　殻の表面は非常に平滑なこともあるが，種によっていろいろの特徴ある彫刻がみられることが少なくない．大きく分けて成長線に平行な共心円肋と殻頂部から腹縁に向かって放散する放射肋に分けられるが，時には成長線を斜めに切る平行肋やV字状の肋がみられることがある．また，これらの肋の上には顆粒や鱗片，棘を生ずることもあり，二つ以上の要素があわさって格子状，布目状を呈することもある．これらの彫刻の特徴は属や種など比較的低いランクの分類群の識別にしばしばとりあげられる．放射肋の数は種によってだいたい一定している(統計すると正規型の分布をなすことが多い)．

  ○殻表の共心円状のすじは成長線か，それとも彫刻か？
  ○放射肋があるか？　もしあれば，その数は平均どのぐらいか？
  ○放射肋が成長の途中で分岐や挿入によって増加することはないか？
  ○共心円肋や放射肋の上にさらに小さな彫刻はないか？

 4）　小月面・楯面：　　ハマグリ型の二枚貝では殻頂の前方に半月形（二枚の殻をあわせるとハート形）の狭小な部分が区切られたり，殻頂後方の背縁に沿って狭長な部分が小さな稜によって区分されることがある．前者を小月面，後者を楯面といい，それらの有無と形状は属や種の特徴として重要である．

     図 6　二枚貝の殻の各部の名称
1: *Fimbria fimbriata* (LINNAEUS)〔カゴガイ〕×0.9，背面，左殻内面，右殻外面，パラオ（現生）．
2: *Pteria avicular* (HOLTEN)〔ツバメガイ〕×0.9，左殻外面，右殻内面，ヤップ（現生）．
3: *Mactra sulcataria* REEVE〔バカガイ〕×0.72，左殻外面，右殻内面，小樽（現生）．

○手持ちの標本に小月面・楯面が区別されるか？

5) **殻の構造**： 二枚貝の殻はふつう性質の異なるいくつかの層からできている．それぞれの層の鉱物組成と結晶配列は変化に富むが，近似種の間ではほとんど変化せず，科ぐらいの大きなグループの中でだいたいきまっているので，分類上の位置をきめるのにたいへん重要である．殻構造のくわしい分類と観察は，光学および電子顕微鏡と特殊のテクニックを要するので専門書にゆずる．化石では鉱物組成が二次的に変化していることが少なくない（たとえば，アラレ石はふつうの条件下では不安定で方解石に変りやすい）が，新しい時代の化石ではアラレ石の薄層からなる真珠層がよく保存されていることがある．中生代ぐらいの化石でも，一般にカキ類の殻は葉状にはげる性質をとどめており，イノセラムス類は外層のせんい状のプリズム構造が保存されているなど，特徴的な殻の性質によって，ほかの分類群から肉眼でもはっきり区別できる二枚貝が少なくない．

○同じ産地で採集したほかの二枚貝と比べて，殻の強度やそのほかの性質に違いはないか？
○殻の一部が構造や鉱物組成の違いによって差別的に失われていることはないか？

6) **靱帯・弾帯**： 二枚貝の二枚の殻を背部でつないでいる硬タンパク質が靱帯である．靱帯そのものは化石に残りにくいが，それが付着していた位置は殻の蝶つがいの部分を観察すると容易にわかる．ふつう靱帯は単一で，その下位にある弾帯とともに殻頂の後方につき外在しているが，時に前後にまたがったり，多数のものに分かれたり（たとえば，シュモクアオリ，イノセラムス），弾帯だけが離れて殻の内側に入りこんで三角形の弾帯窩やさじ状の弾帯受をつくることがある（例：オオシラスナガイ，イタヤガイ，モシオガイ，バカガイ）．靱帯・弾帯の性質と位置は，二枚貝の科や属の判定に極めて重要である．

○靱帯は殻頂のどちら側にあるか？
○靱帯は単一か？　それとも多数あるか？
○弾帯は靱帯とともに外在しているか？　それとも，靱帯から分かれて内在しているか？

7) **筋肉痕**： 二枚貝の殻の内面には，肉柱（閉殻筋）の付着痕，外套膜の

付着の限界を示す套線，その他の筋肉痕が印象されている．筋肉の付着していた部分は殻の性質が違う（透明感がする）ので，新しい時代の化石では認めやすいが，古い時代の化石や殻の雌型でも，多少の起伏があって，その形状がわかることが少なくない．肉柱はがんらい前後に一つずつあるが，成長が進むと前肉柱は退化して小さくなったり消失したりすることがある．したがってカキ類やホタテガイのように肉柱痕が一つしかない場合は，前肉柱が退化し後肉柱がやや中央寄りに移動したものと考えてよい．ハマグリやミルクイのように水管が発達する種では套線が後部で大きく湾入する．このような筋肉の付着痕は軟体部の特徴と生態をよく反映するもので，その形状は二枚貝の分類・鑑定にたいへん重要である．

　○前後の肉柱痕は大きさや形にどのような差があるか？
　○套線は湾入しているか？
　○肉柱痕や套線のほかに筋肉が付着していたと思われる痕跡はないか？

　8）歯の配列：　　二枚貝の殻の背縁部は通常いくぶん肥厚して歯面ができ，その上に歯や反対側の歯に対応するくぼみが並んでいる．歯の配列は極めて多様でいくつかのタイプに分類される（くわしくは，前述の松本達郎（編）：新版古生物学IIを参照されたい）．歯がほとんど発達しないグループや成長に伴って歯が著しく退化するグループもあるが，中・新生代に多いハマグリ型の外形を持つ二枚貝の歯の構造はつぎの三つに大別できる．

　　多歯型：背縁に沿って多数の小歯が配列し，主歯と側歯の区別ができない．クルミガイ，アカガイ，タマキガイ，マガキ（幼時のみ）など．
　　分歯型：殻頂下に放射状または雁行状に並ぶ歯があり，しばしばその上に条線を備える．一般にこのような歯を擬主歯とよび，この後方に側歯が生ずることがある．サンカクガイ（トリゴニア），ドブガイなど．
　　異歯型：一般に前背縁と後背縁に平行して前側歯と後側歯があり，前側歯の後端が殻頂の下で肥厚・分化して2～3本の主歯をつくる．ハマグリ，マシジミ，エゾシラオガイ，バカガイなど．

　歯の配列様式は系統をよく反映しているので，二枚貝の分類鑑定を行う上に最も重視される形質とされている．特に外面に特徴の少ないハマグリ型の二枚貝化石は歯の様子がわからないと分類上の位置がきまらないことが多い．古い

48   3. 化石鑑定のこつ

§1. 貝　化　石

固化の進んだ地層から産出する二枚貝化石は歯を直接観察することがしばしば困難であるが，雌型からシリコンラバーの型をとったり，殻を塩酸で溶解して歯の配列様式を調べるとよい．

- 歯はよく発達しているか？
- 主歯と側歯は判然と区別されるか？
- 異歯型の場合，主歯は左右の殻にそれぞれ何本あるか？　前側歯からの分化の程度はどうか？

9)　そのほかの形質：　上記のほか，内面の腹縁が刻まれているか？　殻頂のなす角度はどのぐらいか？　発生初期の胎殻がはっきりしているか？　殻の厚さはどうか？　などに気をつけて鑑定するとよい．

c.　日本産の主要な化石二枚貝　日本で化石にひんぱんに発見される二枚貝のうち，比較的大型で特徴的なもの，示準化石として利用されるもの，科のような大きなグループを代表するもの，約100属を選び，特徴を簡単に記述することにする．（なお * 印は本書に図示してある属で，その原標本は一部明記してあるものを除き，東京大学総合研究資料館の所蔵品である．）

ヌクラ *Nucula*（クルミガイ科）　白亜紀—現世．小型，ハマグリ形で，殻頂は後方に寄り，真珠層が発達．多歯型で殻頂下に弾帯受がある．外表はほとんど平滑．套線は湾入しない．

アシラ* *Acila*（クルミガイ科）　白亜紀—現世．中小型で前属に似るが，外表に分枝状の彫刻があり，ほかの二枚貝と区別される．

ヌクラナ *Nuculana*（ロウバイ科）　三畳紀—現世．中小型で後方に嘴状にのび，殻頂は前方に寄り，後背縁は長く背方にそる．内面は陶質で，多歯型，殻頂下に弾帯受がある．套線は小さく湾入する．

図 7　二枚貝

1, 2: *Acila (Acila) divaricata* (HINDS)〔オオキララガイ〕，×1，横浜市長沼（第四紀・長沼層）．3: *Solemya tokunagai* YOKOYAMA，×1，岩手県二戸市湯田（新第三紀・門ノ沢層）．4: *Parallelodon obsoletiformis* HAYASAKA，×1，（東北大学標本），岐阜県大垣市赤坂（二畳紀・赤坂石灰岩）．5a, b: *Anadara (Tegillarca) granosa* (LINNAEUS)〔ハイガイ〕，×1，横浜市戸塚（第四紀・下末吉層）．6: *Cucullaea acuticarinata* NAGAO，×1，岩手県田野畑村平井賀（白亜紀・宮古層群）．7a, b: *Arca boucardi miyatensis* OYAMA〔キタノフネガイ〕，×1，神奈川県三浦市下宮田（第四紀・宮田層）．8a, b: *Anadara (Scapharca) subcrenata* (LISCHKE)〔サルボウ〕，×1，千葉県沼南町手賀（第四紀・印旛層）．

3. 化石鑑定のこつ

§1. 貝化石

ソレミア* *Solemya*（キヌタレガイ科） デボン紀―現世．中大型，前後に長い長卵形または長方形．殻頂は後方に寄る．殻皮が発達するが石灰質の殻は薄く，歯はない．外表には幅広い放射肋が発達．

パラレロドン* *Parallelodon*（パラレロドン科） オルドビス紀―白亜紀．中型で箱状．前後に細長く，後端はやや翼状に広がり，腹縁は多少湾入．外表に放射肋がある．多歯型で，後部の歯は背縁に平行して長くのびる．

グラマトドン *Grammatodon*（パラレロドン科） 三畳紀―白亜紀．中型で，歯の特徴は前属に近いが，後部の歯はそれほど長くない．外形もあまり横長でなく，腹縁はへこまない．放射肋は中央部で弱くなることが多く，左右の殻で強さがいくらか異なることがある．

ククレア* *Cucullaea*（ヌノメアカガイ科） ジュラ紀―現世．中大型でよくふくらむ．歯面は前後対称に近く，前・後部でやや広くなり側方に向かってのびる歯を備える．左殻は右殻よりもやや大きく，両殻の外表には放射肋または布目状の彫刻がある．

アーカ* *Arca*（フネガイ科） ジュラ紀―現世．中型で横長の箱型，殻頂は前方に寄る．低三角形の靱帯面に屋根型の溝がある．直線的な背縁に沿って多数の小歯が並ぶ．外表に放射肋があり，腹縁に足糸を出す開口部がある．

アナダラ* *Anadara*（フネガイ科） 古第三紀―現世．中大型で箱型．よくふくらむ．歯面，靱帯面の特徴は前属に似るが，外表の放射肋は強く，腹縁は開口しない．アカガイ，サルボウなどはこの仲間であるが，左殻は右殻よりも大きく，スカファーカ（*Scapharca*）とよんで狭義のアナダラから区別される．また，ハイガイ類は放射肋上に強い結節を生じ，テジルアーカ（*Tegillarca*）とよばれる．

図8

1, 2: *Glycymeris yessoensis* (SOWERBY)〔エゾタマキガイ〕，×1，千葉市越智下新田（第四紀・瀬又層）. 3, 4: *Glycymeris rotunda* (DUNKER)〔ベニグリ〕，×1，千葉県木更津市地蔵堂（第四紀・地蔵堂層）. 5, 6: *Limopsis tokaiensis* YOKOYAMA〔トウカイシラスナガイ〕，×2，神奈川県横須賀市浦郷（第四紀・小柴層）. 7: *Bakevellia* (*Neobakevellia*) *trigona* (YOKOYAMA)，×1，宮城県歌津村ニラノ浜（ジュラ紀・志津川層群）. 8: *Inoceramus* (*Sphenoceramus*) *schmidti* MICHAEL，×0.6，サハリンアニワ湾モツナイ（白亜紀）.

グリキメリス* *Glycymeris*（タマキガイ科）　白亜紀—現世．中大型，類円形で，厚質，堅固．左右は対称で前後も対称に近い．歯面は湾曲し多歯型で，低三角形の靱帯面にいくつかの屋根形の溝がある．外表には放射肋があり，腹縁内面はこれに応じて刻まれる．

リモプシス* *Limopsis*（オオシラスナガイ科）　ジュラ紀—現世．中小型で，外形と歯は前属に似るが，靱帯は屋根形でなく殻頂下に弾帯を入れるくぼみがある．腹縁内面は刻まれない．

ストリアーカ *Striarca*（サンカクサルボウ科）　白亜紀—現世．中小型で卵形または台形．アナダラ類に似るが，小さく放射肋は細い．低三角形の靱帯面上に縦溝がある．

ミチルス *Mytilus*（イガイ科）　三畳紀—現世．中大型，不等辺三角形から長卵形で，殻頂は前端にある．歯はあまり発達せず，前筋肉痕は小さい．外表はほぼ平滑．

セプティファー *Septifer*（イガイ科）　三畳紀—現世．中型で前属に似るが，殻頂下に隔板がある．外表には分枝状の彫刻が生ずる．

モディオルス *Modiolus*（イガイ科）　デボン紀—現世．中大型で内外の特徴はミチルスに近いが，殻頂は前端にはなく，殻の前部が多少とも房状にふくれる．無歯で外表は平滑．

ピンナ *Pinna*（ハボウキガイ科）　石炭紀—現世．殻はくさび形で大きく，後端は閉じない．殻頂は前端にあり，外表にはしばしば中央を二分する背稜と放射肋がある．無歯で真珠層とプリズム層が発達．

プテリア* *Pteria*（ウグイスガイ科）　三畳紀—現世．中大型，鳥形で長い直線的な背縁を持ち，前後に翼状部がある．放射肋は一般に発達しない．殻頂下に小歯があり，後背縁に沿って長い側歯が生ずる．前肉柱は退化し，真珠層が発達．左殻は右殻より大きく，ふくらみが強い．前肉柱は退化する．

バケベリア* *Bakevellia*（バケベリア科）　二畳紀—白亜紀．鳥形の外形と歯は前属によく似るが，靱帯溝は単一ではなく，背縁に沿ってほぼ等間隔に並ぶ多数の三角形または方形のくぼみに分かれている．中生代の種では前肉柱が

退化する．

ゲルビリア *Gervillia*（バケベリア科）　三畳紀―白亜紀．蝶つがいの構造は前属に似ているが，殻は斜め後方に曲がって長くのびる．

イソグノモン *Isognomon*（マクガイ科）　三畳紀―現世．中大型で左右ほぼ対称．やや縦長．前耳状部はなく殻頂は背縁の前端にある．ほとんど無歯で，背縁に沿って多数の U 字形の靱帯溝が並ぶ．

イノセラムス* *Inoceramus*（イノセラムス科）　ジュラ紀―白亜紀．一般に大型であるが，蝶つがいの部分を除くと殻は薄い．外形は変化に富む．多数の靱帯溝がとい状にへこんだ靱帯面上に並び，歯は発達しない．外面は共心円状に起伏し，放射肋はまれ．殻の外層にはせんい状のプリズムが極めてよく発達し，破片でもほかの化石と区別がつく．示準化石として極めて重要な種が多い．

アビキュロペクテン* *Aviculopecten*（アビキュロペクテン科）　石炭紀―二畳紀．左殻は右殻よりも大きく強くふくれる．外面の放射肋は左殻では挿入により右殻では分岐によって増加する．現生のイタヤガイ類と違って殻がやや前傾し，靱帯が外在する．

オキシトマ* *Oxytoma*（オキシトマ科）　三畳紀―白亜紀．外形と左右の殻の非対称性は前属に似るが，やや横長で，殻頂は前方に寄り，前翼状部は小さい．外面には強度の違ういくつかのオーダーの放射肋が発達する．

モノチス* *Monotis*（モノチス科）　三畳紀後期．殻は中型で薄く，卵形で前傾し，耳状部は小さい．外面には放射肋があるが，後期の種ではその数が減じ，不明瞭になることがある．各地の上部三畳紀層に知られ，示準化石として極めて重要．

ハロビア *Halobia*（ポシドニア科）　三畳紀中後期．殻は半円形から卵形で，極めて薄い．殻頂部はややふくれるが，全体としては極めて扁平で，前部に耳状部がある．外表には殻頂部を除き多数の放射肋が発達．示準化石として重要．

ダオネラ *Daonella**（ポシドニア科）　三畳紀中期．前属によく似ているが，

54　　　　　　　　　　　　　　3. 化石鑑定のこつ

耳状部はなく，共心円状の起伏は一般に前属よりも弱い．示準化石として重要．

エントリウム *Entolium*（エントリウム科）　三畳紀―白亜紀．中型で，円板状扁平な主部を持ち前後に鈍三角形の耳状部がある．前後ほぼ対称．弾帯を入れるくぼみの両側に一対の高まりがある．外表は平滑か共心円肋だけが発達．

プロペアムシウム *Propeamussium*（ワタゾコツキヒガイ科）　ジュラ紀―現世．小型で薄く扁平．主部は円形で前後に三角形の耳状部がある．左殻は右殻よりも大きく，放射肋または格子状の彫刻がある．両殻の内面には数本の放射内肋が発達．

カンプトネクテス *Camptonectes*（イタヤガイ科）　三畳紀―白亜紀．中型，円板状であるが，やや前傾し，主部の前背縁はいくらかへこむ．右殻の前耳状部は前方に突出し，その下に深い湾入ができる．両殻の外表には双叉状の細かい彫刻が特徴的に発達する．

クラミス* *Chlamys*（イタヤガイ科）　三畳紀―現世．中大型．やや縦長の主部にざらついた放射肋が発達し，前耳状部は後耳状部より大きく右殻では前方に突出し，その下の深い湾入部に櫛状の歯状突起がある．中生代の種は左殻が右殻より強くふくれ，彫刻も左右で異なるが，現在種では主部のふくらみと彫刻にほとんど差はない．

ペクテン* *Pecten*（イタヤガイ科）　古第三紀―現世．中大型で，扇状．右殻は強くふくれるが，左殻はほとんど扁平かいくらかへこむ．ほぼ前後対称で殻頂角は大きい．強い放射肋がある．

ミズホペクテン* *Mizuhopecten*（イタヤガイ科）　古第三紀―現世．大型で円板状の主部とやや非対称の耳状部がある．右殻は左殻よりも強くふくれ，放

図 9

1：*Aviculopecten hataii* MURATA，×1.5（東北大学標本），宮城県気仙沼市上鹿折（二畳紀・叫倉層）．　2：*Daonella kotoi* MOJSISOVICS，×1，高知県佐川町蔵法院（三畳紀・蔵法院層）．　3：*Oxytoma mojsisovicsi* TELLER，×1，高知県佐川町梅ノ木谷（三畳紀・河内ケ谷層）．　4：*Inoceramus (Inoceramus) uwajimensis* YEHARA，×1，サハリン気屯川本流（白亜紀）．　5：*Tosapecten suzukii suzukii* (KOBAYASHI)，×1，高知県佐川町下山（三畳紀・河内ケ谷層）．　6：*Monotis (Entomonotis) ochotica* (KEYSERLING)，×1，岡山県成羽町（三畳紀・成羽層）．

3. 化石鑑定のこつ

§1. 貝化石

射肋は右殻では丸く左殻では屋根型になる．幼時には左殻表面に網目状の彫刻がある．殻頂角は大きい．

フォルティペクテン* *Fortipecten*（イタヤガイ科）　新第三紀．大型で前属に似るが，殻は非常に重厚で耳状部が非常に大きい．

トサペクテン* *Tosapecten*（イタヤガイ科）　三畳紀後期．中型で，右殻は左殻よりもやや強くふくれ，右殻前耳はやや大きく前方に突出する．放射肋は粗く，その太さと間隔はいくぶん不規則．

ネイシア* *Neithea*（イタヤガイ科）　白亜紀．ペクテンに似て強くふくれた右殻とほとんど平らな左殻を持つが，やや縦長で殻頂角が小さい．ふつう右殻には6本の一次肋があり，その間にそれぞれ数本の二次肋が発達．

スポンジルス* *Spondylus*（ウミギク科）　ジュラ紀—現世．中大型で厚質堅固．右殻は左殻より大きく強くふくれ，固着面がある．外表には（時には左殻のみ）放射肋があり，その上に鱗片や棘を備えることが多い．弾帯が入るくぼみの両側に一対の強い腕状の歯がある．

プリカトウラ *Plicatula*（ネズミノテ科）　三畳紀—現世．中小型で卵形ないし，亜三角形，ふくらみは弱い．前属に似た1対の歯がある．外表には放射肋または分枝状の彫刻があり，その上に棘状突起を備えることが多い．

プラジオストマ *Plagiostoma*（ミノガイ科）　三畳紀—白亜紀．中型，半円形ないし卵形で後傾し，広い靱帯面にやや前傾した靱帯溝がある．一般に細い放射肋があるが，ほとんど平滑な種もある．

アセスタ *Acesta*（ミノガイ科）　ジュラ紀—現世．大型で外形や外表の彫刻は前属によく似るが，斜めにやや長く，靱帯溝は著しく前傾する．

リマ* *Lima*（ミノガイ科）　ジュラ紀—現世．中型，卵形ないし亜三角形で，後傾し，殻頂と靱帯溝は背縁のほぼ中央にある．鱗片を備えた強い放射肋が

図 10

1: *Chlamys (Chlamys) farreri akazara* KURODA〔アカザラガイ〕，×0.8，千葉県市原市市東（第四紀・瀬又層）． 2: *Fortipecten takahashii* (YOKOYAMA)，×0.4，北海道滝川市東二丁目（新第三紀・滝川層）． 3a, b: *Patinopecten (Mizuhopecten) tokyoensis* (TOKUNAGA)〔トウキョウホタテ〕，×0.4，千葉県木更津市小浜（第四紀・瀬又層）． 4a, b: *Pecten (Notovola) albicans naganumanus* YOKOYAMA〔カズウネイタヤ〕，×0.8，横浜市長沼（第四紀・長沼層）．

58 3. 化石鑑定のこつ

§1. 貝　化　石

発達.

アノミア *Anomia*（ナミマガシワ科）　白亜紀―現世．中小型で，形状は不定であるが円板状のものが多い．左殻は多少ふくれるが，右殻は扁平で薄く，殻頂の近くに丸い湾入がある．

オストレア *Ostrea*（イタボガキ科）　白亜紀―現世．中大型で形は不定．板状の成長脈が発達し，左殻には放射肋がある．背縁の両端部は弱く刻まれる．

クラソストレア *Crassostrea*（イタボガキ科）　白亜紀―現世．中大型で，形は不定．右殻は平らで左殻はふくれる．板状の成長脈が発達し，時に放射状の起伏がある．背縁の両端は刻まれない．マガキのなかま．

ラステルム *Rastellum*（イタボガキ科）　ジュラ紀―白亜紀．三日月形に細長く湾曲してのびる殻を持ち，両殻の接合面はジグザグしている．中央の背稜から多くの角ばった肋が派生する．アークトストレア（*Arctostrea*）とよばれることもある．

アンフィドンテ* *Amphidonte*（グリフェア科）　白亜紀．アワビ状に巻いた殻を持つカキ類で，左殻に固着面があり，その内縁には細かい刻みがある．

トリゴニオイデス* *Trigonioides*（トリゴニオイデス科）　白亜紀．中型，長楕円形で，外表に特徴的なV字状の彫刻がある．両肉柱痕は強く印象され，殻頂下に数本の強く刻まれた擬主歯が放射状に並ぶ．淡水性．

コスタトリア *Costatoria*（ミオフォリア科）　二畳紀―三畳紀．中小型，亜三角形ないし卵形．殻頂から後腹部にかけて背稜が走り，前中部に強い放射肋が発達する．歯はトリゴニア類に似るが，側面の刻みは弱い．

トリゴニア* *Trigonia*（トリゴニア科）　三畳紀―白亜紀．中型で厚質堅固．亜三角形の殻を持ち，殻頂から後腹縁に走る背稜によって殻の表面が二分され，前中部には強い共心円肋，後部には放射肋が著しい対照をなして発達

図 11

1: *Amphidonte subhaliotoidea* (NAGAO), ×1, 岩手県田野畑村平井賀（白亜紀・宮古層群）．
2: *Neithea nipponica* HAYAMI, ×1, 岩手県田野畑村羅賀（白亜紀・宮古層群）．　3: *Lima sowerbyi* DESHAYES 〔オオミノガイ〕, ×1, 千葉県館山市沼（第四紀・沼層）．　4: *Spondylus decoratus* NAGAO, ×1.5, 岩手県宮古市日出島（白亜紀・宮古層群）．　5: *Trigonioides* (*Kumamotoa*) *mifunensis* TAMURA, ×1, 熊本県甲佐町田代（白亜紀・御船層群）．

60　　　　　　　3. 化石鑑定のこつ

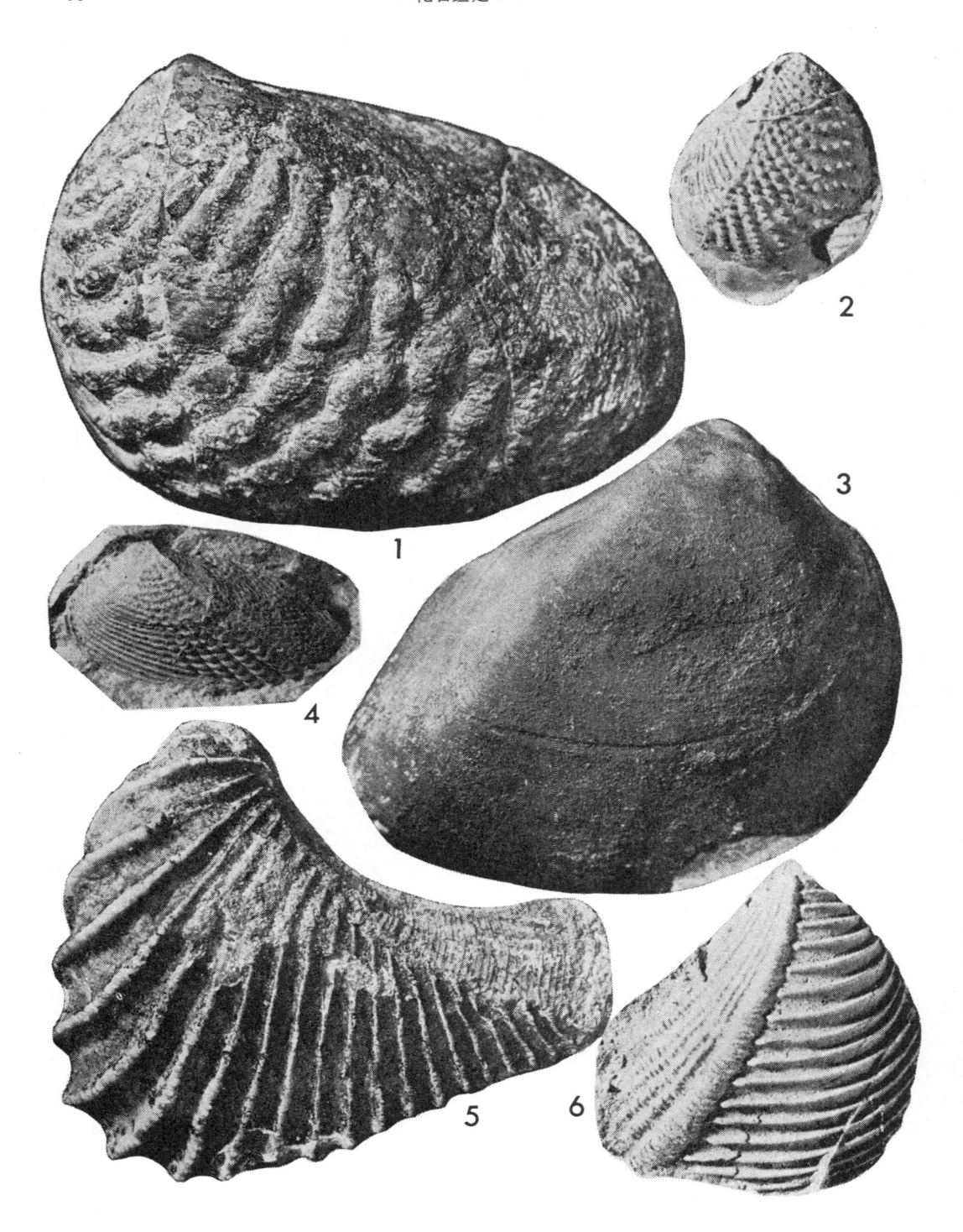

両殻に3本ずつの歯があるが，右殻ではあとの2本，左殻では中央の歯が大きく，それらの側面は強く刻まれる（歯の特徴は本科の中ではほとんど変化がない）．

ニッポニトリゴニア* *Nipponitrigonia*（トリゴニア科）　ジュラ紀—白亜紀．中型，ハマグリ形で，外表は殻頂部を除きほとんど平滑であるが，歯の構造により三角貝のなかまであることがわかる．

ミネトリゴニア* *Minetrigonia*（トリゴニア科）　三畳紀後期．中小型で背稜は弱く，前中部に格子状の彫刻が発達する．

バウゴニア *Vaugonia*（トリゴニア科）　ジュラ紀．中小型で前中部にV字状の彫刻，後部に共心円肋が発達．

ミオフォレラ* *Myophorella*（トリゴニア科）　ジュラ紀—白亜紀前期．前中部に前傾する斜めの肋（しばしばいぼの列となる），後部に共心円肋が生ずる．

スタインマネラ* *Steinmanella*（トリゴニア科）　白亜紀．前属に似るが大きく，斜肋はボタン状の大きないぼの列となる．

アピオトリゴニア *Apiotrigonia*（トリゴニア科）　白亜紀．中小型で後方に嘴状にのび，後背縁はそる．前中部に共心円肋があり，その背稜に近い部分には放射肋がある．

プテロトリゴニア* *Pterotrigonia*（トリゴニア科）　白亜紀．中大型で後方に嘴状にのび，後背縁はそる．前中部に後傾する強い斜肋があり，後部には共心円肋がある．殻頂は高く後方を向く．

アクチノドントフォラ *Actinodontophora*（アクチノドントフォラ科）　二畳紀．中型，長楕円形で，殻頂は前方に寄り，その下に放射状に並んだ擬主歯

図 12

1: *Steinmanella* (*Yeharella*) *ainuana* (YABE and NAGAO)，×1，（九州大学標本），北海道三笠市桂沢ダム（白亜紀・中部エゾ層群）．2: *Myophorella* (*Promyophorella*) *sigmoidalis* KOBAYASHI and TAMURA，×1，宮城県志津川町細浦（ジュラ紀・橋浦層群）．3: *Nipponitrigonia kikuchiana* (YOKOYAMA)，×1，（九州大学標本），岩手県田野畑村島ノ越（白亜系・宮古層群）．4: *Minetrigonia hegiensis hegiensis* (SAEKI)，×1.5，京都府夜久野町額田（三畳紀・日置層）．5: *Pterotrigonia hokkaidoana* (YEHARA)，×1，（九州大学標本），岩手県田野畑村平井賀（白亜紀・宮古層群）．6: *Trigonia sumiyagura* KOBAYASHI and KASENO，×1，宮城県志津川町細浦（ジュラ紀・橋浦層群）．

3. 化石鑑定のこつ

§1. 貝　化　石

がある．外表は平滑．

ディプロドンタ* *Diplodonta*（フタバシラガイ科）　白亜紀―現世．中小型，類円形から亜方形で外表は平滑．靱帯は外在し，両殻に2本の主歯がある．前後の肉柱痕は縦長で套線は湾入しない．

ルシノマ* *Lucinoma*（ツキガイ科）　古第三紀―現世．中型，レンズ状で板状の成長輪肋が発達．主歯は2本ずつあり，前後の側歯は弱い．前側の肉柱痕は縦長で套線は湾入しない．

アノドンティア *Anodontia*（ツキガイ科）　古第三紀―現世．中大型，類円形でよくふくれた薄い殻を持つ．外表は平滑で，歯は退化している．

タヤシラ* *Thyasira*（ハナシガイ科）　白亜紀―現世．中型，亜三角形ないし卵形で，後部に1～2の放射状の褶がある．殻は薄く，歯はほとんど発達しない．この仲間のコンコセレ（*Conchocele*）は大型で褶が強い．

フィンブリア* *Fimbria*（カゴガイ科）　ジュラ紀―現世．中型，卵形で重厚．両殻にはそれぞれ2主歯と前後の側歯がある．ふつう放射肋と共心円肋の両方がみられ，腹縁の内面は細かく刻まれる．

ベネリカルディア* *Venericardia*（トマヤガイ科）　古第三紀―現世．中小型，楕円形ないし卵形で重厚，殻頂は前方に寄る．前傾する2主歯が左右の殻にあり，側歯は発達しない．外表には太い放射肋があり，腹縁内面はこれに応じて刻まれる．示準化石として有用な種がある．

カルディタ *Cardita*（トマヤガイ科）　古第三紀―現世．中小型，長方形で後方へ広がる．外表にうね状の太い放射肋があり，**鱗片**を備えることが多い．

図 13

1，2: *Lucinoma concentricum* (YOKOYAMA)〔ツキガイモドキ〕，×1，千葉県成田市大竹（第四紀・印旛層）．3a, b: *Diplodonta (Felaniella) usta* (GOULD)〔ウソシジミ〕，×1，神奈川県三浦市上宮田（第四紀・宮田層）．4，5: *Crassatella (Eucrassatella) nana* ADAMS and REEVE〔スダレモシオ〕，×1，横浜市長沼（第四紀・長沼層）．6: *Thyasira (Conchocele) bisecta* (CONRAD)〔オウナガイ〕，×1，石川県七尾市大野木（新第三紀・藪田層）．7，8: *Astarte alaskensis* (DALL)〔アラスカシラオガイ〕，×1，青森県むつ市田名部（新第三紀・田名部層）．9，10: *Anthonya subcantiana* NAGAO，×2，（九州大学標本），岩手県田野畑村平井賀（白亜紀・宮古層群）．11a, b: *Eriphyla miyakoensis* (NAGAO)，×1，（九州大学標本），産地同上．12a, b: *Venericardia (Megacardita) panda* (YOKOYAMA)，×1，宮崎県川南町通山浜（第四紀・通山浜層）．

殻頂は著しく前方に寄る．

アスタルテ* *Astarte*（エゾシラオガイ科）　ジュラ紀―現世．中小型，亜三角形から卵形で共心円肋が発達する．腹縁内面は時に弱く刻まれる．左右の殻に2本の主歯と前後の側歯がある．前後の肉柱痕は強く印象され，套線は湾入しない．

エリフィラ* *Eriphyla*（エゾシラオガイ科）　白亜紀．中型，前属に似るが，類円形．レンズ状で，套線が後部で浅く湾入する．

クラサテラ* *Crassatella*（モシオガイ科）　白亜紀―現世．中型で，アスタルテに似るが，弾帯は内在し，主歯がその前方に押しやられて後傾している．

アンソニア* *Anthonya*（モシオガイ科）　白亜紀．中小型，扁平で，後方に細長くのびる．殻頂は前方に寄り，その下に細い主歯がある．前肉柱痕は強く印象される．

カルディニア* *Cardinia*（カルディニア科）　三畳紀後期―ジュラ紀前期．中大型，卵形ないし楕円形で重厚．殻頂は前方に向く．前後の肉柱痕は深く印象され，これらに接して強い側歯が発達するが，主歯は弱い．外表の共心円肋はしばしば覆瓦状になる．示準化石としてやや重要．

カマ　*Chama*（キクザルガイ科）　古第三紀―現世．中大型で厚質．形はやや不定．左殻はふくれ固着面がある．右殻は扁平．外表には小棘や鱗片が発達．カキ類とは殻が葉状でなく肉柱痕が二つあるので容易に区別される．

プロトカルディア　*Protocardia*（ザルガイ科）　三畳紀―現世．中型，類円形から亜方形でよくふくれ，前中部に共心円肋，後部に放射肋が発達．左右の殻にそれぞれ2主歯と前後の側歯がある．

ネモカルディウム　*Nemocardium*（ザルガイ科）　白亜紀―現世．前属によく似るが，前中部にも弱い放射肋があり，共心円肋は発達しない．腹縁内面は細かく刻まれる．

クリノカルディウム　*Clinocardium*（ザルガイ科）　新第三紀―現世．中型，卵円形で，殻頂は前方を向く．放射肋が全面に分布するが，後縁部で弱くなる．左右の殻にそれぞれ2本の主歯と前後の側歯がある．

§1. 貝化石

セリペス *Serripes*（ザルガイ科）　新第三紀―現世．大型，卵円形でふくらみは強い．外表は前部と後部に弱い放射肋がある．成貝では主歯・側歯が不明瞭になる．

マクトラ* *Mactra*（バカガイ科）　古第三紀―現世．中大型，亜三角形で前後ほぼ対称．主歯は両殻に2本ずつあるが，細く，その後方に弾帯受が発達．套線は湾入する．外表は平滑．

スピスラ* *Spisula*（バカガイ科）　古第三紀―現世．大型．前属に似るが重厚で，大きな弾帯受がある．

ラエタ* *Raeta*（バカガイ科）　古第三紀―現世．中小型，卵形ないし亜菱形で後端がややとがる．殻は薄く，弾帯受は小さい．細い2主歯と前後の長い側歯があって套線は湾入．成長線とやや斜交する起伏を生ずることがある．

トレスス *Tresus*（バカガイ科）　新第三紀―現世．大型，厚質で卵形．後端は裁断状で両殻の間が開いている．弾帯受が大きく歯はあまり強くない．套線は大きく湾入．

ルトラリア* *Lutraria*（バカガイ科）　新第三紀―現世．中大型で長楕円形，ふくらみは弱い．前縁・後縁は完全には閉じない．前属に似た蝶つがいの構造を持ち，套線は大きく湾入．

マコマ* *Macoma*（ニッコウガイ科）　古第三紀―現世．中型で卵形から亜三角形．後端はいくらか側方に曲がる．弱い2主歯があるが側歯はない．外表はほぼ平滑．套線湾入の形は左右の殻でいくらか異なる．殻頂はほぼ中央かやや後方に寄る．

ペロニディア* *Peronidia*（ニッコウガイ科）　古第三紀―現世．中大型，長卵形で厚質．後端は少し側方に曲がる．ふくらみは弱く，殻頂はほぼ中央にあってその下に2本の小さい主歯がある．套線は大きく湾入．

ヌッタリア *Nuttallia*（ムラサキガイ科）　新第三紀―現世．中型で卵円形．右殻は左殻よりも扁平で，後縁は少し開く．殻頂の後方にやや広い歯丘があって強い靱帯がつく．套線は大きく湾入．

ソレクルトウス* *Solecurtus*（キヌタアゲマキ科）　古第三紀―現世．中型，

66   3. 化石鑑定のこつ

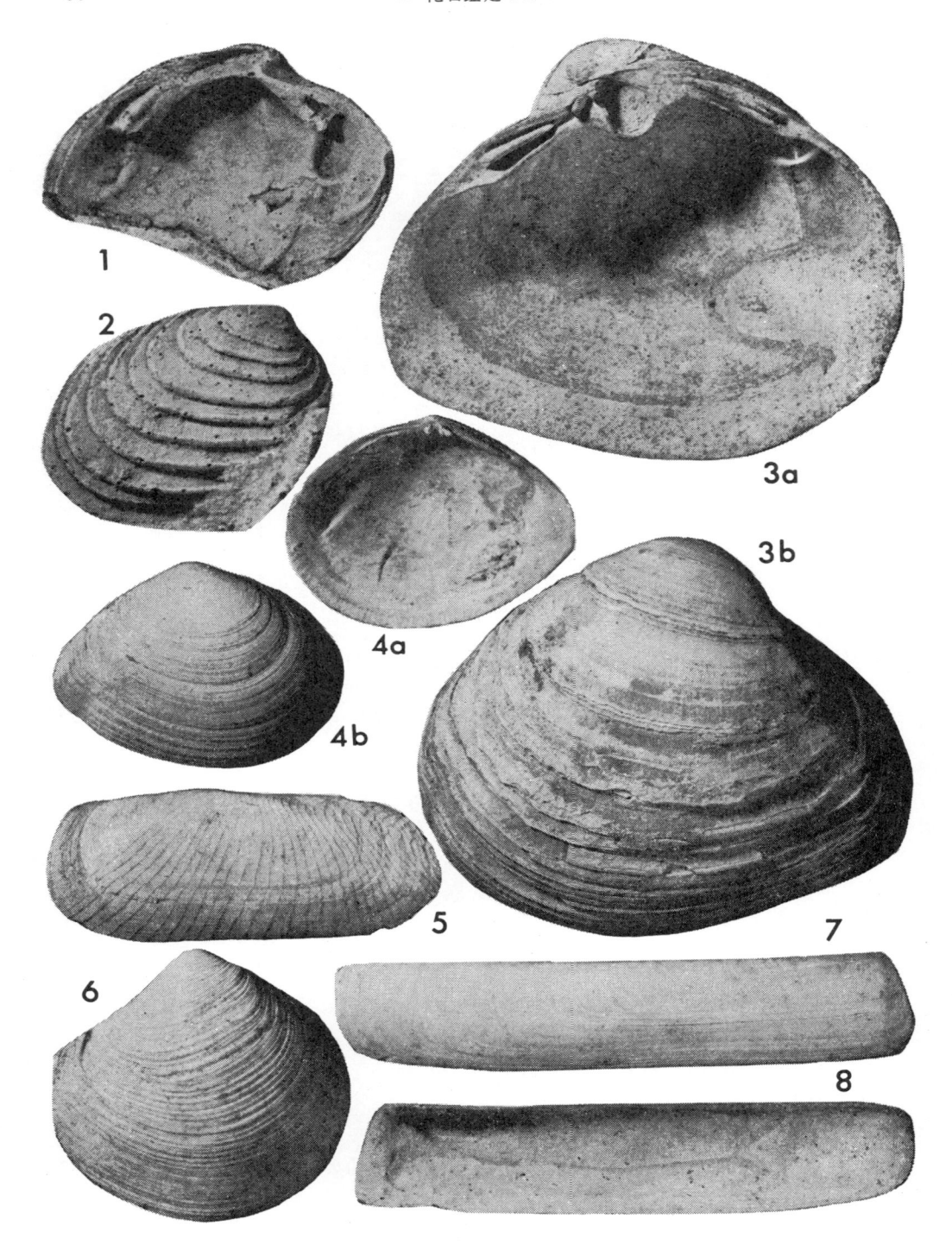

横長の長方形で，ふくらみは弱い．前後端は完全には閉じない．外表には覆瓦状の斜交肋があり後方では逆V字状の肋に移化することが多い．套線は大きく湾入．

シリカ *Siliqua*（ユキノアシタ科）　古第三紀―現世．大型から小型．横長の長楕円形でふくらみは弱い．殻頂の下の内面に太い1本の肋がある．外表は平滑．

ソレン* *Solen*（マテガイ科）　古第三紀―現世．中型．極めて横長で円筒状．前後端は閉じない．外表は平滑で，殻頂は前端に近く位置する．

エオミオドン *Eomiodon*（ネオミオドン科）　ジュラ紀―白亜紀．中小型でアスタルテに似た外形と共心円肋を示すが，小月面が明らかで，前後の側歯は非常に長い．白亜紀のプロトシプリナ（*Protocyprina*）はこれに似て大型．汽水性．

ネオミオドン *Neomiodon*（ネオミオドン科）　ジュラ紀―白亜紀．前属に似るが，小月面はなく共心円肋はあまり発達しない．右殻の主歯は前属では3本あるが，本属では2本．汽水性―淡水性．

アケビコンカ *Akebiconcha*（アケビガイ科）　新第三紀―現世．中大型，長楕円形で適度にふくれ，外表は平滑．両殻に3本の放射状の主歯があるが，前側歯は不明瞭．套線は浅く湾入．

アデュロミア *Adulomya*（アケビガイ科）　新第三紀．中大型．前属よりも横長で腹縁がややへこむ．套線は湾入しない．

テトリア *Tetoria*（シジミ科）　ジュラ紀―白亜紀．中型，類円形ないし楕円形で外表は平滑．左右の殻に3本ずつの主歯と前後の背縁に沿って極めて長い側歯が発達する．套線は浅く湾入．汽水性―淡水性．

図 14

1，2: *Cardinia toriyamai* HAYAMI，×1，山口県豊田町東長野（ジュラ紀・豊浦層群）．3a，b: *Spisula* (*Pseudocardium*) *sachalinensis* (SCHRENCK)〔ウバガイ〕，×0.6，千葉県酒々井町（第四紀・印旛層）．4a，b: *Macoma incongrua* (V. MARTENS)〔ヒメシラトリ〕，×1，横浜市戸塚（第四紀・長沼層）．　5: *Solecurtus divaricatus* (LISCHKE)〔キヌタアゲマキ〕，×1，千葉市越智下新田（第四紀・瀬又層）．　6: *Raeta* (*Raetina*) *pellicula* (REEVE)〔ヤチヨノハナガイ〕，×1，千葉県沼南町手賀（第四紀・印旛層），7，8: *Solen krusensterni* SCHRENCK〔エゾマテガイ〕，×1，千葉県成田市大竹（第四紀・印旛層）．

3. 化石鑑定のこつ

1

2　　3

4a　4b

5a　5b

§1. 貝化石

コルビキュラ *Corbicula*（シジミ科）　白亜紀—現世．中小型，亜三角形で前後ほぼ対称．外表は平滑か共心円肋を持つ．それぞれの殻に3本の主歯と前後の長い側歯があり，側歯は細かく刻まれる．

ピタール *Pitar*（マルスダレガイ科）　古第三紀—現世．中小型，楕円形でよくふくらむ．外表は平滑で，腹縁内面は刻まれない．小月面があるが，楯面はない．両殻に3本の主歯と前側歯がある．套線は三角形状に湾入．

カリスタ *Callista*（マルスダレガイ科）　古第三紀—現世．大型から小型．卵形で前属に似る点が多いが，ふくらみはあまり強くない．

ドシニア* *Dosinia*（マルスダレガイ科）　古第三紀—現世．中大型，類円形レンズ状で，ふくらみは弱い．小月面は明らか．両殻に3本ずつ主歯があり，套線は三角形状に湾入．外表には成長輪肋が発達．

シクリナ *Cyclina*（マルスダレガイ科）　古第三紀—現世．中型，類円形で，強くふくれる．小月面と楯面はない．外表には弱い放射肋がある．側歯はない．套線は三角形状に湾入．

メルセナリア* *Mercenaria*（マルスダレガイ科）　古第三紀—現世．中大型，卵形で重厚．小月面と楯面は明らか．外表には**板状**の**成長輪脈**がある．両殻に3本の主歯があるが主歯は発達しない．套線は小さく湾入する．腹縁内面は細かく刻まれる．

プロトターカ* *Protothaca*（マルスダレガイ科）　新第三紀—現世．中型，卵円形でふくらむ．小月面と楯面は明らか．外表には放射肋があり，共心円肋と交わって布目状になる．両殻に3本の主歯があり側歯は発達しない．套線は三角形状に湾入．

パフィア *Paphia*（マルスダレガイ科）　古第三紀—現世．中大型，横長の楕円形で適度にふくらむ．外表に著しい共心円肋がある．両側に3本の主歯が

図 15

1: *Lutraria maxima* JONAS〔オオトリガイ〕, ×0.65, 千葉県成田市大竹（第四紀・印旛層）．2, 3: *Peronidia venulosa* (SCHRENCK), ×0.9, 千葉県市原市市東（第四紀・瀬又層）．4a, b: *Barnea* (*Anchomasa*) *manilensis inornata* (PILSBRY)〔ニオガイ〕, ×1, 神奈川県小田原市羽根尾（第四紀・下原層）．5a, b: *Protothaca jedoensis* (LISCHKE)〔オニアサリ〕, ×0.9, 横浜市長沼（第四紀・長沼層）．

3. 化石鑑定のこつ

あり，側歯は発達しない．套線は丸く湾入し，腹縁内面は刻まれない．

パノペア* *Panopea* （キヌマトイガイ科）　白亜紀―現世．中大型，横長の亜方形ないし楕円形で，前後縁は完全には閉じない．靱帯は外在し殻頂の後方の歯丘につく．套線は大きく湾入．

バルネア* *Barnea* （ニオガイ科）　新第三紀―現世．中型，長卵形でふくれる．前腹縁と後縁は開く．放射肋は一般に後方で弱くなるか消失する．靱帯と歯はなく殻頂下に棒状の突起がある．套線は大きく湾入．泥岩に穿孔．

フォラドミア* *Pholadomya* （ウミタケモドキ科）　三畳紀―現世．中大型，長楕円形ないし卵形でよくふくれ，殻は薄い．殻頂は前方に寄り，後縁は閉じない．放射肋と共心円肋があって，交点がいぼ状になることが多い．歯はなく套線は湾入．

ゴニオミア* *Goniomya* （ウミタケモドキ科）　ジュラ紀―古第三紀．前属に近いが，やや横長で，外表にV字状またはU字状の彫刻がある．

ミアドラ *Myadora* （ミツカドカタビラガイ科）　新第三紀―現世．小型で三角形または扇形．右殻は大きくいくらかふくらむが，左殻は扁平．歯はなく，套線は湾入する．外表に共心円肋がある．

セルコミア* *Cercomya* （オキナガイ科）　三畳紀―白亜紀．中型で殻は薄く，後方に次第に細まりながら長くのびる．共心円肋は前部で強く後方に弱くなる．歯はない．

スラシア *Thracia* （スエモノガイ科）　ジュラ紀―現世．中型で薄く楕円形から亜菱形．右殻は左殻よりもやや大きい．前縁は丸く，後縁は裁断状になる．殻頂はほぼ中央にあり，歯はない．

クスピダリア *Cuspidaria* （シャクシガイ科）　白亜紀―現世．中小型で，薄

図 16

1：*Mercenaria stimpsoni* (GOULD)〔ビノスガイ〕，×0.65，千葉県成田市大竹（第四紀・印旛層）．
2：*Dosinia (Phacosoma) japonica* (REEVE)〔カガミガイ〕，×1，千葉県茂原（第四紀）．　3：*Panopea japonica* ADAMS〔ナミガイ〕，×0.85，千葉県市原市市東（第四紀・瀬又層）．　4：*Pholadomya (Bucardiomya) brevitesta* NAGAO，×1，（九州大学標本）岩手県田野畑村平井賀（白亜紀・宮古層群）．　5：*Cercomya gurgitis* (PICTET and CAMPICHE)，×1.5，（九州大学標本），産地同上．　6：*Goniomya subarchiaci* NAGAO，×1.5，（九州大学標本），産地同上．

質，卵形の主部から後方に嘴状部が出てさじ状になる．外表は平滑または成長輪脈がある．殻頂下に弾帯受があり，套線は浅く湾入する．

（2）巻　　　貝

巻貝は腹足類（Gastropoda）の通俗名で，ふつうアワビ，サザエ，ホラガイ，バイ，マイマイのように石灰質の螺状に巻いた貝殻（ほとんどは右巻き）を持っている．しかし，ヨメガカサのように笠形のもの，ベレロフォンのように平巻きのもの，ウミウシ類のように殻が極端に退化・消失したものなどがあって，殻の形状は極めて変化に富む．巻貝の殻は化石に残りやすく，カンブリア紀以降各時代のいろいろの環境の堆積物に，多くの特徴的な化石種が知られる．現生種は，約80,000（うち日本産は約 5,000）に達し，動物界では，昆虫類についで多様な分類群となっている．絶滅種も二枚貝より多かったに違いない．

このような多様性にもかかわらず，これまでに日本で記載された化石巻貝の種数は化石二枚貝よりも少ない．たとえば日本およびその近隣の中・古生層から命名された化石二枚貝は約850種に達するが，巻貝は200種弱である．これは①群生している巻貝の多くが岩礁性の堆積物がたまりにくいような環境にすみ，殻が破壊されやすいこと，②泥底にいる巻貝の大部分は肉食性で，二枚貝のように群生することが少ないこと，③個体数の少ない種（いわゆる珍種）が多いことにもよるが，最も大きな原因は，④化石巻貝の分類・鑑定が二枚貝に比べてむずかしく，鑑定に先行するべき分類研究がおくれていることによる．

二枚貝の場合でもそうであったように，ごく新しい時代（特に第四紀）の化石巻貝はほとんどが現生種であるから，よく調査された現生貝類の知識（たとえば，貝類図鑑との照合）によって大部分のものは鑑定できるであろう．新第三紀ごろの化石巻貝は，絶滅種であっても，近似種が生存していることが多いので，現生種との比較により属や分類上の位置の見当がある程度つけられる．一般に巻貝の殻は変化に富み，特徴が多いから，化石の保存状態さえよければ，"絵合せ"は二枚貝の場合よりも容易であるかもしれない．

しかし，古第三紀以前の化石巻貝になると事情は一変する．現生種に類型が

求められない場合，適当な参考書や専門書が少なく，専門研究者でも科や属をきめることが，必ずしも容易ではない．巻貝の分類は殻の外形よりも神経系，鰓，筋肉のつきかた，歯舌，フタ，初期発生の様子など，化石では観察できない特徴に依存することが多く，化石で有名な分類群でありながら，分類上の位置が定まらないものが少なくない．見かけの上でよく似た殻形を示す種がまったく異なった分類群に属することもある．たとえば，笠形の殻を持つ巻貝には原始腹足目のツタノハ類，中腹足目のカリバガサ類，有肺亜綱のカラマツガイ類などがあるが，古生態や筋肉痕が不明の場合，三者を化石の外形だけで区別することはむずかしいのである．古い時代の化石では分類に重要な殻口部や軸柱の特徴が観察できないことが多く，まして殻がはがれてしまったり，とけて消失した標本では，鑑定はなかなか困難である．また殻口部が観察されても，滑層の部分だけが差別的に失われていて，まったく異なった分類群に属するように見えることがある．二枚貝の分類学的形質の多くが平面的であるのに対して，巻貝のそれは立体的なものが多いので，保存がわるくなると鑑定は急速に困難になるようである．

このように，古い時代の巻貝の鑑定には多くの困難が伴うことが予測されるが，同好者が自分で鑑定を試みる場合にも，また専門家に同定を依頼する場合にもつぎのような事項に留意して鑑定標本を準備するのがよいであろう．

- 化石の採集時には，努めて殻口部の特徴がわかるような標本を採集し，持ち帰った標本を入念に整形すること．
- 殻は内型からはがれやすいので，採集時の衝撃ではがれた殻をできるだけ補修して持ち帰ること．
- 殻が失われた内外の雌型しか得られないときには，シリコンラバーやラテックスなどの印象材を用いると，外面の彫刻や殻口部の形状がわかることが多い．
- 殻の外表の成長線をたどると殻口の外側の形状をある程度推定することができる．
- 軸部を通る縦断面をつくり，螺管や軸柱の形状を観察すると，鑑定に重要

な手がかりが得られることがある．

○幼貝と成貝ではかなり外形（特に殻口部の形状）に違いがあることが多い．できるだけ多くの個体をあつめて，成長の過程を知るように努めると鑑定にも役立つことが少なくない．

a. 化石巻貝の鑑定方法と参考図書　　化石巻貝の鑑定作業は，二枚貝の場合（37〜72頁）と特に異なったこつがあるわけではない．また，図鑑や専門書にも巻貝を二枚貝とあわせ扱っていることが多い．ここでは二枚貝の場合と重複するような鑑定方法は省略し，巻貝の鑑定に特に役立つようなことがらを段階ごとに示すことにする．

第1段階ではやはり手持ちまたは市販の現生および化石巻貝を扱っている図鑑類と照合して種名をつけるのがよいであろう．このような"絵合せ"はだれにでも始めうるもので，巻貝の現生種のうち大型で特徴の多いものについてはほぼ間違いなく鑑定できるようになるであろう．しかし，小型で起伏の少ない種の鑑定は慣れないとかなりむずかしい．大部分の図鑑には種の分布範囲などが明示されているから，地層中の貝類群全体が暖流系か寒流系か，また内湾性か外洋性か考慮して鑑定するのが無難であろう．たとえば，房総半島の成田層群では，地蔵堂層，藪層，瀬又層下部は暖流系の巻貝・二枚貝が卓越するのに対して，瀬又層上部，上岩橋層は寒流系の種が多く，木下層では再び暖流系の種が増加してくる．また，現生の巻貝の鑑定は色彩に頼ることが多いが，化石では色彩のパターンが薄く残っているかまたはまったく失われていることが多いので，おもに殻の形状に基づいて鑑定しなければならない．この点，図鑑では必ずしも立体感が得られないので，確実に同定できる現生巻貝標本をそろえておき，これを介して化石を鑑定するようにすると，極めて効果があがるであろう．

古い時代の化石巻貝については化石図鑑はあるが，収録されている種数は限られており，前に述べたような問題があって，特徴的な種を除き，"絵合せ"で鑑定するのはむずかしいと思う．しかし，古第三紀以前の化石巻貝の多くが未記載で名称がつけられていない現状では，これはやむをえないことである．

§1. 貝化石

しかし，岐阜県の赤坂石灰岩（二畳紀）や岩手県の宮古層群（白亜紀）のように，わが国としては例外的に保存のよい化石巻貝を多産し，世界的に重要な分類および進化史上の知見を提供していることがある．保存のよい化石巻貝が得られたときには，標本を私蔵するよりは，資料をしかるべき専門家に示して人類全体の知見が増すよう貢献されることを望みたい．古い時代の化石巻貝に関するわれわれの知識はまだ非常に不完全であって，専門家も一般愛好者の協力なしに分類研究を進めることはむずかしいのである．

この段階の日本産化石巻貝の鑑定者にとって有用な現生貝類図鑑，化石図鑑にはつぎのものがある．

波部忠重・小管貞男 (1967)*：前述．
吉良哲明 (1959)*：前述．
波部忠重 (1961)*：前述．
奥谷喬司・波部忠重 (1975)：貝 I，学研中高生図鑑，301 p., 147 図版，学習研究社〔1,166 種の主要な日本産現生巻貝（前鰓亜綱）を鮮明なカラー写真で示した図鑑で，図が大きくいくつかの方向から撮影された写真が並べられていることが多いので，化石の鑑定に非常に好都合である．題名は中高生向きとされているが，専門研究者も利用している〕．
鹿間時夫 (1970)*：前述〔化石巻貝 314 種を原著からの複写により図示している〕．
森下 晶（編）(1977)*：前述〔化石巻貝 96 種の特徴を略述して図示している〕．
益富壽之助・浜田隆士 (1966)*：前述〔保存のよい日本産化石巻貝 17 種が一部カラーで図示されている〕．

第 2 段階として，化石巻貝を扱ったより専門的な論文や各分類群を扱った概説書を参照する必要が起こる．特に化石を多産する地域や地層の巻貝群を記載した論文や，特定の分類群（たとえば，ツリテラ類，フルゴラリア類，ネリネア類など）につき日本産の全化石種を扱ったモノグラフ類は標本によっては鑑定に極めて有用であろう．しかし，このような専門論文はまだごく一部の地域の巻貝群，一部の分類群について公表されているだけで，論文数は多くても広い範囲の資料を扱っているものは少ない．現生巻貝の分類概説書についても同様で，二枚貝に関する波部 (1977) のような利用価値の高い専門書は日本では

---

* 二枚貝の鑑定にも有用で，題名，出版社，内容の概要については二枚貝の項を参照されたい．

出版されていない．専門論文は街の書店で購入することは困難であるから，ここでは化石巻貝を勉強する上に基礎となる書と，文献を探索する上に手びきとなるカタログや図集を若干紹介するにとどめる．

OYAMA, K. (1973)*: 前述．

浅野　清（編）(1973): 新版古生物学Ⅰ，401 p.，朝倉書店〔古生物の各分類群の概説と分類各論よりなる書で，巻貝に関する解説はこの巻に含まれる．化石巻貝の鑑定や分類に役立つ形質と化石に多い巻貝の各科・属の特徴を記述し，多くの現生・化石種が図示されている〕．

OYAMA, K., MIZUNO, A. and SAKAMOTO, T. (1960)*: 前述．

HATAI, K. and NISIYAMA, S. (1952)*: 前述．

MASUDA, K. and NODA, H. (1976)*: 前述．

HAYAMI, I. and KASE, T. (1977)*: 前述．

そのほか，化石を多く産する地方の軟体動物群や巻貝の中の特定の分類群について各地の博物館，教育委員会，化石同好者，研究者によって化石図集やさらにこれをあつめたもの（たとえば，日本化石集，築地書館）が出版されていることがあり，しばしば化石巻貝の鑑定に有用である．

第3段階ではこれまでの化石巻貝の分類研究を吸収・消化した上で，鑑定者の独自な見地から標本の分類上の位置と名称を決定することになる．この作業を行うには国内の文献だけでなく，外国の専門論文や各地の研究機関に保存されているタイプ標本類を広く参照する必要があり，とても片手間にできるような仕事ではない．ある標本がすでに記載・命名された種であるか，未記載種に属するかは，前記のカタログ類などから原著にさかのぼることによって，同じ属に入ると思われる種を一つずつ検討し，外国で記載されている種とも比較検討しなければ決定できないことが多い．その意味で，まだ十分に調査されていない地域や時代の化石巻貝を鑑定するには，まず専門書で可能性のある属をいくつか選び出し，分類上の位置の見当をつけることが重要である．この目的に適した専門書にはつぎのものがある．

WENZ, W. (1938–1944): Gastropoda, Handbuch der Paläozoologie, Bd. 6, Teil 1, Allgemeiner Teil und Prosobranchia, 1637 p., Verlag von Gebrüder Borntraeger. 〔前鰓亜綱に属する化石，現生巻貝の分類を集大成し，約4,200の属・亜属の特徴

---

*　二枚貝の項を参照されたい．

を記述し，模式種を図示した大著である．出版後30年を経過しているので，体系や分類名に改訂・補充すべき点が出てきているが，現在でも完全なことと便利なことでこの右に出る専門書はない．非常に高価な本であるが，ある程度経験を積んだ鑑定者には欠かせない分類書である〕．

WENZ, W. and ZILCH, A. (1959–1960): 同上，Bd. 6, Teil 2, Euthyneura, 834 p., Gebrüder Borntraeger.〔前著の続編で，後鰓亜綱と有肺亜綱に属する約2,500の属・亜属を扱っている．同様に学術的価値が極めて高い〕．

KNIGHT, J. B. et al. (1960): Treatise on Invertebrate Paleontology. Part I, Mollusca 1, General features, Scaphopoda, Amphineura, Monoplacophora, Gastropoda–General features, Archaeogastropoda and some (mainly Paleozoic) Caenogastropoda and Opisthobranchia, 351 p., *Geol. Soc. America and Univ. Kansas.*〔前鰓亜綱のうちの原始腹足目と一部の新腹足目，後鰓亜綱の分類体系の集大成と各属・亜属の分類学的特徴・分布・地質時代を明示し，模式種を図示したもの．巻貝の分類書としては未完であるが，前記のWENZ (1938–1944) に多くの知見を加えるもので，特に中・古生代の巻貝の分類に必携の書である〕．

b. 化石巻貝の鑑定に役立つ形質 採集した化石を清掃・整理すると，これらの正しい名称を知りたくなる．採集品をそっくり専門家のところへ持ちこんで種名をつけてもらうのは，最も安易な方法かもしれない．親切なひとであれば，研究のひまをみて依頼に応じてくれるかもしれない．しかし，このような他力本願のやりかたでは，自分の採集品に天下り的に聞きなれない名称をあたえてもらうだけで，何一つ習得したことにはなるまい．第一，これではいつまでたっても化石を鑑定できるようにはならないだろう．自分で属や種をある程度判定できるようになるにはそれなりの努力が必要である．つまり，手近かの図書や正しく鑑定されていると思われる標本を参照して，自分なりにできるだけ鑑定を進めてみること，分類や鑑定の鍵となる特徴を知っておくことが大切で，どうしても見当のつかないものや疑問の残る標本だけをより知識のあるひとに見てもらうのがよい．鑑定を依頼するときには，標本を清掃した上で"これは何ですか"という質問ではなく，"これは…じゃないかと思うが，正しいでしょうか"というような質問をするように心がければ，自然に得るものも多くなるはずである．

ところで化石巻貝は，特徴の多い中大型の種は別として，小型の特徴の少な

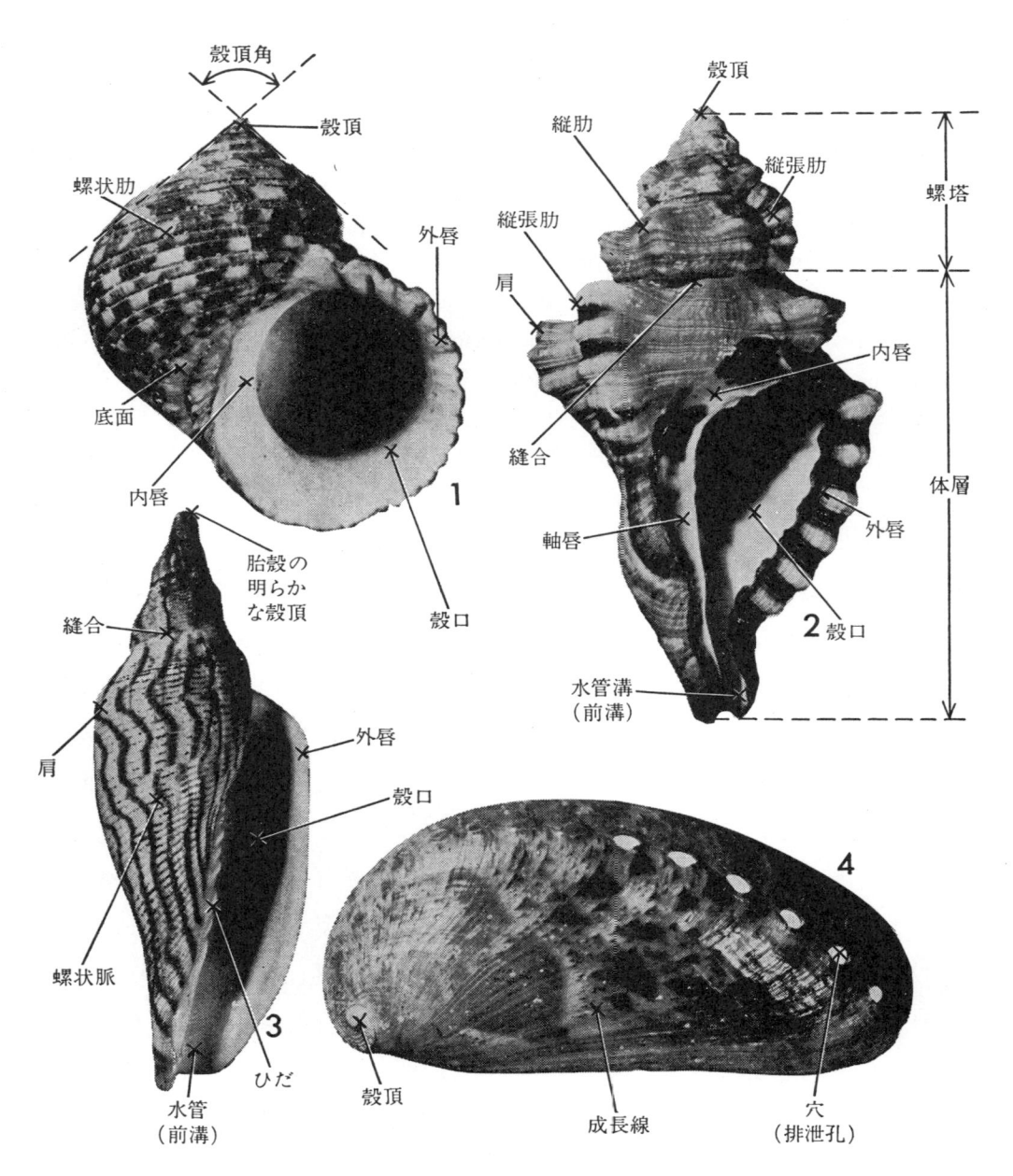

図 17 巻貝の殻の各部の名称

1: *Turbo setosus* GMELIN〔マルサザエ〕, ×0.9, 台湾（現生）.　2: *Cymatium lotorium* LINNAEUS)〔フジツガイ〕, ×0.72, 串本（現生）.　3: *Fulgoraria rupestris rupestris* (GMELIN)〔イナズマヒタチオビ〕, ×0.63, 台湾（現生）.　4: *Haliotis asinina* LINNAEUS〔ミミガイ〕, ×0.9, 沖縄（現生）.

いものや不完全な標本の鑑定になると専門家でもとまどうことが少なくない．中大型の種でも，ふつう色彩模様を目やすにして鑑定しているタカラガイ類，イモガイ類は，色彩が失われるとなかなか鑑定がむずかしい．

ある形質が鑑定にどれぐらい役立つかは同じ巻貝の中でもグループによって大きく違うので，一概に評価することはできない．しかし，大きな鑑定上のあやまりを防ぐには，科のような高次の分類群をしばしば特徴づける形質をあらかじめ知っておき，外形のみかけの類似にまどわされないことが大切である．たとえば，キリガイダマシ類とタケノコガイ類はともに10数階から20階以上におよぶ高い螺塔を持ち，一見似ているが，その殻口部の特徴はまったく異なり，前者の殻口は円形で全縁であるが，後者では前端（下端）が湾入してややねじれた水管溝につづいている．

ここでは化石巻貝の鑑定によく利用され，特徴の記述に使われる形質について略記しておこう．

1) 殻の外形と巻きかた： 巻貝の殻の外形は非常に多様であるが，いずれも成長に伴って径を増していく管状体である．笠形のもの（パテラ，アクメアなど）や平面巻きで対称面があるもの（ベレロフォンなど）もあるが，多くは一つの軸をめぐって，次第にずり下っていく塔状の螺旋をなす．殻頂の方からみて，ほとんどの種は時計方向に巻く右巻きの殻を持つが，まれには反時計回りに巻く左巻きの殻を持つ種属（アンティプラネス，トリフォラなど）がある．このような塔状の螺旋をなす巻貝では，低い円錐形をなして平らな底面を持つもの（トロクス，テギュラなど），底面がややふくれてこぶし状になるもの（ツルボなど）があり，ともに原始的な分類群（原始腹足目）に多い．これに対してより進化した体制を示す巻貝（新腹足目）の多くは，螺管および全体が一般に縦長で，底面が明らかでなく，殻の下端に水管溝ができる．

このような縦長の巻貝が生きているときに水底をはう方向を考えると，水管溝のある方向を前，殻頂がある方向を後とよぶのが正しい．

○ 採集した巻貝の中に左巻きのものはないか？
○ 底面ははっきりしているか？

○ 水管溝は発達しているか？

 2）殻頂部の特徴： 水生の巻貝はふつう幼時に水中または卵のうの中で浮遊生活をしたあとに底生生活に移る．このころの幼時に形成された胎殻はその後につくられる成殻と巻きかたや彫刻の違いで区別されることが少なくない．
  ○ 胎殻と思われる幼時の殻が殻頂部に残されていないか？ また，その大きさはどうか？
  ○ 殻頂部のなす角度はどのくらいか？

 3）螺塔と体層： 巻貝の螺管はふつうある軸の周りに次第に太さを増しながら巻き，それぞれの螺層はたがいに癒着している．最後の一巻きの螺層を体層といい，それ以前につくられた高くそびえる部分を螺塔という．また，前後の螺層が重なっている境を縫合という．
  ○ 螺層は体層を含めて何階数えられるか？
  ○ 体層の高さは殻全体の高さの何パーセントぐらいを占めているか？
  ○ 螺塔の側面は全体としてふくれているか，平面的か，それともへこんでいるか？ また，それぞれの螺管の側面のふくれの程度はどうか？
  ○ 縫合線ははっきりしているか？ また，縫合の部分にどのような特徴があるか？

 4）殻口部の特徴： 巻貝の殻口部にはいろいろの特徴がみられ，分類や鑑定を行う上に重要な形質が多い．殻口の外側のヘリを外唇とよび，未成熟の貝では薄くてこわれやすいが，成貝ではしばしば肥厚し，反転・拡張することもある．オキナエビス科やクダボラ科では外唇に深い切れこみがあり，また分類群によっては歯状の突起・彫刻を生ずるものがある．殻口の内側の部分を内唇とよび，その前部（あるいは下部）の巻き軸に接する部分を軸唇という．内唇はしばしば白っぽい滑層をかぶり，軸唇には螺状に巻いたひだができることがある．
  ○ 外唇の肥厚する種で，幼貝と成貝が区別できるか？
  ○ 外唇に切れこみ，歯状突起，そのほかの特徴はないか？
  ○ 滑層の発達状態はどうか？
  ○ 軸唇にひだはないか？
  ○ 殻口の形はどうか？ その前縁（下縁）はどうなっているか（水管溝につづいているか）？

○ 水管溝はまっすぐか，曲がっているか？　また，水管溝をふちどるところに彫刻の強い帯状の部分が発達していないか？

5）表面の彫刻：　巻貝の殻の外面には属や種によって**特徴のある彫刻**がしばしば発達し，比較的低いレベルの分類群間の識別や鑑定に役立つことが多い．彫刻は成長線に沿って平行に走る成長脈（または縦脈）と縫合線に平行に走る螺状脈に大別され，これらに沿って肋，いぼ，結節，とげなどが発達する．両方の要素が複合して格子状になることもある．原始的な巻貝にはまれであるが，外唇が肥厚する種では240°ごと，180°ごと，120°ごと，または不規則な間隔で強い肋が出ることがある．これは縦張肋とよばれ，成長の過程で外唇が周期的あるいは不規則な周期で肥厚したことを示している．

○ 成長脈，螺状脈はどれくらい発達しているか？
○ 縦張肋があるか？　あるとすればそれらはどれぐらいの間隔で現れるか？

6）へそ穴：　螺管が巻きながら成長する時，巻きの軸部に残される空所をへそ穴という．へそ穴の広さは属種によりまちまちで，低次の分類群の識別に用いられることもあるが，その有無は近似種や同一種の中でも異ることがある．

○ へそ穴が開いているか？　幼貝と成貝でへそ穴に違いはないか？

7）殻の構造：　殻の構造をくわしく調べるには顕微鏡と特殊なテクニックがいるので，ここでは省略するが，保存のよい化石巻貝では内面に真珠光沢のある層が観察されることがある．真珠層は原始的な分類群だけに発達するので，鑑定の際に重要なキーポイントになる．

8）そのほかの特徴：　以上は，最もふつうに見られる巻貝の殻の特徴であるが，特殊な形状や構造を持つグループではそれなりに特別の形質が鑑定の目やすとなる．たとえば，笠形の巻貝では外面の彫刻や殻の外形以上に内面の筋肉痕の形，周縁の切れこみや殻頂部の穴の有無が高次の分類群の識別には重要である．リュウテン科やアマガイ科ではフタに石灰分が沈着するので，もし化石にフタが産出すれば，鑑定に大いに役立つ．ごく新しい時代の化石や古い時代でもアマガイ類などには色彩模様が保存されていることがあり，肉眼で見えなくても紫外線下に置くと観察されることがある．また，中生代のネリネア類

は螺管の内側に二次的に石灰分を沈着するので，軸を通る断面に現れる螺管内部の形状が鑑定に重要である．古生代の巻貝ではオキナエビス類やマーチソニア類のように外唇に切れこみを生じ，その跡が螺層の側面に繃帯となるので，繃帯の様子が鑑定のキーポイントになる．

c. 日本産の主要な化石巻貝　わが国で知られている化石巻貝を広く見渡してみると，現在の海岸でごくふつうに見かける巻貝の多くのグループが化石に極めてわずかしか知られていないことに気づくであろう．ツタノハガイ科，アマオブネ科，タマキビ科，タカラガイ科など，おもに岩礁地帯の堆積物がたまりにくい環境にすんでいるグループはその例である．また，リュウテン科，スイショウガイ科，イモガイ科なども比較的深いところにすんでいたと思われる種を除くと化石に産出が少ない．逆に現生標本は珍品扱いされていても化石には意外に多産する種もある．中には最初にまず化石に知られ，絶滅したと思われていた種が，あとになって現生していることがわかった例もある．

　何冊かの貝類図鑑を対照してみると，同一の和名がつけられた巻貝に違った学名があたえられていることがある．よく見るとそれらの多くは二名法による学名の最初に記される属名だけが違っていて，次に記される種小名と著者名は同じであることに気づくであろう．これは必ずしもどちらかが間違っているということではなく，属の範囲のとりかた（属名をどれだけの範囲の種に対して適用するか）が，専門研究者によって異なるからである．たとえば，生きている化石として有名なオキナエビスという巻貝を，あるひとは *Pleurotomaria beyrichii* HILGENDORF とよぶが，別のひとは *Mikadotrochus beyrichii* (HILGENDORF)とする．*Mikadotrochus* を *Pleurotomaria* の亜属と考えるひとは *Pleurotomaria* (*Mikadotrochus*) *beyrichii* HILGENDORF とするだろう（著者名にカッコをつける行為は，属名と種小名の組合せが原記載のそれと異なることを意味し，鑑定者の趣味で勝手につけたりはずしたりしてはいけない）．したがって何冊かの図鑑や論文を併用して標本類の種名リストを無批判に作ると，粗分家の使う名称と細分家の使う名称が入り乱れてしまうことになりかねない．粗分がよいか細分がよいかはいちがいにいえない．一般に生物の多様性に関する知識

§1. 貝 化 石

が増すにつれて，次第に細分の方向に進んできたようであるが，初学者や地質の研究者にとっては細分された聞きなれない属名よりも，一般に広く用いられている名称のほうが親しみやすい．ここでは利用者の負担を軽くするために，化石に多い重要属をかなり広い意味で用いて特徴を略記しよう．（なお，＊印を付したものは本書に図示してあることを示し，その原標本は特に明記するものを除き東京大学総合研究資料館にある．）

ベレロフォン＊ *Bellerophon* （ベレロフォン科） シルル紀―三畳紀．中大型，球状の平巻きで巻き数は少ない．殻口はラッパ状に広がり，その外縁中央に湾入があって，その跡が殻の中央を取り巻く繃帯になる．殻頂は巻きこまれて外部からは見えない．赤坂石灰岩産の巨大種が有名．

ムーロニア *Mourlonia* （エオトマリア科） オルドビス紀―二畳紀．中型でコマ状，口縁湾入は深く繃帯はくぼんでいる．彫刻は弱く成長線と平行する．秋吉石灰岩などに知られる．

ペロトロクス *Perotrochus* （オキナエビス科） 白亜紀―現世．大型，やや低い円錐型で，口縁湾入の深さは中程度，繃帯は幅が広い．細い螺状肋をめぐらす．現生種はまれであるが，化石には本科の他の属よりも多く知られる．本科は"生きている化石"の一例とされるが，代表属のプリューロトマリア（*Pleurotomaria*）は中生代の肩部に結節を持つ種だけに限るひとが多い．

ハリオティス＊ *Haliotis* （ミミガイ科） 新第三紀―現世．いわゆるアワビのなかまで，螺塔は極めて低くて小さく体層が大きい．殻口は非常に広く底面全体にわたる．肩部に穴の列があるが，殻頂のほうから順に二次的に埋められる．真珠層が発達．

ディオドラ＊ *Diodora* （スカシガイ科） 白亜紀―現世．中小型で笠形．放射肋が発達し，殻頂部に孔がある．同科のエマージヌラ（*Emarginula*）では，孔はなく殻の前縁に切れこみがある．

パテラ *Patella* （ツタノハ科） 古第三紀―現世．中小型で低い笠状．ほぼ中央の殻頂から強い放射肋が発達し，周縁はジグザグしている．セラナ（*Cellana*）はこれに近いが，周縁は卵形で，殻頂はやや前方に寄る．

3. 化石鑑定のこつ

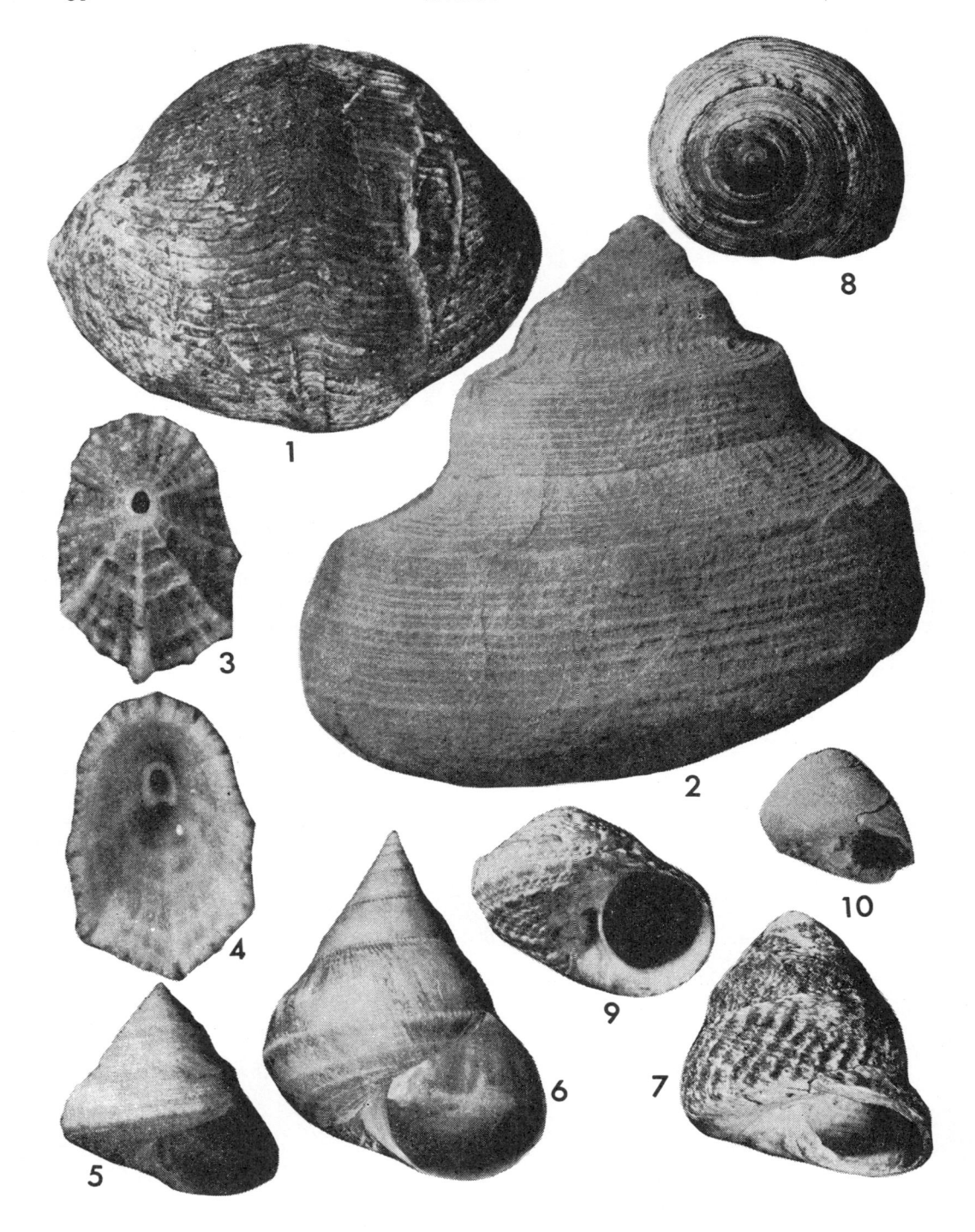

アクメア　*Acmaea*（ユキノカサ科）　古第三紀—現世．中小型で笠状．パテラ類と違って原殻が巻かず，陶質の殻を持ち，筋肉痕の形状も異なるが，終殻の外形だけでは区別しにくいことがある．

トロクス　*Trochus*（ニシキウズ科）　新第三紀—現世．中型で正円錐形．底面は平らで周縁は角ばる．軸柱はややねじれて偽のへそ穴ができる．本科を代表する重要属であるが，化石は多くない．

ミノリア　*Minolia*（ニシキウズ科）　白亜紀—現世．小型でコマ状．底面と側面はふくれ螺状肋をめぐらす．殻口は円形，広いへそ穴がある．

カリオストマ*　*Calliostoma*（ニシキウズ科）　白亜紀—現世．中型でコマ状．底面と側面はいくらかふくれる．軸柱は単純でへそ穴はない．表面は平滑か細かい螺状脈をめぐらす．日本産の現生，化石種の大部分はトリスティコトロクス（*Tristichotrochus*）亜属に入る．

バシベンビクス*　*Bathybembix*（ニシキウズ科）　古第三紀—現世．中型，やや縦長のコマ状．底面と側面はややふくれる．肩部・側面・底面に螺状脈があり，その上に結節ができる．真珠層が発達．

テギュラ*　*Tegula*（ニシキウズ科）　新第三紀—現世．中型，円錐形で，底面と側面はほとんど平らかわずかにふくれる．へそ穴が開くことも閉じることもある．

スチウム*　*Suchium*（ニシキウズ科）　新第三紀—現世．中小型，低平なソロバン玉状で，表面は平滑または螺状脈があり，縫合線に沿って結節列が生じることがある．底面の軸部には滑層が広がる．化石に多産し，進化研究の好

図 18 巻 貝

1：*Bellerophon jonesianus* DE KONINCK，×0.8，岐阜県大垣市赤坂（二畳紀・赤坂石灰岩）．2：*Bathrotomaria? yokoyamai*（HAYASAKA），×0.6，（九州大学標本）．産地同上．3,4：*Diodora sieboldii*（REEVE）〔クズヤガイ〕，×2，相模湾（現世）．5：*Calliostoma*（*Tristichotrochus*）*consors*（LISCHKE）〔コシダカエビス〕，×1.5，千葉県成田市大竹（第四紀・印旛層）．6：*Bathybembix argenteonitens convexiusculum*（YOKOYAMA）〔フクレギンエビス〕，×1，土佐湾（現世）．7：*Tegula*（*Omphalius*）*pfeifferi carpenteri*（DUNKER）〔オコシダカガンガラ〕，×1，能登半島（現世）．8：*Suchium suchiense*（YOKOYAMA），静岡県袋井市大日（第四紀・掛川層群）．9：*Lunella coronata coreensis*（RÉCLUZ）〔スガイ〕，×1.5，千葉県成田市（第四紀・印旛層）．10：*Ataphrus yokoyamai* NAGAO，×1.5，岩手県田野畑村平井賀（白亜紀・宮古層群）．

86   3. 化石鑑定のこつ

§1. 貝化石

材料となる．ウンボニウム（*Umbonium*）の亜属とするひともある．

プロトロテラ *Protorotella*（ニシキウズ科）　新第三紀．前属に似るが，周縁がかどばる．

アタフルス* *Ataphrus*（アタフルス科）　ジュラ紀―白亜紀．小型で表面は平滑．縫合は浅く，殻の側面は全体としていくらかふくれる．殻口は丸い．

ツルボ* *Turbo*（リュウテン科）　白亜紀―現世．サザエのなかまで中大型．螺管・殻口は丸く，側面・底面はよくふくれる．外表は典型的な種では平滑であるが，多くの種で螺状肋があり，大きな管状のとげを生ずることもある．フタは石灰質で丸く，化石に出ることが少なくない．

ルネラ* *Lunella*（リュウテン科）　新第三紀―現世．前属に似るが，中小型で螺塔が低い．へそ穴が開くことがある．フタは石灰質で丸く平滑．

ナティコプシス* *Naticopsis*（アマガイモドキ科）　デボン紀―三畳紀．中大型，球状で体層が大きい．殻表は平滑な種が多く，時に滑層が発達して底面に拡がる．フタは石灰質で，螺旋しない．赤坂石灰岩から巨大種が知られている．

トラキスピラ* *Trachyspira*（アマガイモドキ科）　二畳紀．中型，コマ状ないし円錐状で殻口は丸い．側面には螺状に並んだ大きないぼがあり，底面の結節はこれより小さく，斜めまたは成長線に平行して並ぶ．

ネリトプシス* *Neritopsis*（アマガイモドキ科）　三畳紀―現世．中型で螺管は丸くよくふくれる．螺状肋が発達するが，縦肋と交わって格子状になることもある．内唇は中部が直線的になり，これに適合する石灰質のフタの形状も特徴的である．現生種は1種のみであるが，ジュラ，白亜紀層にかなり産出

図 19

1: *Naticopsis wakimizui* HAYASAKA，×0.5，岐阜県大垣市赤坂（二畳紀・赤坂石灰岩）．
2: *Neritopsis* sp.，×1.5，岩手県田野畑村平井賀（白亜紀・宮古層群）．　3，4: *Trachyspira conica* (HAYASAKA)，×1，岐阜県大垣市赤坂（二畳紀・赤坂石灰岩）．　5: *Nododelphinula elegans* NAGAO，×1，岩手県田野畑村平井賀（白亜紀・宮古層群）．　6，7: *Otostoma japonicum* (NAGAO) 産地同上．　8，9: *Batillaria zonalis* (BRUGUIÈRE)〔イボウミニナ〕，×1，神奈川県小田原市羽根尾（第四紀・下原層）．　10: *Turritella andensis* OTUKA，×1，秋田県男鹿市安田（第四紀・鮪川層）．　11: *Murchisonia* sp.，×1，岐阜県大垣市赤坂（二畳紀・赤坂石灰岩）．

が多い．

オトストマ* *Otostoma*（アマガイ科）　ジュラ紀―古第三紀．中型で半球状．螺塔は低く体層が大きい．内唇は隔壁状になり，その縁に数本の小歯がある．このなかまは色彩のパターンが化石に保存されやすい．

ネリタ　*Nerita*（アマガイ科）　白亜紀―現世．中小型で半球状．殻口は半円形で，内唇は隔壁状でその縁の中部に歯がある．外表は平滑か螺状肋が走る．フタは石灰質で半円形．

マーチソニア* *Murchisonia*（マーチソニア科）　オルドビス紀―三畳紀．中型．螺塔は高く10階程度を数える．螺管は丸く，水管溝やへそ穴はない．外唇中部に湾入があり，その跡が繃帯になる．表面彫刻は一般に弱い．

ノドデルフィニュラ* *Nododelphinula*（ノドデルフィニュラ科）　ジュラ紀―白亜紀．中型，円錐状ないしこぶし状で，側面・底面はややふくれる．やや肩が張り螺状肋をめぐらす種が少なくない．殻口は円形から亜方形で，へそ穴があく．宮古層群に大型種が知られる．

ビビパルス　*Viviparus*（タニシ科）　白亜紀―現世．中型で，螺管は丸くよくふくれ，縫合は深い．殻は薄く外表はふつう平滑．殻口は丸い．淡水性．

リッソイナ　*Rissoina*（リソツボ科）　白亜紀―現世．小型で細長く，側面は全体としてふくれる．細い縦肋がある．

リットリナ　*Littorina*（タマキビ科）　古第三紀―現世．中小型でコマ形．殻口は卵円形でへそ穴は閉じる．外表は平滑な種もあるが，ふつうは**螺状肋**をめぐらす．

ツリテラ* *Turritella*（キリガイダマシ科）　白亜紀―現世．中型，高い**塔状**で10数階を数える．殻口は円形から亜方形で水管溝はない．側面はふくれ，螺状肋が発達する．第三紀層に多産し，示準化石や進化研究の素材として重要．

カシオペ　*Cassiope*（グロコニア科）　白亜紀．中型塔状で側面は平らかややふくれる．前属ほど螺塔は高くない．水管溝はなく**螺状肋**がある．一般にはグロコニア（*Glauconia*）とよばれている．

セルプロルビス　*Serpulorbis*（ムカデガイ科）　新第三紀―現世．中型，固着性

で形状は不規則であるが，螺管は丸く，しばしば巻きがゆるむ．シリカリア (*Siliquaria*) はこれに似るが，さらにゆる巻きで，螺管の肩のところに小孔の列ができる．

バティラリア* *Batillaria* （ウミニナ科）　古第三紀―現世．中小型で塔状．螺管の側面はあまりふくれない．殻口は丸く，その前縁がやや湾入して短い水管溝ができる．レンガ状の彫刻を示すことが多い．

ビカリア* *Vicarya* （ウミニナ科）　古第三紀―新第三紀．中型，塔状で重厚．縫合線下に螺状に並ぶ強い突起がある．外唇中位には，かなり深い湾入があり，内唇は広く滑層におおわれる．やや小型で突起の著しくないものをビカリエラ (*Vicaryella*) という．ともに示準化石として重要．

ビッティウム　*Bittium* （オニノツノガイ科）　古第三紀―現世．小型，塔状でやや中ぶとり．螺状肋と縦肋がある．水管溝は短い．

オケトクラバ* *Ochetoclava* （オニノツノガイ科）　新第三紀―現世．中小型，塔状で10階以上を数える．螺層はあまりふくれず，数本の螺状肋をめぐらす．水管溝は背方に曲がる．

シュードメラニア* *Pseudomelania* （シュードメラニア科）　三畳紀―白亜紀．中大型，塔状で多旋．外表は平滑．殻口は縦長の卵円形で全縁．水管溝はない．宮古層群に大型種が出る．

トラジャネラ* *Trajanella* （シュードメラニア科）　白亜紀．前属に似るが，中型で中ぶとり．螺塔はそれほど高くない．

アポライス* *Aporrhais* （モミジソデ科）　ジュラ紀―現世．中小型で，高い螺塔を持ち，螺状に2～3本の竜骨がある．成員の殻口は肥厚して外側に掌状に広がる．水管溝も長い．現生種は地中海と北大西洋に少数知られるにすぎないが，白亜紀にはこのなかまの化石が各地で知られる．

カナリウム* *Canarium* （スイショウガイ科）　古第三紀―現世．中型，螺塔はやや高く，螺管は細長い．成長すると外唇がそで状に外方に張り出して肥厚する．

クレピデュラ　*Crepidula* （カリバガサ科）　白亜紀―現世．中小型で扁平．殻

3. 化石鑑定のこつ

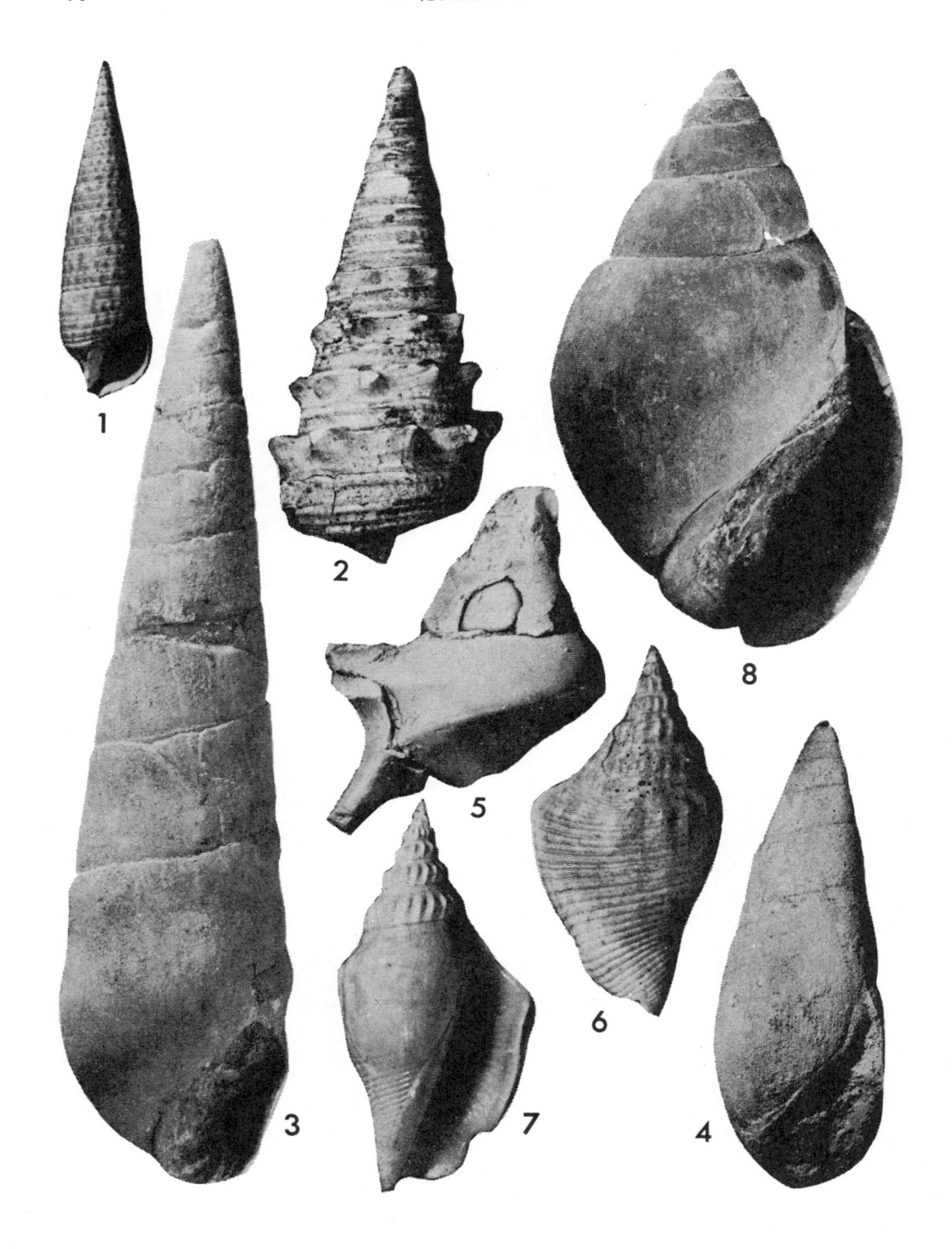

§1. 貝 化 石

頂は低平でわずかに巻く．内部に隔壁がある．

ティロストマ* *Tylostoma* （タマガイ科） ジュラ紀―白亜紀．中大型で，やや縦長．螺塔は本科としては極めて高い．殻口は斜めに長く，へそ穴はない．宮古層群に大型種が出る．

ネベリタ* *Neverita* （タマガイ科） 古第三紀―現世．中大型で半球状．殻口は半円形．へそ穴が開き，盤状の突出部がかぶさる．外表は平滑．ふたは角質．ポリニセス（*Polinices*）はこれに似るが，盤状突出は著しくない．

クリプトナティカ* *Cryptonatica* （タマガイ科） 白亜紀―現世．中型で球状．殻口は半節形．へそ穴は閉じるかわずかに開く．盤状突出は発達しない．外表は平滑．ふたは石灰質．日本産の種はテクトナティカ（*Tectonatica*）に含めるひともある．

キプレア* *Cypraea* （タカラガイ科） 新第三紀―現世．中大型で重厚，卵形．成貝では殻口が狭くなり内外唇に歯を備える．前後に水管溝があり，螺塔は体層に包まれて外から見えない．外表は平滑．本科の代表属．タカラガイ類は暖流域の浅海に多いが，多くの種は岩礁にすむので，化石はむしろ少ない．

ファリウム* *Phalium* （トウカムリ科） 古第三紀―現世．中大型で太鼓形．殻口は斜めに長く，外唇は肥厚しその内側は刻まれる．水管溝は背方にねじれる．外表は平滑か弱い螺状脈をめぐらし，時に強い縦張脈が出る．

トンナ* *Tonna* （ヤツシロガイ科） 新第三紀―現世．中大型．よくふくれ，殻口は広い．水管溝は短く，背方に曲がらない．一般に薄質で螺状肋が発達し，外唇の肥厚や縦張脈はまれである．

フィクス *Ficus* （ビワガイ科） 古第三紀―現世．中型，イチジク形で，前方に

図 20
1: *Ochetoclava kochi* (PHILIPPI) 〔カニモリガイ〕，千葉県市原市滝口（第四紀・清川層）．2: *Vicarya callosa japonica* YABE and HATAI，×1，石川県輪島市徳成（新第三紀・徳成層）．3: *Pseudomelania elegantula* NAGAO，×1，岩手県田野畑村平井賀（白亜紀・宮古層群）．4: *Trajanella japonica* NAGAO，×1，産地同上．5: *Aporrhais* (*Tessarolax*) *acutimarginatus* (NAGAO)，×1.5，サハリン川上炭田（白亜紀・上部エゾ層群）．6, 7: *Canarium* (*Doxander*) *japonicum* (REEVE) 〔シドロ〕，×1，石川県珠洲市平床（第四紀・平床貝層）．

92 3. 化石鑑定のこつ

細まり，螺塔は低い．殻口は長く殻高の大部分にわたる．螺状脈または格子状の彫刻がある．外唇はほとんど肥厚しない．

フシトリトン* *Fusitriton* (フジツガイ科) 新第三紀―現世．中型で紡錘形を呈し，螺塔はやや高く，水管溝はかなり長い．殻口は楕円形で内唇上部に小さなひだがある．外表は螺状肋と縦肋が格子状に交わって結節ができる．

キマティウム* *Cymatium* (フジツガイ科) 古第三紀―現世．中型，重厚で螺塔はやや高く，水管は長い．外表には螺状肋と縦肋があり，ごつごつした結節を生じやすい．ほぼ 240° おきに規則的に縦張脈ができる．内外唇に細かいひだがある．

ブルサ* *Bursa* (オキニシ科) 古第三紀―現世．中型，重厚で，前属に似るが後方にも水管溝を持つ．180° または 240° おきに縦張脈がある．

チコリウス* *Chicoreus* (アクキガイ科) 古第三紀―現世．中大型．約 120° の間隔で強い縦張脈を生じ，その上に数本の強いとげがある．殻口は楕円形で，外唇から外側に突起が出る．水管溝は長く，この上にも強いとげが出る．

ラパナ* *Rapana* (アクキガイ科) 古第三紀―現世．大型で重厚．螺塔は低く体層が大きい．外表には螺状脈があり，肩の部分にひれ状の突起がみられることが多い．縦張脈はなく，水管溝は短い．

ヌセラ *Nucella* (アクキガイ科) 新第三紀―現世．中小型，紡錘形で，やや不規則な螺状肋をめぐらし，ときにひれ状の突起が出る．水管溝は短い．

タイス* *Thais* (アクキガイ科) 古第三紀―現世．中小型で前属に似るが，外表に螺状に並んだ数列の大きないぼが発達する．

トロフォン* *Trophon* (アクキガイ科) 古第三紀―現世．中小型，やせ形で細長く，肩部が角ばる．水管溝は長い．ひれ状の縦肋が発達することが多い．

図 21

1，2：*Neverita* (*Glossaulax*) *didyma* (RÖDING)〔ツメタガイ〕，×0.8，東京都港区高輪（第四紀・東京層）． 3：*Cryptonatica janthostomoides* (KURODA and HABE)〔エゾタマガイ〕，×1，横浜市長沼（第四紀・長沼層）． 4：*Cypraea* (*Lyncina*) *vitellus* (LINNAEUS)〔ホシキヌタ〕，×1，千葉県館山市沼（第四紀・沼層）． 5：*Phalium* (*Bezoardicella*) *variegatum* (PERRY)〔カズラガイ〕，吹上浜（現世）． 6：*Bursa* (*Bufonariella*) *ranelloides* (REEVE)〔コナルトボラ〕，×1，鹿児島県喜界島上嘉鉄（第四紀・湾層）． 7：*Tonna luteostoma* (KÜSTER)〔ヤツシロガイ〕，×0.65，千葉県沼南町手賀（第四紀・印旛層）．

94　　　　　　　　　　3. 化石鑑定のこつ

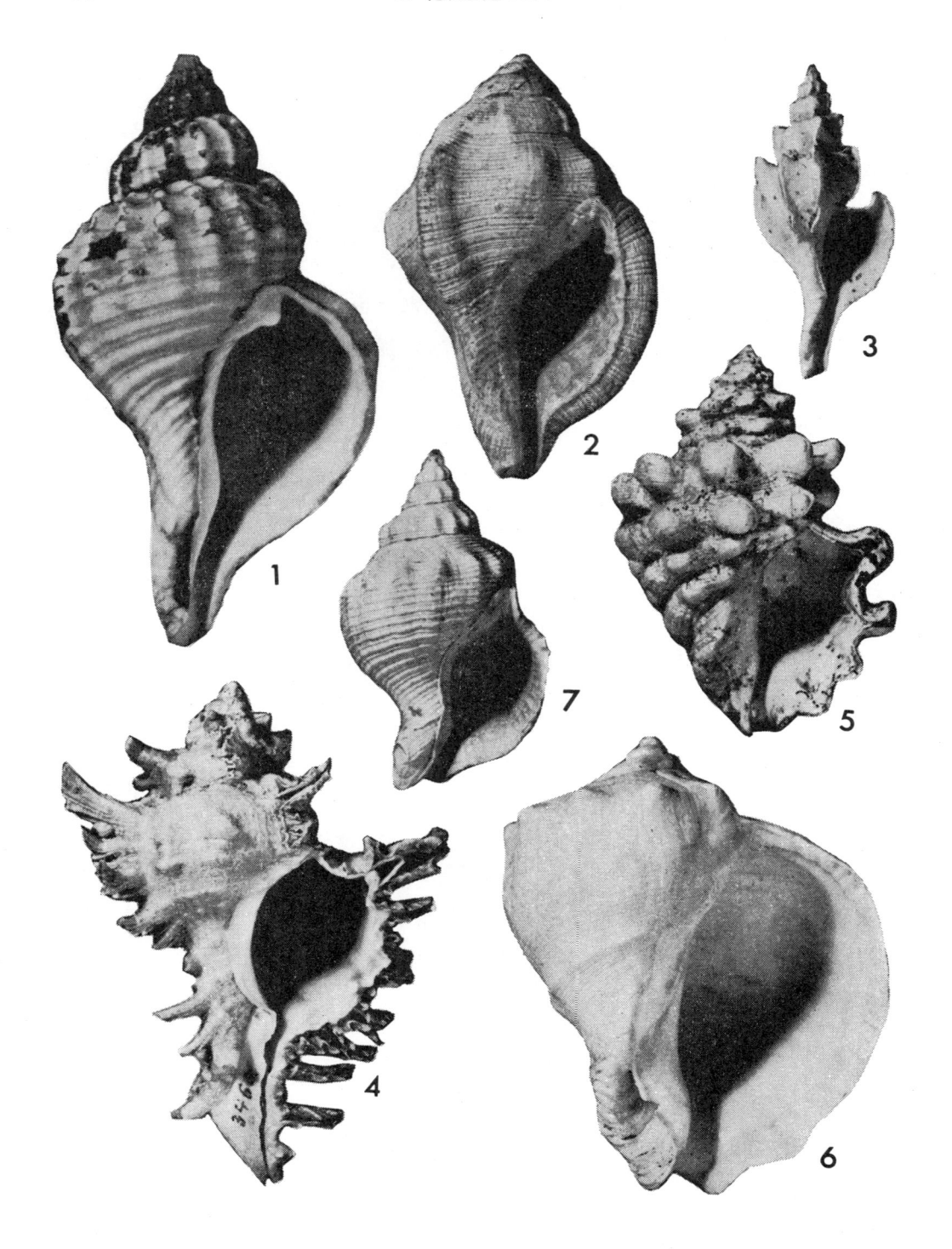

§1. 貝 化 石

ミトレラ *Mitrella*（フトコロガイ科） 古第三紀―現世．小型，紡錘形で，螺塔はやや高い．殻口は細長く，水管溝は短く広く開く．外唇は肥厚して小歯を備える．

ブッキヌム *Buccinum*（エゾバイ科） 古第三紀―現世．中大型．殻は薄質で，螺塔は一般に高い．螺管は丸くふくれ，縫合は深い．水管溝は短く広く開く．外表は平滑か螺状脈をめぐらす．

アンシストロレピス *Ancistrolepis*（エゾバイ科） 古第三紀―現世．中大型で殻は薄質．前属に極めてよく似るが螺状肋が強く，フタが小さい．

トロミニナ *Trominina*（エゾバイ科） 古第三紀．中大型，前属に似るが，螺管には2本の角ばった竜骨状の肋があり，螺管の側面が三つの平坦な部分に分かれる．

ネプチュネア* *Neptunea*（エゾバイ科） 古第三紀―現世．大型，太い紡錘形で，体層が大きく，殻口は卵形で縦長．水管溝はやや長い．ふつう螺状肋があり，時にひれ状の突起が出る．外唇はほとんど肥厚しない．

シフォナリア* *Siphonalia*（エゾバイ科） 古第三紀―現世．中型，紡錘形．殻口は卵形で水管溝はやや長く多少ねじれる．螺状脈がふつうで，肩部に結節や縦方向の起伏を生ずることが少なくない．

バビロニア* *Babylonia*（エゾバイ科） 古第三紀―現世．中型，塔状．殻口は卵形で前方に広く開き明らかな水管溝をつくらない．殻質は堅固．へそ穴は狭いが深い．

ヘミフサス* *Hemifusus*（テングニシ科） 古第三紀―現世．中大型で縦長．殻口は長く前方に向かって次第に狭くなり，太い開いた水管溝につづく．肩に

図 22

1: *Fusitriton oregonensis* (REDFIELD)〔アヤボラ〕，×0.8，函館市（現世）． 2: *Cymatium* (*Ranularia*) *subpyrum* (YOKOYAMA)，×0.95，神奈川県二宮町（第四紀・二宮層）． 3: *Trophon* (*Boreotrophon*) *candelabrum* (REEVE)〔ツノオリイレ〕，×1.5，千葉県市原市市東（第四紀・瀬又層）． 4: *Chicoreus asianus* KURODA〔オニサザエ〕，×0.8，熊野灘（現世）． 5: *Thais* (*Reishia*) *bronni* (DUNKER)〔レイシ〕，×1，横浜市長沼（第四紀・長沼）． 6: *Rapana venosa* (VALENCIENNES)〔アカニシ〕，×0.7，東京都品川（第四紀・東京層）． 7: *Siphonalia modificata* (REEVE)〔セコボラ〕，×1，東京都品川（第四紀・東京層）．

96   3. 化石鑑定のこつ

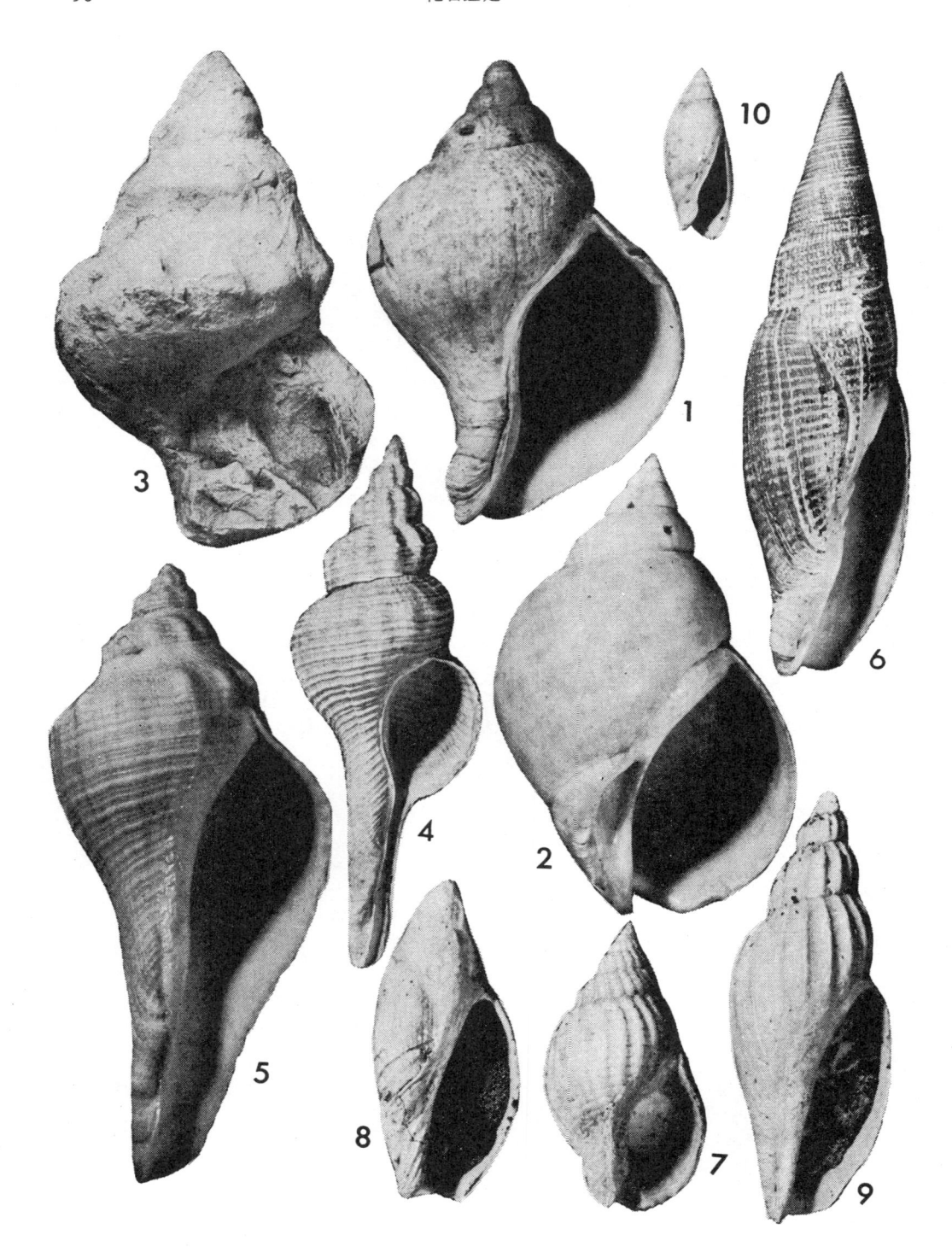

著しい突起を生ずることがある．弱い螺状肋をめぐらす．

フシヌス* *Fusinus* （イトマキボラ科）　白亜紀－現世．中大型で縦長の紡錘形．螺塔が高く水管溝は極めて長い．螺状肋をめぐらし，内唇にひだはない．グラニュリフスス（*Granulifusus*）はこれに似た外形を示すが，小型で，外表一面に顆粒状の結節を持つ．

セリフスス* *Serrifusus* （イトマキボラ科）　白亜紀．中大型で紡錘形，水管溝がやや長い．螺管の側面は比較的低い位置で肩が張り，その上に結節を生ずる．

ナサリウス* *Nassarius* （オリイレヨウバイ科）　新第三紀－現世．小型で卵円錐形，殻口前部は深く切れこむか短い水管溝になる．外唇には細かいひだがある．典型的なナサリウスは外表が平滑で滑層が内唇から広がるが，日本で化石に多産する種は，格子状の彫刻を持ち，属レベルで区別されることもある．

ミトラ　*Mitra* （フデガイ科）　古第三紀－現世．中型，縦長の紡錘形．螺塔が高い．殻口は狭く，軸唇に数本の強いひだがある．外表は平滑か螺状脈をめぐらす．水管は短く，ややねじれる．

フルゴラリア* *Fulgoraria* （ヒタチオビ科）　古第三紀－現世．中大型で縦長．殻口は長く前方の広く開いた水管溝につづく．軸唇に数本のひだがある．細い螺状脈と縦肋が発達することがある．原殻は一般に大きく，成貝でも殻頂部に保持されている．

図 23

1: *Neptunea (Barbitonia) arthritica* (BERNARDI) 〔ヒメエゾボラ〕，×1，千葉県沼南町手賀（第四紀・印旛層）．　2: *Babylonia japonica* (REEVE) 〔バイ〕，×1，千葉県成田市大竹（第四紀・印旛層）．　3: *Serrifusus tuberculatus* (NAGAO)，×1，（北海道大学標本），サハリン川上炭田（白亜紀・上部エゾ層群）．　4: *Fusinus perplexus* (ADAMS) 〔ナガニシ〕，×0.75，石川県七尾市津向（第四紀・津向貝層）．　5: *Hemifusus ternatanus* (GMELIN) 〔テングニシ〕，×0.7，男鹿半島（現世）．　6: *Mitra (Tiara) isabella* SWAINSON 〔アヤカラフデ〕，×1，紀伊水道（現世）．　7: *Nassarius (Zeuxis) caelatus* (ADAMS) 〔ハナムシロ〕，×1.5，神奈川県三浦市下宮田（第四紀・宮田層）．　8: *Ancilla (Baryspira) albocallosa* (LISCHKE) 〔リュウグウボタル〕，×1，宮崎県川南町通山浜（第四紀・通山浜層）．　9: *Fulgoraria (Psephaea) kamakurensis* OTUKA．×1，横浜市小柴（新第三紀・小柴層）．　10: *Olivella spretoides* YOKOYAMA 〔ワタゾコボタル〕，×1.5，千葉県木更津市地蔵堂（第四紀・地蔵堂層）．

98   3. 化石鑑定のこつ

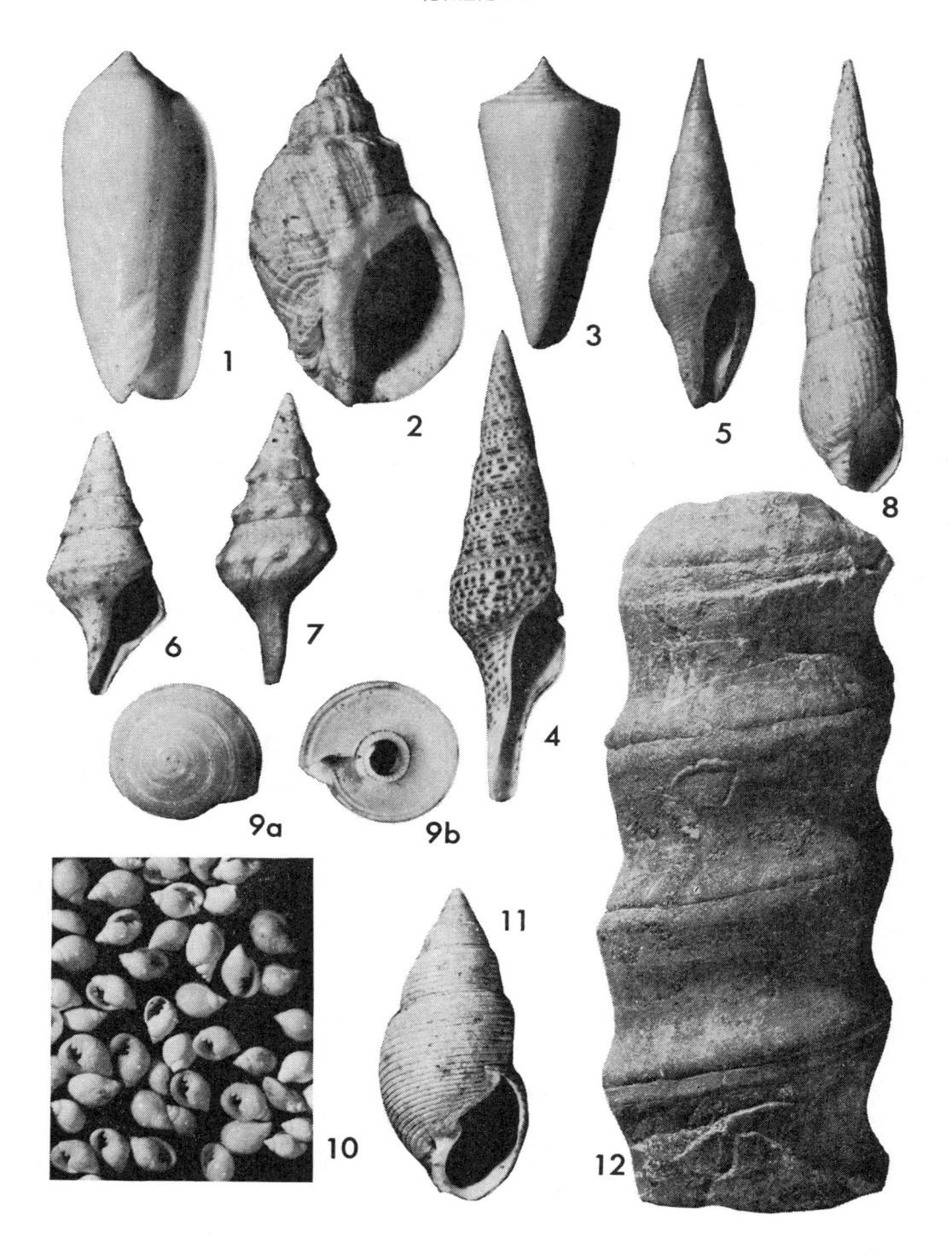

アンシラ* *Ancilla* (マクラガイ科)　古第三紀—現世．中型で流線形．外表は極めて平滑．軸唇はねじれるがひだは弱い．殻口は前方の広く開いた水管溝につづく．滑層が内唇から殻頂部にかけて広がる．

オリベラ* *Olivella* (マクラガイ科)　白亜紀—現世．流線形の外形は前属に似るが，小型で，螺塔は滑層におおわれない．

オリバ* *Oliva* (マクラガイ科)　古第三紀—現世．中型で長卵形．殻口は極めて狭長で前方にいくらか広がる．軸唇に多数のひだがある．外表は極めて平滑であるが，低い螺塔をめぐって縫合に細い溝ができる．

カンセラリア* *Cancellaria* (コロモガイ科)　古第三紀—現世．中小型で卵形の種が多い．軸唇に数本の強いひだがあり，水管溝は短い．縦肋と螺状肋が発達し，格子状の彫刻を示すことが多い．

コヌス* *Conus* (イモガイ科)　古第三紀—現世．中大型で逆円錐状．殻口は著しく狭長で，内唇と外唇はほぼ平行し，前方でわずかに広くなる．螺塔は一般に低い．外表は平滑か弱い螺状脈をめぐらし，肩角に結節を生じることがある．多くの属に細分するひともある．

ツリス* *Turris* (クダボラ科)　古第三紀—現世．中型で細長い紡錘形．螺塔は高く，水管溝は長い．外唇上部に著しい切れこみがある．クダボラ科は化石にも多産するが，属・種が非常に多く，小型種は特に鑑定がむずかしい．

アンティプラネス *Antiplanes* (クダボラ科)　新第三紀—現世．中小型で紡錘形．表面は平滑であるが，溶食によってがさがさしていることがある．左巻

図 24

1: *Oliva miniacea* (RÖDING) 〔ジュドウマクラ〕，×1，鹿児島県喜界島上嘉鉄（第四紀・湾層）．　2: *Cancellaria (Sydaphera) spengleriana* DESHAYES 〔コロモガイ〕，×1，神奈川県横須賀市大津（第四紀・大津層）．　3: *Conus (Endemoconus)* sp.，×1，鹿児島県喜界島上嘉鉄（第四紀・湾層）．　4: *Turris crispa* LAMARCK 〔クダボラ〕，×1，沖縄（現世）．　5: *Inquisitor jeffreysii* (SMITH) 〔モミジボラ〕，×1，千葉県成田市大竹（第四紀・印旛層）．　6，7: *Makiyamaia coreanica* (ADAMS and REEVE) 〔チョウセンイグチ〕，宮崎県高鍋町禿の下（第四紀・宮崎層群）．　8: *Noditerebra (Pristiterebra) tsuboiana* (YOKOYAMA) 〔コゲチャタケ〕，千葉市越智下新田（第四紀・瀬又層）．　9a, b: *Architectonica yokoyamai* OYAMA，×1.5，千葉県市原市市東（第四紀・瀬又層）．　10: *Ringicula doliaris* GOULD 〔マメウラシマ〕，×2．千葉県成田市大竹（第四紀・印旛層）．　11: *Leucotina gigantea* (DUNKER) 〔マキモノガイ〕，×1.5，千葉県酒々井町（第四紀・印旛層）．　12: *Nerinea rigida* NAGAO ×1 岩手県田野畑村平井賀（白亜紀・宮古層群）．

きなのですぐわかる．

マキヤマイア* *Makiyamaia*（クダボラ科）古第三紀―現世．前属にやや似るが右巻き．肩部がやや角ばり弱い結節が出る．

テレブラ *Terebra*（タケノコガイ科）古第三紀―現世．極めて細長いタケノコ状で，螺塔は非常にとがり，水管溝は発達しない．極めて多旋で，ふつう10数階を数える．狭義のテレブラは中大型で外表が平滑であるが，化石に出るタケノコガイ類の多くは縦肋や縫合に沿ったいぼの列があり，別属とするひとも多い．

トリフォラ *Triphora*（ミツクチキリオレ科）白亜紀―現世．小型．塔状で左巻き．10階以上を数える．数列の螺状肋をめぐらし，縦溝によって顆粒状になる．水管は多少発達する．

エピトニウム *Epitonium*（イトカケガイ科）古第三紀―現世．中小型で塔状．螺管は丸く縫合は極めて深く，縦張脈がひんぱんに現れる．

アーキテクトニカ* *Architectonica*（クルマガイ科）白亜紀―現世．中小型で極めて低い円錐形で多層．螺管は亜方形，底面は平らで大きなへそ穴がある．

アクテオン *Acteon*（キジビキガイ科）白亜紀―現世．小型，卵形ないし紡錘形．殻口は長く前縁は丸い．軸唇はいくらかねじれる．外表に弱い螺状脈がある．

リンギキュラ* *Ringicula*（マメウラシマ科）白亜紀―現世．ファリウムに似た外形を示すが，極めて小型．外唇は肥厚し，軸唇に数本の強いひだを生ずる．白亜紀のアベラナ（*Avellana*）はこれに近縁で螺塔は低い．

オドストミア *Odostomia*（トウガタガイ科）白亜紀―現世．極めて小型で塔状．殻口は楕円形で水管溝はない．本科は属種が極めて多く，小型種が多いので鑑定はむずかしい．

ツルボニラ *Turbonilla*（トウガタガイ科）古第三紀―現世．小型，塔状で約10階を数える．縦状肋があり，螺状脈は発達しない．殻口は卵形で前縁は丸い．

ネリネア* *Nerinea*（ネリネア科）ジュラ紀―白亜紀．中大型，筒状で重厚．

極めて多旋であるが殻頂部は失われやすい．外表は平滑で螺層の側面はややへこむ．殻口は亜方形であるが，内部に石灰を沈着するので，縦断面をつくると各螺層が独特の形状を示す．鳥巣石灰岩や宮古層群に数種が知られる．

〔速水 格〕

§2. 植物化石

(1) 新生代の植物

　白亜紀後期の地層にはシダ類・ソテツ類・イチョウ類・針葉樹類とともに，多くの広葉樹の化石が発見され，さらに第三紀や第四紀の地層からの植物化石の大半は，広葉樹類からなり，針葉樹類を多少伴っている．これらの化石はいずれもかつての湖・入江や浅海の堆積層の中に破片として含まれ，すなわち，葉・茎・小枝・果実・球果・種子・材などの破片として発見される．

　また，肉眼では見えないけれども，花粉や胞子の化石も多数含まれている．したがって，高等植物の完全な1個体が化石として発見されることは，まったくないといえよう．このように産状において極めて制約をうける新生代の植物化石では，分類学的資料が完備することは望めない．一般には地質時代が古くなるほど，われわれは葉印象 (leaf impression) や圧縮または石化した材などによって鑑定をしなければならない．

　ところが，植物の目・科・属などの分類——系統上の類縁関係は，植物体の内部構造や生殖器官の構造，性質などによっている．したがって，植物化石の鑑定には葉などの営養器官やその印象だけでは，しばしば不確実であったり困難なことが多い．そこで鑑定の場合には植物体の化石のあらゆる部分を利用すること，特に野外における採集に際しては葉化石ばかりでなく，種子・果実・球果などの各種の材料を得るように心がけることが必要である．

　化石の材料が植物体のどの部分であるか，すなわち葉・種子や果実・材・花粉などによって，その鑑定の方法が異なるし，また保存の良否によっても異なることがある．しかし，いずれの場合でもまず現生の植物によく親しんで，それらの特徴をとらえておくことが必要であろう．たとえば，山野を歩いた折に

植物を採集して押葉や種子を保存して標本とし，図鑑類で調べて整理したり，植物園を訪れて各植物の特徴を覚えておくことが，正しい鑑定の基礎づくりといえる．

　鮮新統上部や第四系からは，世界的にみても葉化石よりも種子・果実などの保存のよい生殖器官の化石が多く得られ，それらに基づいてくわしく研究されている．しかし，中新統以下の地層には一般に葉化石がはるかに多い．また，白亜紀後期から第三紀を通じて最もふつうにみられる化石は，樹木類の葉や種子などであって，草本類の化石は一部の水草類を除けば比較的少ない．このために第三紀には草本類が樹木類に比べて少なかったともいわれているが，草本類の葉は一般に弱くて化石として残りにくかったということにも原因がある．

　ここでは植物化石のすべてにわたって述べることはできないので，日本の新生代で主要なものを中心にして，それらの鑑定上に注意すべき点について述べる．

　a. 葉化石による鑑定　被子および裸子植物の葉は，一般に単葉（single leaf），掌状葉（palmate leaf）および複葉（compound leaf）の三つの葉型（leaf type）に分けられる（図25）．たとえば，ブナ・ニレ・カンバなどをはじめ多くの被子植物や裸子植物のほとんどは単葉型である．マメ科・クルミ科・ウルシ科やバラ科の一部などの葉は複葉型で，多くの小葉（leaflet）からなる羽状複葉（pinnate compound leaf）である．また，トチノキのような掌状複葉（palmate compound leaf）もある．複葉を持った植物も少なくないが，化石としては一般に小葉がバラバラになって産するので，これが複葉の一小葉であることを見分ける必要がある．羽状複葉の小葉は 図31の1 に示すサワグルミ属（*Pterocarya*）の例のように，頂生小葉（terminal leaflet）を除けば，側生小葉（lateral leaflet）は著しく左右非対称で，葉柄を欠くかまたはその特徴が単葉と異なるものが多い．

　掌状葉を持つ植物も多いが，化石として最もふつうに見られるものはカエデ属（*Acer*）で，このほかにフウ属（*Liquidambar*）・ササフラス属（*Sassafras*）・ハリギリ属（*Kalopanax*）・スズカケノキ属（*Platanaus*）などがある．

§2. 植 物 化 石

葉の外形上の特徴は，形状 (leaf shape)・大きさ (size)・葉脚 (base)・葉先 (apex)・葉縁 (margin)・脈 (vein)・葉柄 (petiole)・葉質 (texture) などによって示される．さらに，枝に対する葉の着生状態なども識別の基準となって，特に複葉や針葉樹の葉の場合には重要である．たとえば，三木茂 (1941) が化石の詳細な研究から，セコイア属 (Sequoia) やヌマスギ属 (Taxodium) と区別されてアケボノスギ属 (Metasequoia) の新属を設けたのは，葉の着生状態が異なるということが一つの重要な特徴であった（図26）．化石によって樹立されたアケボノスギ属は，その後 1946 年に中国四川省の山地に生育していることが発見され，"生きている化石"として世界の植物学界や地質

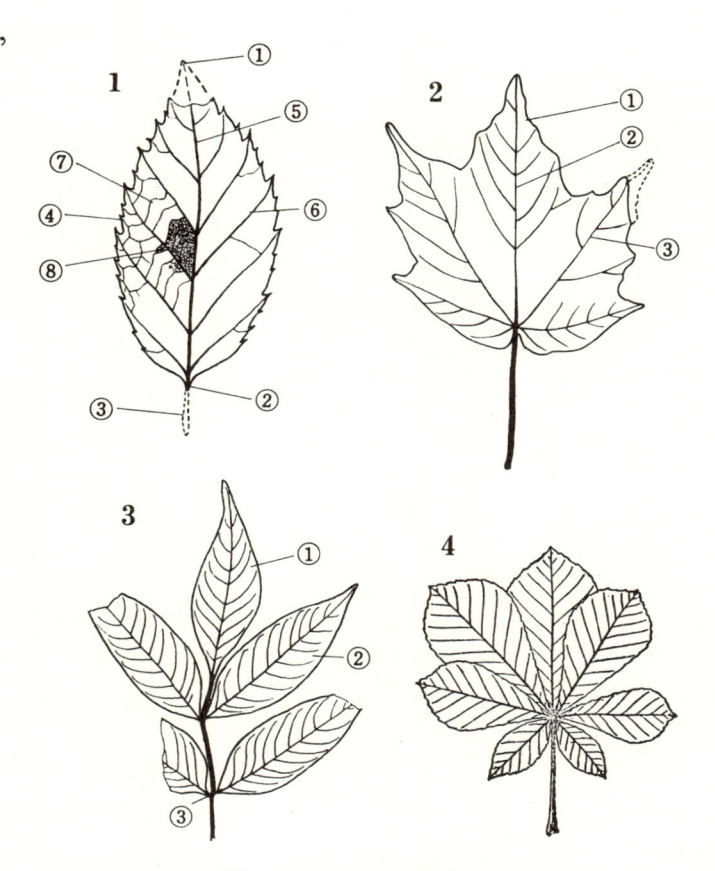

図 25 葉形の種類と葉の部分の名称

1： 単葉 single leaf (*Alnus miojaponica* TANAI，山形県鶴岡市上郷，中新世中期，×5/9)（棚井，1961）
①葉先 apex，②葉脚 base，③葉柄 petiole，④葉縁 margin，⑤主脈 midvein or primary vein，⑥側脈 secondary vein，⑦三次脈 tertiary vein，⑧細脈 veinlets
2： 掌状葉 palmate leaf (*Acer palaeodiabolicum*, ENDO，鳥取県三朝町三徳，中新世後期，×5/9)（棚井・尾上，1961）
①裂片 labe，②中央主脈 median primary vein，③側出主脈 lateral primary vein
3： 羽状複葉 pinnate compound leaf (*Rhus miosuccedanea* HU et CHANEY，中国山東省山旺，中新世中期，×5/9) (HU and CHANEY, 1939)
①頂生小葉 terminal leaflet，②側生小葉 lateral leaflet，③小葉柄 petiolule
4： 掌状複葉 palmate compound leaf (*Aesculus turbinata* BLUME トチノキ，現生)

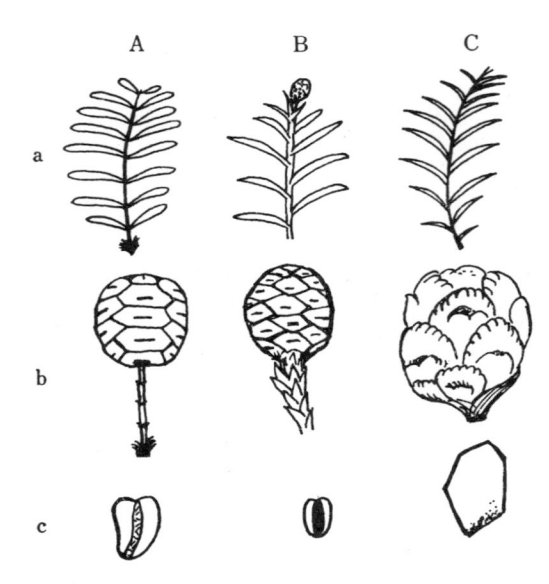

図 26 （A）アケボノスギ *Metasequoia*，（B）セコイア *Sequoia* および（C）ヌマスギ *Taxodium* の相違を示す模式図（三木 茂，1953）
a）小枝　b）球果　c）種子

学界で注目を浴びたことは有名である．

さて，葉のこれらの特徴について実際の化石鑑定の上での注意すべき点を二，三の実例をあげつつ説明しよう．

1）葉　形：　単葉または複葉型の小葉の主要な葉形として，図 27 に示すような 14 形があげられる．これらは葉形のすべてではなく，ある二つの中間形を示すものも少なくない．たとえば，その場合には長楕円状皮針形（lanceolate-oblong）のように表現される．

針葉樹の葉は一般に針形ないし線形を示し，その他の葉形は双子葉植物に多い．たとえば，カンバ科・ブナ科・ニレ科などの葉は長楕円形から広楕円形の範囲のものがふつうで，クルミ科の葉の大半は長楕円形である．また，二，三の例外を除けば，ドロノキ属（*Populus*）は広楕円形ないし円形の葉が多く，シナノキ属（*Tilia*）は腎臓形ないし心臓形の葉が多いというようなこともある．しかし，一般には同一属の植物の葉が似たような葉形を示すとは必ずしも限らないし，さらに，同一種の樹木についても葉形がかなり変化している場合もある．特に側枝や若木につく葉などには，しばしば通常の葉とは形や大きさなどでかなり変異に富むことがある．このために葉によって植物化石を鑑定することに疑問を持つひともいるが，自然林において実際に 1 本の樹木について，または同一種について葉形を検討すると，その変異は極めて少ない．

たとえば，ブナ属（*Fagus*）の 5 現生種について，葉の長さと幅の単純比を無作為的に採集した 100 枚の葉で検討すると，種によってある一定の値をほぼ示すことがわかった（図 28）．日本の新第三系から産する 3 種のブナ属の化石

図 27 葉形の種類

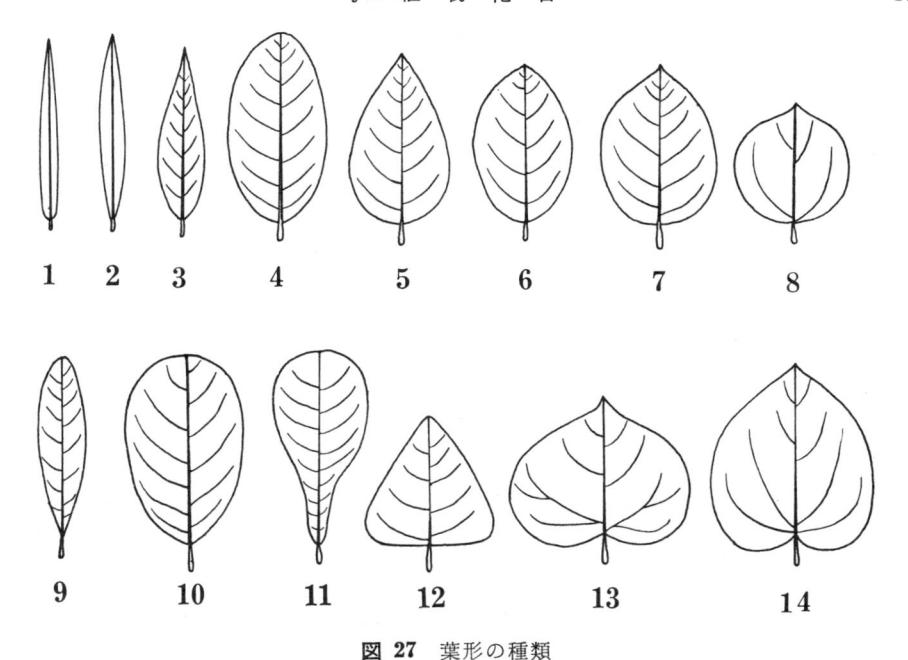

1：針形 subulate　2：線形 linear　3：皮針形 lanceolate　4：長楕円形 oblong　5：卵形 ovate　6：楕円形 elliptical　7：広卵形 oval　8：円形 orbicular　9：倒皮針形 oblanceolate　10：倒卵形 obovate　11：へら形 spatulate　12：三角形 deltoid　13：腎臓形 reniform　14：心臓形 cordate

葉について同様な検討をすると，同じような結果が得られ（図 29），葉形からも化石種と現生種との間のある類縁関係が推定される．このような検討がすべての化石について可能とはいえないが，葉形の変異の状態を考慮することは種の同定に必要であろう．

要するに葉形はただちに属や科の識別基準とはならないが，種の同定にはかなり重視される．第三紀の植物では現生植物と著しく形態が異なることはないので，各属の現生植物について葉形とその変異状態をよくとらえておくことが望ましい．

2）葉　先：　葉を識別する上に先端部の特徴も一指準となるが，代表的なものは図 30 に示す 12 形があげられる．これらの中で鋭形・鋭先形・鈍形・突形などが最もふつうに見られ，多くの葉はこれらの範囲に入る．それら以外の葉先を持った葉はしばしばある属に特徴的である．

たとえば，マメ科の小葉はしばしば微凹形やのぎ（芒）形を示し，ツツジ科

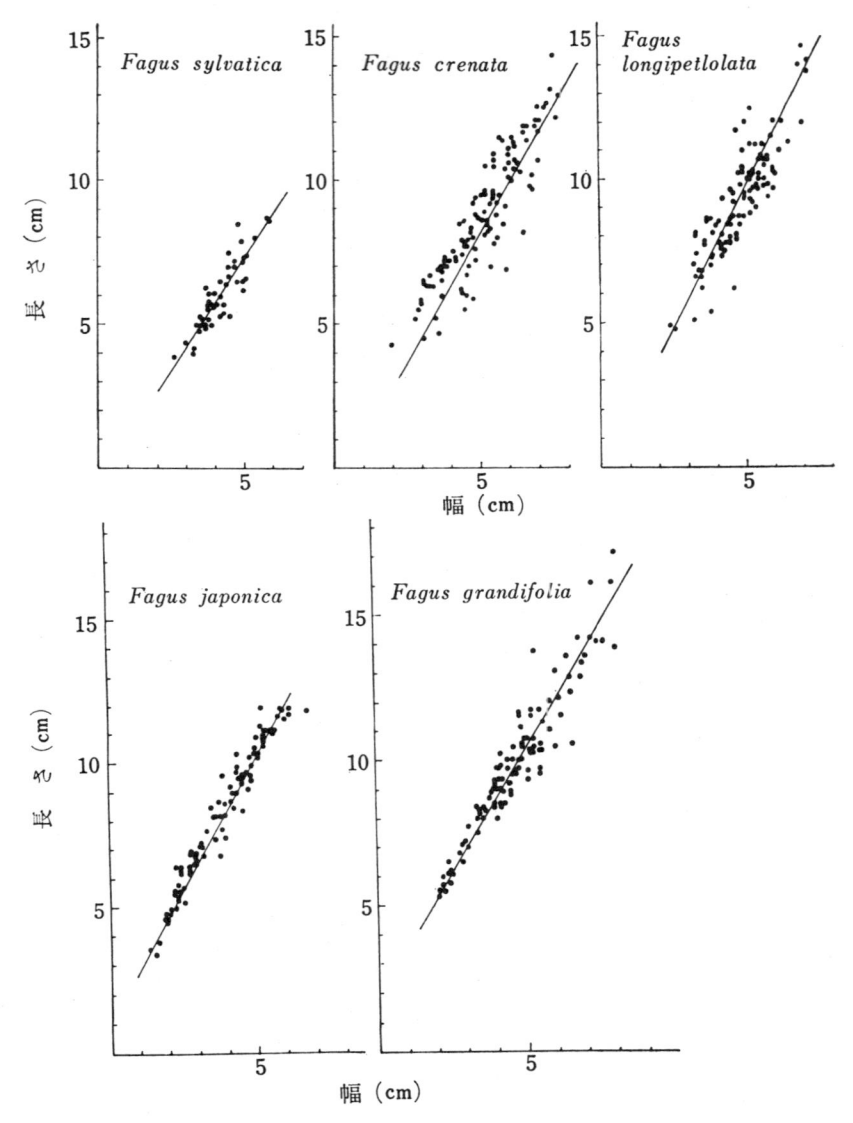

図 28 ブナ属の現生種における葉形の変異（棚井，1971）
Fagus sylvatica L.（ヨーロッパブナ），*Fagus crenata* BL.（ブナ），*Fagus longipetiolata* SEEMEN（中国ブナの1種），*Fagus japonica* MAXIM.（イヌブナ），*Fagus grandifolia* EHR.（アメリカブナ）．

の葉ものぎ形を持つことが多く，これらの特徴がよく化石葉に保存されている（図31の2）． 切形の頂部を持つ葉は少ないので識別しやすいが，中新統に産するユリノキ属（*Liriodendron*）などはその代表であろう． 凹形の頂部を持つ

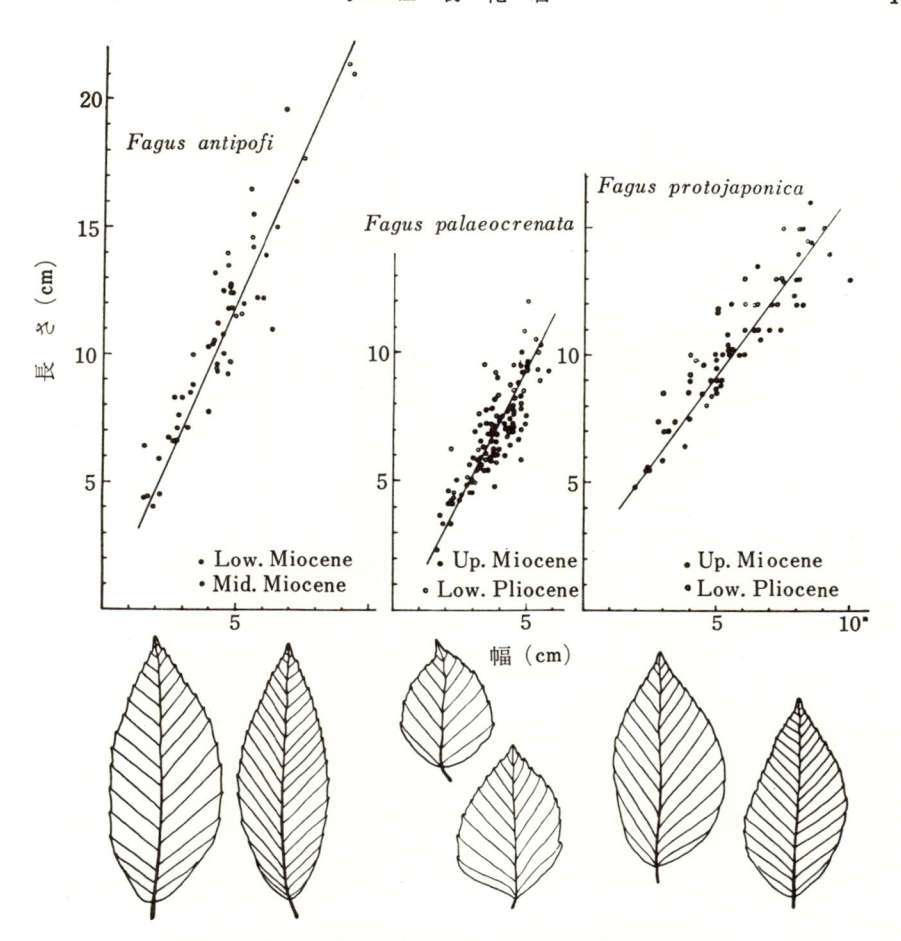

図 29 ブナ属の化石種における葉形変異（棚井，1971）
Fagus antipofi HEER（中新世初～中期），*Fagus palaeocrenata* OKUTSU（中新世後期～鮮新世），*Fagus palaeojaponica* K. SUZUKI（中新世後期～鮮新世）．

葉も多くはなく，ハカマカズラ属（*Bauhinia*）などのマメ科に見られるが，円形の葉先を示す葉がときに凹形となる例もある．このほか，ふつうでは鈍形ないし突形を示す葉でも生育中に他のものにふれて生長すると，しばしば葉先が凹状の異常な葉となることがあるので，注意しなければならない．図31の3はツタウルシに近縁な化石葉の実例である．

3）葉　脚：　葉脚の特徴は，それぞれの種によりかなり安定した要素であるので，葉化石の識別には重要な指準となることが多い．代表的なものとして11形があげられるが（図32），特に葉脚付近の脈の性質とあわせて特徴をと

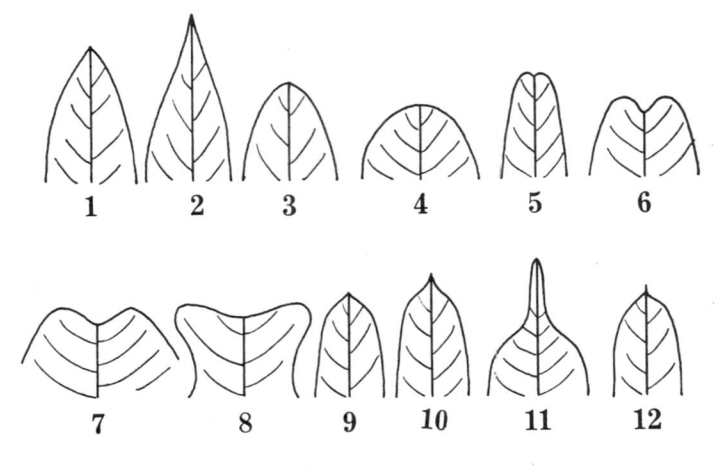

図 30 葉先の種類
1: 鋭形 acute, 2: 鋭先形 acuminate, 3: 鈍形 obtuse, 4: 円形 rotundate, 5: 微凹形 retuse, 6: 凹形 emarginate, 7: 心形 obcordate, 8: 切形 truncate, 9: 微凸形 mucronate, 10: 凸形 cuspidate, 11: 尾形 caudate, 12: 芒形 aristate

らえることが望ましい．一般には鋭形・鈍形・円形を示す葉脚のものが最も多いので，著しい楔形・心形や偏斜形を示す葉は，その特徴がとらえやすい．たとえば，漸新統から中新統に多産するウリノキ属（*Alangium*）は偏斜形の葉脚を示し（図 31 の 6），シナノキ属（*Tilia*）・カツラ属（*Cercidiphyllum*）などは心形葉脚を示し，それぞれ脈の特徴とあわせて識別しやすい．著しい楔形葉脚を持つ化石葉には，トチノキ属（*Aesculus*）・ヤマモモ属（*Myrica*）・マテバシイ属（*Pasania*）・トベラ属（*Pittosporum*）などがある．

　葉身底が葉柄に沿って垂下して翼状をなす下延形の葉脚は極めて特徴的で，スズカケノキ属（*Platanus*）・ササフラス属（*Sassafras*）などの化石葉はその代表である．また，葉柄を欠き葉脚が下にのびて枝を包んで葉鞘が発達するものは，針葉樹のスギ科・ヒノキ科などや単子葉植物のイネ科・ユリ科などに多い．第三紀に多産するアケボノスギ属・セコイア属などのスギ科や，ネズ属（*Juniperus*）・クロベ属（*Thuja*）・アスナロ属（*Thujopsis*）などのヒノキ科の葉は，いずれもこのタイプである．これらが圧縮された化石葉では多少見分けにくいこともあるが，これらの葉の枝につく状態を検討する必要がある．たと

§2. 植物化石

図 31 葉化石の例（その1）

1 : *Pterocarya ezoana* TANAI and N. SUZUKI, 北海道福島町吉岡, 中新世中期, ×5/7（棚井・鈴木, 1963）. 2 : *Rhododendron tatewakii* TANAI and N. SUZUKI, 北海道遠軽町社名淵, 中新世後期, ×5/7, 芒状の葉先に注意（棚井・鈴木, 1965）. 3 : *Rhus protoambigua* K. SUZUKI, 北海道ルベシベ町大富, 鮮新世初期, ×5/7, 凹状葉先となった頂生小葉（棚井・鈴木, 1965）. 4 : *Comptonia naumanni* (NATHORST) HUZIOKA, 北海道熊石町平田内川上流, 中新世中期, ×5/7（棚井, 1961）. 5 : *Comptonia kidoi* ENDO, 山形県舟形町木友炭鉱, 鮮新世, ×5/7（棚井, 1961）. 6 : *Alangium basiobliquum* (OISHI and HUZIOKA) TANAI, 北海道釧路市春採, 漸新世初期, ×5/7（棚井, 1971）. 7 : *Comptonia naumanni* (NATHORST) HUZIOKA, 秋田県阿仁町立又沢, 中新世中期, ×5/7（棚井, 1961）.

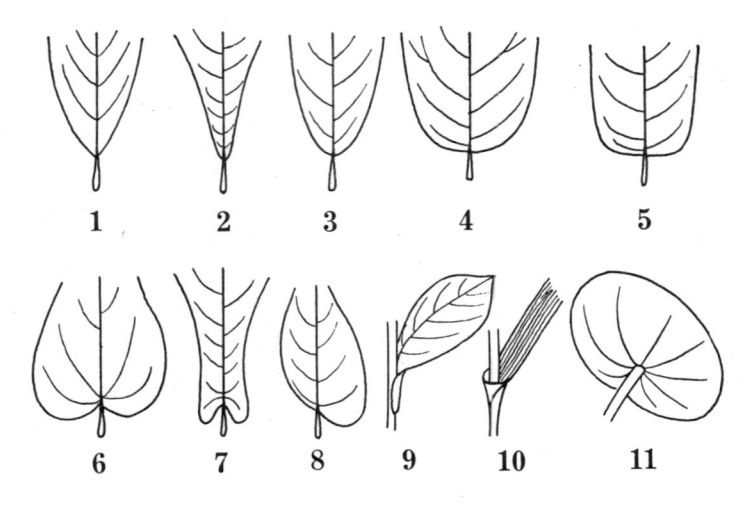

図 32 葉脚の種類
1：漸先形 attenuate，2：楔形 cuneate，3：鈍形 obtuse，4：円形 rotundate，5：切形 truncate，6：心形 cordate，7：耳形 auriculate，8：偏斜形 oblique，9：下延形（翼形）decurrent，10：葉鞘のある sheathing，11：楯形 peltate

えば，アケボノスギでは十字対生の葉の配列が，ヌマスギやセコイアでは螺旋状である．

　4）葉　縁：　　葉縁の特徴は葉脈と密接な関係があり，化石葉の鑑定において最も重視される．図33に示すように主要な12形があげられるが，特に葉縁が全縁状であるか有鋸歯状であるか，また有鋸歯状の場合にはどのような形状であるかを詳細に見分けなければならない．もちろん同一属の中に全縁葉の種も有歯状葉の種も含まれていることがあって，属の識別の指標とは必ずしもならないが，種の識別には有効なことが多い．たとえば，日本に現在自生するブナ属の2種の葉はいずれもほとんど波状縁であるが，中新世中～初期のブナ属の葉 (*Fagus antipofi* HEER) は微少な鋸歯状縁を示し，北アメリカ東部に自生するアメリカブナの葉に近似している（図 29）．また，中新世後期～鮮新世前期に多産するブナ属の葉 (*Fagus palaeocrenata*) も微小な鋸歯状縁であるが，葉形や側脈数などから区別され現生のヨーロッパブナに近縁である（図29）．

§2. 植物化石

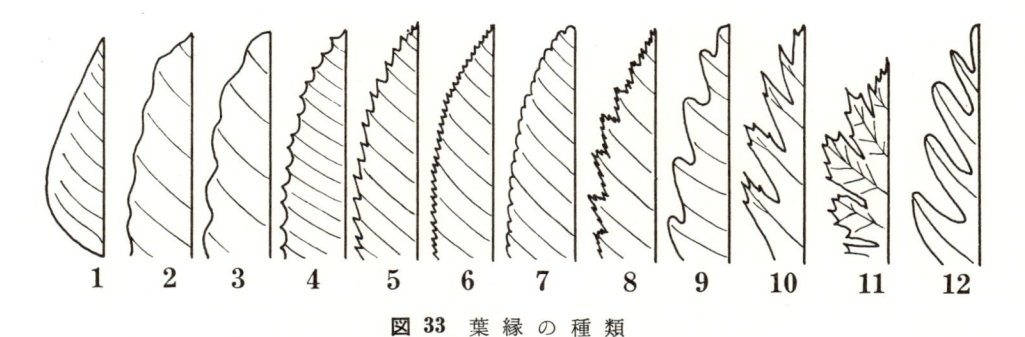

図 33 葉縁の種類
1：全縁状 entie, 2：波状 undulate, 3：深波状 sinuate, 4：歯状 dentate, 5：鋸歯状 serrate, 6：小鋸歯状 serrulate, 7：円鋸歯状 crenate, 8：二重鋸歯状 double serrate, 9：浅裂状 lobed, 10：中裂状 cleft, 11：鋭浅裂状 incised, 12：全裂状 dissected (parted)

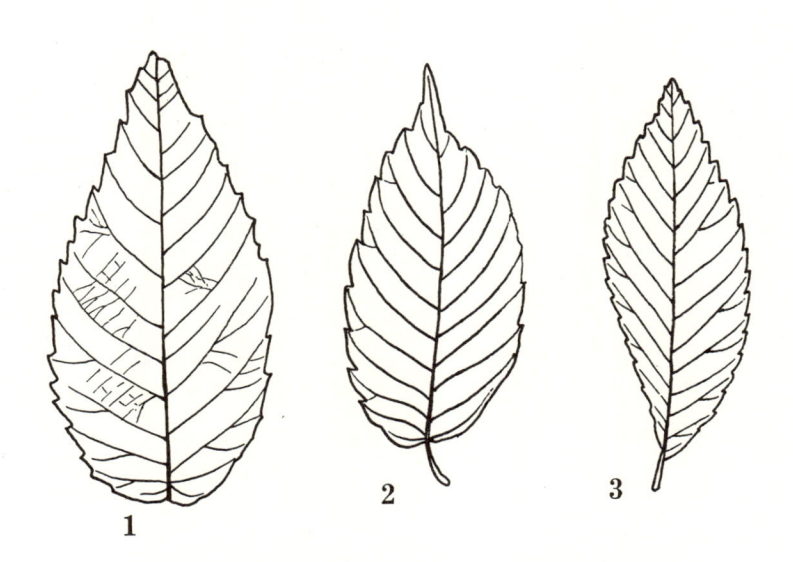

図 34 ニレ科のプラネラ属・ケヤキ属およびニレ属
1：*Planera ezoana* OISHI et HUZIOKA, 北海道白糖町庶路, 漸新世中期, ×10/11（大石・藤岡, 1954）. 2：*Zelkova ungeri* KOVATS, 岡山・鳥取県境人形峠付近, 鮮新世前期, ×10/11（棚井・尾上, 1961）. 3：*Ulmus protoparvifolia* HU et CHANEY, 山形県鶴岡市上郷, 中新世中期, ×10/11.

北アメリカ東部に自生するコンプトニア属（*Comptonia*）は、日本では漸新統上部から鮮新統下部にわたって発見される．この属の葉は羽状に浅裂した葉縁を示し、鮮新世の化石種は現生種に近似であるが、中新世の化石葉では葉縁

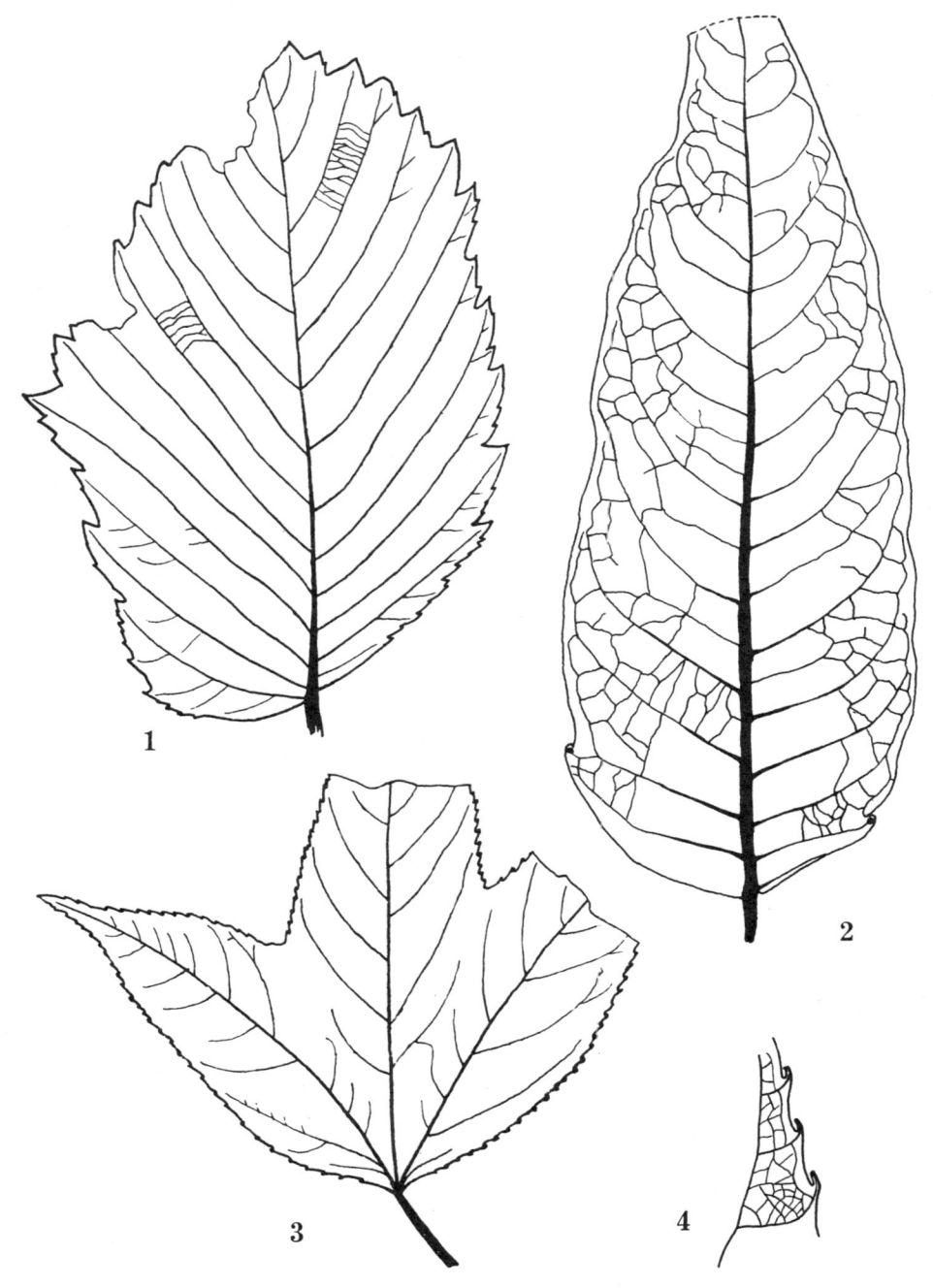

図 35 葉化石の例 (その 2)

1 : *Ulmus harutoriensis* OISHI et HUZIOKA, 北海道釧路市春採, 漸新世初期, ×5/6 (大石・藤岡, 1954). 2 : *Ailanthus yezoense* OISHI et HUZIOKA, 北海道遠軽町社名淵, 中新世後期, ×5/6 (棚井・鈴木, 1963). 3 : *Liquidambar miosinica* HU et CHANEY, 山形県鶴岡市上郷, 中新世中期, ×5/6 (棚井, 1961). 4 : 同上の葉縁の拡大図.

が全裂状を示し，その切れこみは主脈にまで達し，各裂片の数も多いことで区別される（図 31 の 4, 5, 7）．

ニレ科のニレ属（*Ulmus*）・ケヤキ属（*Zelkova*）・プラネラ属（*Planera*）は第三紀には化石葉が多数知られている．これら3属の葉は極めて似ており，かつてしばしば混同された．しかし，ケヤキの葉縁は大きい歯を持った単鋸歯状であるが，ニレやプラネラでは重鋸歯状であるので区別される（図 34）．

鋸歯状縁を示す葉の中には歯の先端付近に分泌腺を持つ場合があり，これらが化石葉やその印象でもよく保存されていて，属の同定に有効な場合がしばしばある．たとえば，日本の第三紀の暖温帯フローラによく見出されるフウ属（*Liquidambar*）は主として3裂型の掌状葉でカエデ属と混同されやすいが，葉縁の歯に腺を有することでよく識別できる（図 35 の 3, 4）．化石として知られている植物の中で，このような例はカツラ属（*Cercidiphyllum*）・イイギリ属（*Idesia*）・ヤナギ属（*Salix*）・シンジュノキ属（*Ailanthus*）（図 35 の 2）・トチュウ属（*Eucommia*）・サンショウ属（*Zanthoxylum*）などがある．特に，カツラの葉は北半球の第三系から広く発見されているが，葉形・葉脈などの特徴はドロノキ属のある種に近似し，腺の存在を確認しないと化石葉の場合には混同しやすい（図 36）．

5) 葉　脈：　葉脈の特徴は，葉縁とともに葉化石の鑑定において重要な指準となる．主脈や側脈の強弱・屈曲の具合，側脈の数と主脈からの射出角度，三次脈と細脈の状態などを精細に観察して，それらの特徴をとらえるようにする．たとえば，ブナ属の主脈の上半部は弱くて波状にわずかに屈曲し（図 29），ニレ属の側脈の射出角度は左右で著しく異なる（図 35 の 1）．このように葉脈の特徴は属の識別にしばしば有効であるが，化石としてよく見られるものを側脈について分けると次のようになる．

① 側脈が規則正しく平行に走る属：　クマシデ属（*Carpinus*），カンバ属（*Betula*），クリ属（*Castanea*），カシ属（*Quercus*），ブナ属（*Fagus*），アワブキ属（*Meliosma*），トチノキ属（*Aesculus*），ケヤキ属（*Zelkova*），ミズキ属（*Cornus*）など．

図 36 ドロノキ属とカツラ属の葉化石

1 : *Populus latior* AL. BRAUN, 北海道福島町吉岡, 中新世中期, ×5/7 (棚井・鈴木, 1963), 2 : *Cercidiphyllum crenatum* (UNGER) BROWN, 北海道遠軽町社名淵, 中新世後期, ×5/7 (棚井・鈴木, 1965).

②側脈が不規則で間隔も不揃いの属： ヤナギ属（*Salix*），クルミ属（*Juglans*），サワグルミ属（*Pterocarya*），ノグルミ属（*Platycarya*），モクレン属（*Magnolia*），クロモジ属（*Lindera*），ウルシ属（*Rhus*），サイカチ属（*Gleditsia*），キハダ属（*Phellodendron*），チャンチン属（*Cedrela*），タブノキ属（*Machilus*），カキ属（*Diospyros*）など．

③側脈が途中でしばしば分岐する属： ニレ属（*Ulmus*），ハシバミ属（*Corylus*），ムクノキ属（*Aphananthe*），プラネラ属（*Planera*），マンサク属（*Hamamelis*），ニッサ属（*Nyssa*），イズセンリョウ属（*Maesa*），エゴノキ属（*Styrax*），ガマズミ属（*Viburnum*），フサザクラ属（*Euptelea*）など．

上にあげたような羽状脈のほかに，掌状葉でなくても葉脚から奇数の脈（3～5本のことが多い）が射出する単葉または複葉型小葉も少なくない．これらの中で，葉縁が全縁で掌状脈を持つものには，クスノキ科に多いが，このほかサルトリイバラ属（*Smilax*），イチジク属（*Ficus*），マルバノキ属（*Disanthus*），ハナズオウ属（*Cercis*），クズ属（*Pueraria*），カミエビ属（*Cocculus*），アカメガシワ属（*Mallotus*），ウリノキ属（*Alangium*）などが化石としてよく発見さ

れる．葉縁が鋸歯状で掌状脈のものは極めて多いが，第三紀の化石葉としてふつうに見られるものには，ドロノキ属 (*Populus*)，エノキ属 (*Celtis*)，クワ属 (*Morus*)，カツラ属 (*Cercidiphyllum*)，トサミズキ属 (*Corylopsis*)，ナツメ属 (*Zizyphus*)，ハマナツメ属 (*Paliurus*)，シナノキ属 (*Tilia*) などがある．

側脈と葉縁との関係も識別の上に重要な基準となる．すなわち，側脈が葉縁の歯に直接入っている (craspedodrome という) か，または側脈が葉縁に沿って上向し (camptodrome という)，さらに分岐した支脈が歯に入るかなどの相違がある (図 37)．後者はしばしば隣接の側脈とたがいにループ (loop) をつくることが多く，一般には全縁状または微少な鋸歯状縁の葉に多いが例外もかなり

1　　　　　　　　　　　2

図 37 側脈と葉縁との関係

1：camptodrome の側脈，*Prunus rubeshibensis* TANAI et N. SUZUKI，北海道ルベシベ町大富，鮮新世前期，×2/3（棚井・鈴木，1965）．　2：craspedodrome の側脈，*Betula onbaraensis* TANAI et ONOE，北海道遠軽町社名淵，中新世後期，×2/3（棚井・鈴木，1965）．葉の裏面に多くの腺点を有し，これらがよく保存されている．

ある．クルミ科・バラ科・ツバキ科・モチノキ科に属する葉の多くは鋸歯状縁であるが，側脈のループは特に著しい．

また，側脈が葉縁から突出したような小芒状の細歯状縁を示す葉も特徴的でクリ属・カシ属の一部・アワブキ属・ハイノキ属 (*Symplocos*)・モチノキ属 (*Ilex*) の一部・ヒラギナンテン属 (*Mahonia*) などの化石葉に著しい．

側脈をつなぐ三次脈の連状 (percurrent) の発達状況，網状細脈の状態などは，属や種によってしばしば異なるので，それらの識別には特に有効である．たとえば，カエデ属の種の識別は葉化石の形状のみではむずかしいが，網状脈やその中の脈端 (ultimate veinlets) の特徴によって種の識別や現生種との関係も十分に検討されている（図 38）．

側脈の数は種によって一定のある範囲の値を示すので，同一属の中での種の識別に有効なことが多く，特にクマシデ属やブナ属などの場合に用いられる．たとえば図 39 に，日本の新第三紀ブナ属の葉化石と北半球の現生種の葉について，それぞれ 100 個の標本における側脈数の頻度分布を示した．このようにブナ属の化石葉は，側脈の数が種によってある範囲内で変化し先に述べた葉形の変異の場合と同様に種の識別や現生種との関係の考察に有効であることがわかる．

6) 葉　柄：　葉柄の強弱・長短は識別の一指準となることもあるが，葉柄が化石の場合に必ずしも完全に残されるとは限らないので，枝からの脱落部を確認して，その長短をきめねばならない．一般にクルミ科のような羽状複葉型の小葉は頂生小葉を除いて葉柄が短いか，またはほとんど欠いていることが多い．羽状脈の葉の葉柄は主脈にそのまま連なることがふつうであるが，マメ科の小葉のように葉柄が肥厚し細毛でおおわれるものなども，化石でもよく認められる（図 40 の 1）．

掌状脈の葉の場合には，クス属やシナノキ属のように葉柄の太さが中央主脈にそのまま連なるものと，カエデ属やウリノキ属などのように数本の掌状主脈が合着して太い葉柄に連なるものとがある．掌状脈の葉の識別には特にこの点に注目すべきであろう．

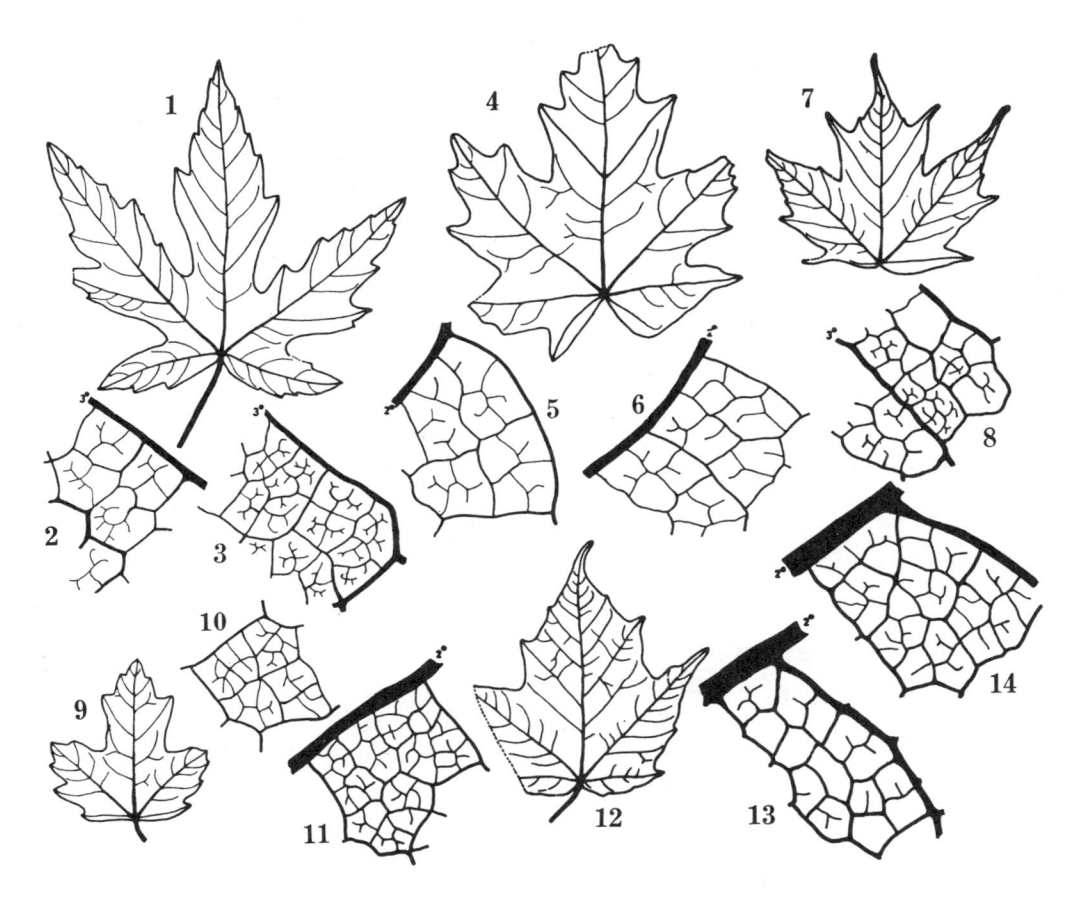

図 38 5裂片葉を持つカエデ属の化石種と現生種との細脈による比較（棚井，1978）
1: *Acer oregonianum* Knowlton. Trout Creek, Oregon. 中新世中期，×1/6 (GRAHAM, 1965). 2: 同上の細脈，×10. 3: *Acer macrophyllum* Pursh. 1および7に近似な現生種（北アメリカ西部）の細脈，×10. 4: *Acer ezoanum* OISHI et HUZIOKA. Seldovia Point, Alaska. 中新世中期，×1/3 (WOLFE and TANAI, 1978). 5: 同上の細脈，×10. 6: *Acer miyabei* Maxim. 4に近似な現生種（日本）の細脈，×10. 7: *Acer honshuensis* TANAI et OZAKI. 鳥取県辰巳峠，中新世後期，×1/3 (TANAI and OZAKI, 1977). 8: 同上の細脈，×10. 9: *Acer bolanderi* Lesq. Table Mountain, California. 鮮新世，×1/3 (CONDIT, 1944). 10: 同上の細脈，×10. 11: *Acer granaidentatum* Nutt. 9に近似な現生種（北アメリカ東部）の細脈，×10. 12: *Acer palaeodiabolicum* Endo. 北海道ルベシベ町，鮮新世前期，×1/2（棚井・鈴木，1967）. 13: 同上の細脈，×10. 14: *Acer diabolicum* Blume. 12に近似な現生種（日本）の細脈，×10.

また，サクラ属（*Prunus*）・シラキ属（*Sapium*）などのように葉柄上部に分泌腺を持つものは特徴的であるが，化石葉の場合にはこれが必ず保存されるとは限らない．このほか，葉柄がねじれているものなどは識別の上の特徴にな

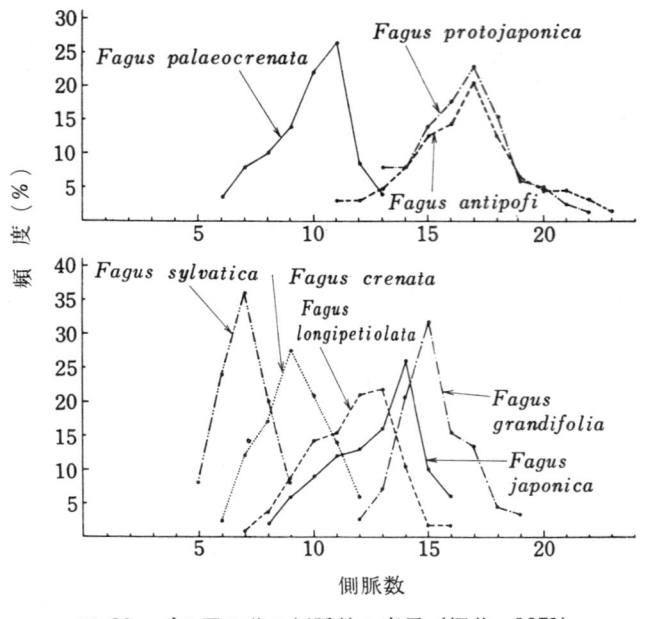

図 39 ブナ属の葉の側脈数の変異（棚井，1971）
上段は化石種，下段は現生種．

るが，特に針葉樹のモミ属（*Abies*）・ユサン属（*Keteleeria*）などに著しい（図 40 の 2）．

以上の諸特徴のほかに，葉が厚くて革質であるかまた薄くて膜質であるかということに注意すべきである．一般に前者は常緑樹に多く，後者は落葉樹に多い．化石葉が炭化して残っている場合には葉質は区別しやすいが，印象の場合には特に注意して検討する必要がある．また，葉の裏面につく小腺点（図 37 の 2）や細毛の存否など，印象標本でも保存がよければその特徴は見分けられる．

要するに，なるべく完全な化石標本に基づいて，上述の多くの特徴について検討することが望ましい．しかし，完全な標本をたとえ得られなくても，多くの断片的な標本をあつめて各特徴が復元して得られるよう心がける．さらに，たとえ同一種に属すると考えられる化石でも野外ではできるだけ多く採集し，葉形の変異の範囲をとらえるようにすべきである．保存不良の不完全な標本やわずかな標本に基づいて葉化石を鑑定することは，ほかの化石の場合でも同様であるが，しばしばあやまった同定や種の濫発に陥りやすい危険がある．

b. 果実などの化石による鑑定　種子（seed）・堅果（nut）・球果（cone）などの果実化石は，葉化石とともにしばしば発見されるが，ことに鮮新世から第四紀の地層には葉化石の保存がわるく，むしろ種子またはその付属物などの生殖器官の炭化した化石が多く見られる．生殖器官の化石の鑑定には葉化石の場合と同様に，現在の植物のそれらの特徴をよくとらえておくことが必要であ

§ 2. 植 物 化 石

るのはいうまでもない．こと
に果肉を伴う種子や核果など
では，化石の場合には果肉は
残っていないので，果肉を除
去した状態の特徴を観察して
おくことが望ましい．

鮮新世や第四紀の果実など
の化石については，三木 茂
(1953) または KIRCHHEIMER
(1957) らの著書にくわしく述
べられている．ここでは主と
して葉化石とともにふつうに
発見されるものについて，実
例をあげて鑑定上の注意を述
べることにしよう．

1) 翼果の化石： 翼を

図 40 著しい特徴を持った葉柄の例
1：*Cladrastis chaneyi* TANAI and N. SUZUKI,
北海道遠軽町社名淵，中新世後期，×1（棚井・鈴
木，1965），葉柄の肥大に注意．2：*Keteleeria ezoana* TANAI，北海道福島町吉岡，中新世中期，
×1（棚井・鈴木，1963），葉柄のねじれに注意．

持った種子の化石は特徴ある形態を示すものが多いので属の同定は容易である
し，種の同定にも同効なこともある．葉化石とともにしばしば発見されるもの
は，サワグルミ属（*Pterocarya*）・フジバシテ属（*Engelhardtia*）・ハンノキ属
（*Alnus*）・カンバ属（*Betula*）・ニレ属（*Ulmus*）・カツラ属（*Cercidiphyllum*）・
ユリノキ属（*Liriodendron*）・トチュウ属（*Eucommia*）・シンジュノキ属（*Ailanthus*）・チャンチン属（*Cedrela*）・カエデ属（*Acer*）・トネリコ属（*Fraxinus*）
や，針葉樹のマツ科の多くの属がある．特にカエデ属やサワグルミ属の翼果は，
翼の形や翼角の大きさなどで種の識別まで可能である．

翼果化石の中で最もふつうに見られるカエデ属は，葉化石で識別しにくい単
葉型や複葉型の種でも，翼果によって容易にその存在が確認できる．カエデ属
は二つの翼果が並んでつき，その角度（翼角）は種によってある変異幅を持って
一定している．化石としてはバラバラに離れて産するが，もとの接着線は明ら

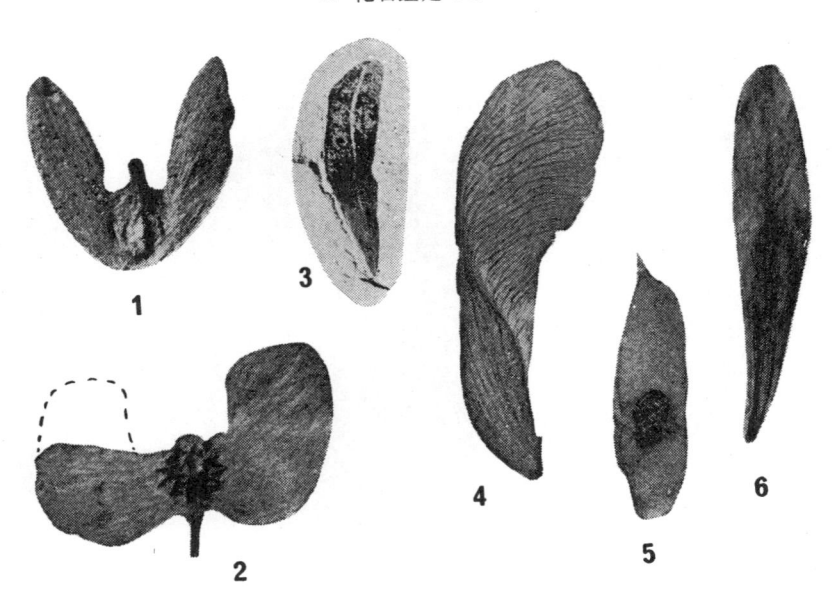

図 41 翼果化石の二・三の例

1：*Pterocarya protostenoptera* TANAI，北海道遠軽町社名淵，中新世後期，×1（棚井・鈴木，1965）． 2：*Pterocarya asymmetrosa* KONNO，社名淵，×1（棚井・鈴木，1965）． 3：*Cedrela nipponica* TANAI and N. SUZUKI，北海道福島町吉岡，中新世中期，×1（棚井・鈴木，1963） 4：*Acer yabei* ENDO，北海道ルベシベ町大富，鮮新世初期，×1（棚井・鈴木，1965）． 5：*Ailanthus yezoense* OISHI and HUZIOKA，社名淵，×1（棚井・鈴木，1965）． 6：*Fraxinus k-yamadai* TANAI and N. SUZUKI，ルベシベ町大富，×1（棚井・鈴木，1965）．

かにわかるので，翼角は測定できる（図 42）．翼角・翼の形状・脈の流れ具合・種子の形などによって，カエデ属の翼果化石は種の識別や現生種との類縁関係まで鑑定できる．たとえば，クロビイタヤの系統の化石（*Acer ezoanum*）は翼角が 180° 以上に開き，種子は円形で大きい．カジカエデの系統の化石（*Acer palaeodiabolicum*）は種子は円形であるが，翼角は鋭角で 2 翼がほぼ平行する．ネグンドカエデの系統の化石（*Acer miohenryi*）は，種子が長楕円形で翼は狭長で翼角は鋭角である．このようにカエデ属の翼果化石は種の識別も比較的容易であるし，また葉化石とともに第三系に多産するので，それぞれの化石種と現生種との関係もよく調べられているが，図 43 はその一例である．

　サワグルミ属は葉化石ではクルミ科のほかの属と識別がむずかしいことがあるが，翼果は 2 翼を持った種子（堅果）が中央につき容易に区別される（図 41

§ 2. 植 物 化 石

の1, 2). 翼の形や種子の形状と表面模様などで種の同定もできる. しかし円形翼を持った種 (*Pterocarya ezoana*) もあって, これを新しい属 (*Cyclocarya*) とする学者もいる. サワグルミ属の翼果は翼が腐朽して中央の堅果のみが化石として産することがあり, この場合には形・表面模様・内部構造などで識別する.

針葉樹のマツ科の翼果はしばしば化石として発見されるが, 種子の形状・翼の形と大きさなどによって属や種の識別ができる. 第三紀に多く見られる属の特徴はつぎのとおりである (図 44).

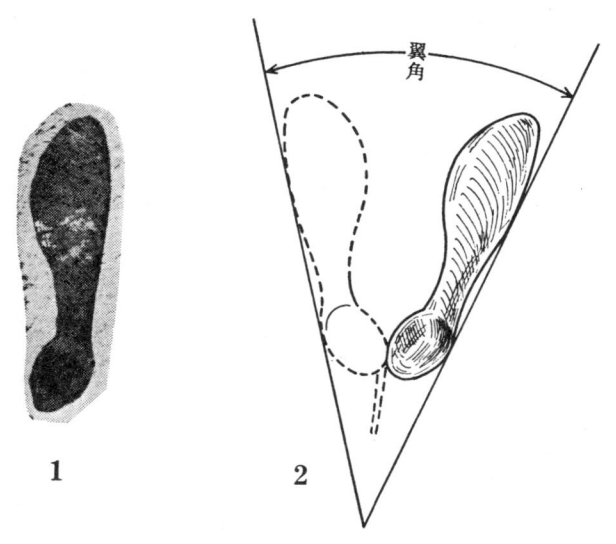

図 42　カエデ属の翼果の翼角
Acer yoshiokaense TANAI and N. SUZUKI, 北海道福島町吉岡, 中新世中期, ×0.9 (棚井・鈴木, 1960).

モミ属 *Abies*　翼は斧形〜広い楔形, 種子は楔形で翼の片側で包まれる.

ユサン属 *Keteleeria*　翼は長三角形, 種子は卵円形で大きく, 翼の片側で包まれる.

トウヒ属 *Picea*　翼は倒卵形ないし長楕円形, 種子は倒卵形で, 翼の両側で包まれる.

マツ属 *Pinus*　翼は刀状, 種子は倒卵形で翼の両側で包まれる. 種によっては翼を欠くか, または極めて短いものがある.

イヌカラマツ属 *Pseudolarix*　翼は楔形で先端はとがり, 種子は円形で翼の片側で包まれる.

ツガ属 *Tsuga*　翼果は小さい. 翼は楕円形ないし三角形, 種子は楕円形ないし三角形.

トガサワラ属 *Pseudotsuga*　翼は不等辺三角形, 種子は三角形で翼に比して

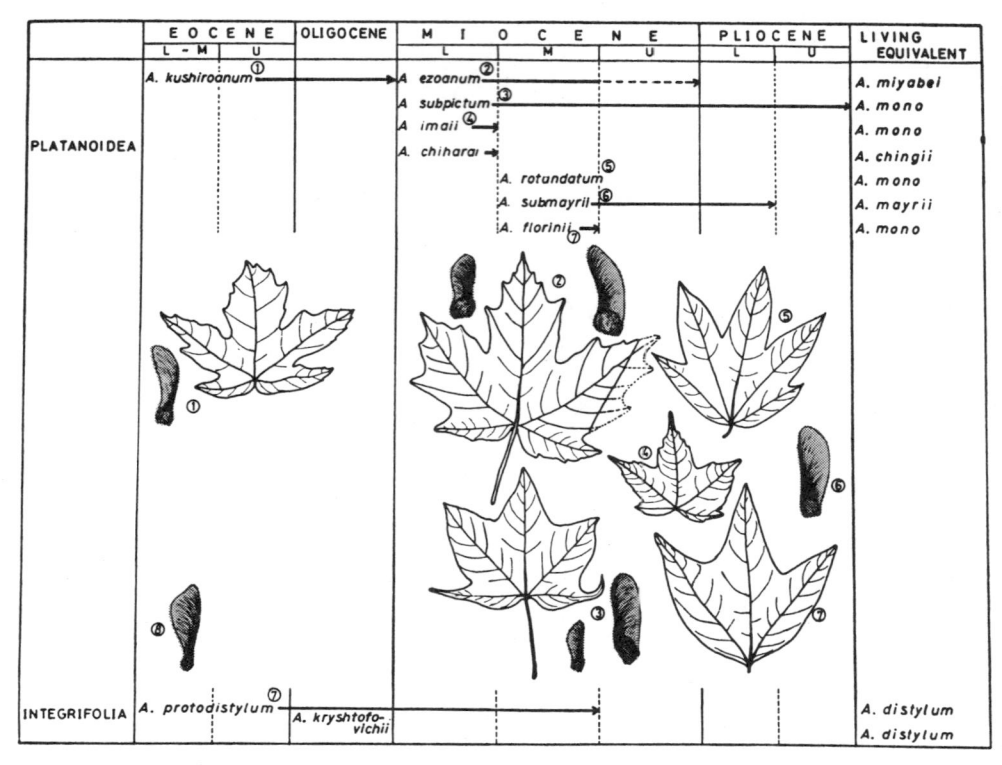

図 43 日本産カエデ属化石の分類と系統についての研究例（棚井，1971）

大きい．

このほかにスギ科・ヒノキ科に属する種子も2翼を持った翼果であるが，いずれも極めて小さいので化石としてはまれにしか発見されていない．一方，ナンヨウスギ科の種子も一般に翼果であり，特にナンヨウスギ属（*Araucaria*）の翼果は特有な形と大きいことで識別しやすい．

2) 球果の化石： 木化した鱗片葉が集まった果実である球果は，針葉樹類に最も特徴的である．化石としてはスギ科・マツ科の球果や，それから脱落した種鱗(cone scale)などがしばしば発見される．特に，セコイア属・アケボノスギ属・タイワンスギ属（*Taiwania*）・マツ属・トウヒ属・ツガ属・トガサワラ属・ユサン属などの球果化石が，日本の新第三系や第四系に広く知られ，大きさ・形状・種鱗の特徴とその配列などによって，属の識別は容易にできる．たとえば，アケボノスギ属とセコイア属との球果は一見似ているが種鱗の配列

§2. 植物化石

が前者では十字対生，後者では螺旋状である（図 26）．

モミ属・ユサン属・イヌカラマツ属などの球果は成熟すると種鱗が中軸から脱落しやすいので，むしろ化石としては，種鱗として発見されることが多い．しかし，それぞれ特有な形を示しており，円形のユサン属，扇形のモミ属，スペード形のイヌカラマツ属など容易に識別される．トウヒ属の球果の種鱗は脱落しがたいが，まれに発見され，その種鱗は円形ないし倒卵形を示す（図 44）．

被子植物の球状の果穂化石もしばしば発見されるが，特に，ハンノキ属・スズカケノキ属などはふつうに見られ

図 44 針葉樹の球果種鱗と翼果化石
　a）は種鱗，b）は翼果

1 : *Keteleeria ezoana* TANAI, a，b）北海道福島町吉岡，中新世中期，×1（棚井，1961）． 2 : *Pseudolarix japonica* TANAI, a）岐阜県瑞浪市日吉，中新世初期，×1, b）北海道福島町吉岡，中新世中期，×1（棚井，1961）． 3 a : *Picea miocenica* TANAI, 岐阜県瑞浪市日吉，×1（棚井，1961）． 3 b : *Picea kaneharai* TANAI and ONOE, 北海道北檜山町若松，中新世中期，×1（棚井・鈴木，1963）． 4 a : *Abies garoensis* TANAI and N. SUZUKI, 北海道北檜山町賀老，中新世初期，×1（棚井・鈴木，1961）． 4 b : *Abies n-suzukii* TANAI, 北海道福島町吉岡，×1（棚井，1961）． 5 : *Tsuga miocenica* TANAI, 北海道福島町吉野沢，×1　b）福島町吉岡，×1（棚井，1961）．

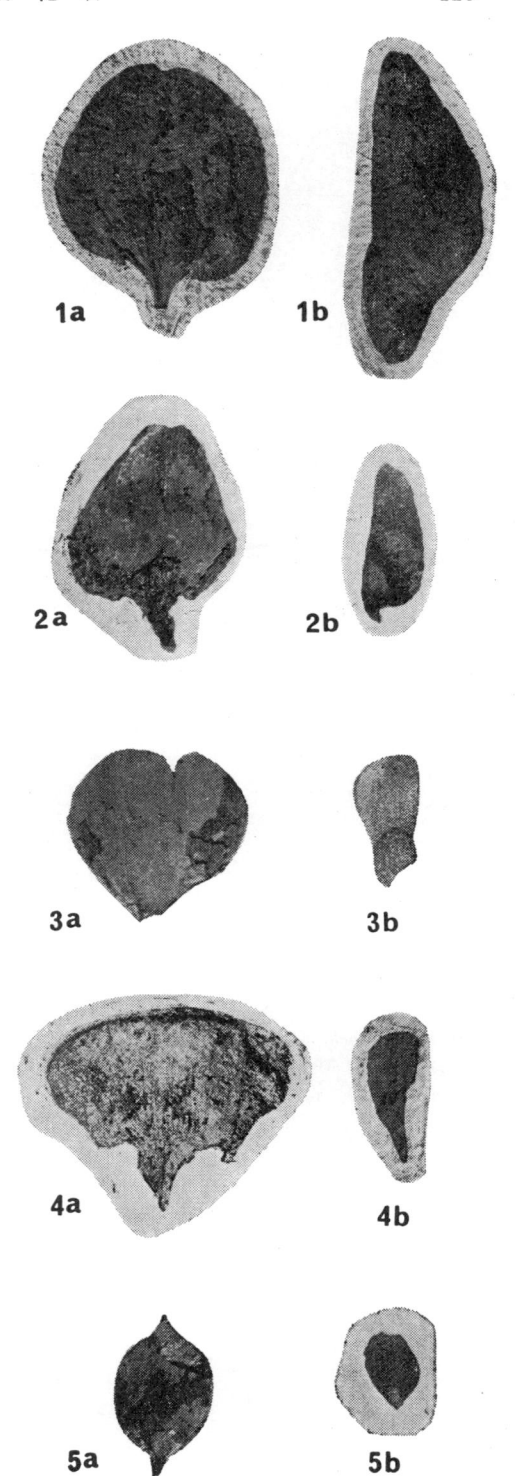

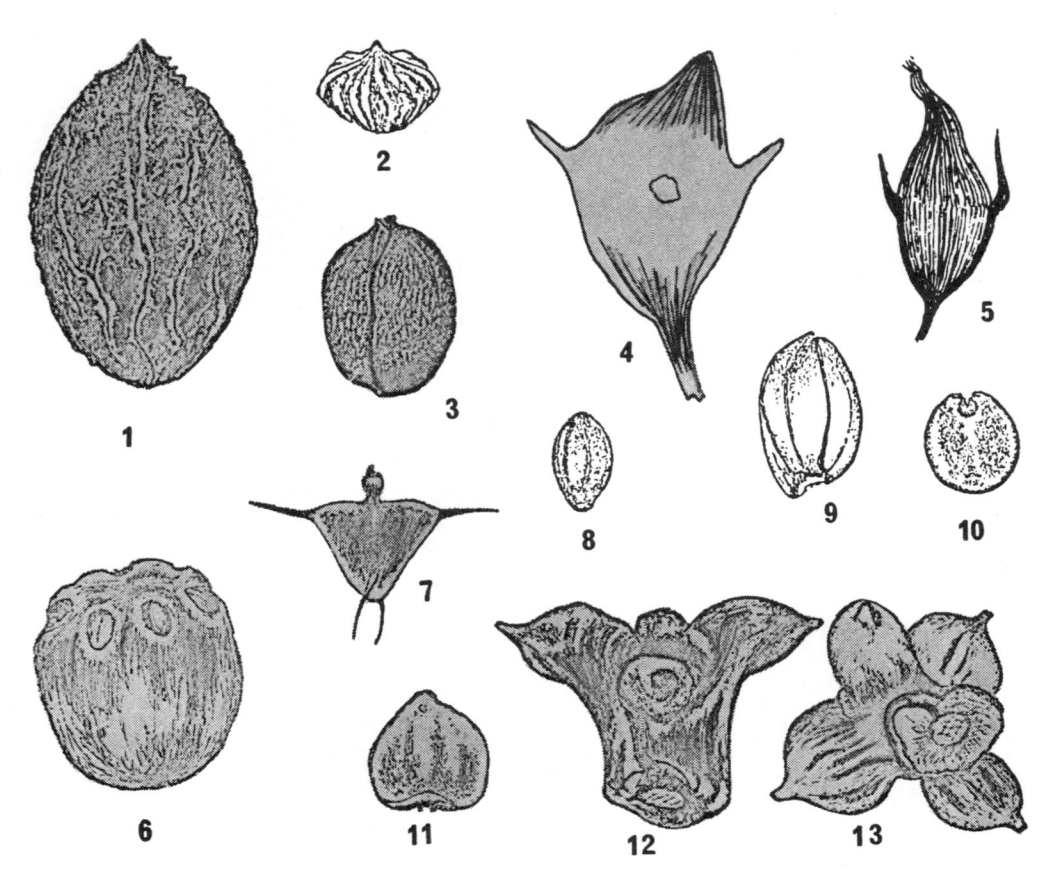

図 45 核果と堅果化石の例

1: *Juglans megacinerea* MIKI, 愛知県瀬戸市印所, 鮮新世, ×1 (三木, 1941). 2: *Pterocarya rhoifolia* SIEB. and ZUCC., 徳島県麻植郡鴨島町, 鮮新世, ×2 (三木, 1941). 3: *Carya cathayensis* SARG., 瀬戸市印所, 鮮新世, ×1 (三木, 1941). 4: *Hemitrapa yokoyamae* (NATHORST) MIKI, 石川県小松市尾小屋町, 中新世中期, ×1 (NATHORST, 1888). 5: *Hemitrapa borealis* (HEER) MIKI, 福島県いわき市四倉町紫竹, 中新世初期, ×1 (棚井・尾上, 1959). 6: *Spondias axillaris* ROXB. var. *polymeris* MIKI, 岐阜県土岐市土岐津町, 鮮新世, ×1 (三木, 1941). 7: *Trapa incisa* SIEB. and ZUCC., 横浜市戸塚区下倉田, 洪積世, ×1 (三木, 1938). 8: *Styrax japonicum* SIEB. and ZUCC., 兵庫県明石市谷八木海岸, 鮮新世後期, ×2 (三木, 1937). 9: *Styrax obassia* SIEB. and ZUCC., 明石市中八木海岸, 鮮新世後期, ×2 (三木, 1937). 10: *Euryale ferox* SALISB., 横浜市戸塚区下倉田, 洪積世, ×1 (三木, 1938). 11: *Magnolia kobus* DC., 明石市中八木海岸, 鮮新世後期, ×1 (三木, 1937). 12, 13: *Trapa macropoda* MIKI, 横浜市戸塚区下倉田, 洪積世, ×1 (三木, 1938).

る. フウ属 (*Liquidambar*) の球状の果実化石も第三系からよく発見されるが, これはさく果の集合果で球果ではない.

§2. 植物化石

3) 堅果やその他の種子化石： 外果皮の堅い堅果（nut）や内果皮が堅くなった核果（drupe）は，いずれも堅い果皮のため化石として残りやすい．前者にはクリ属・カシ属・ヒシ属（*Trapa*）・アスナロビシ属（*Hemitrapa*）など，後者にはクルミ属（*Juglans*）・カリア属（*Carya*）・エゴノキ属（*Styrax*）・サクラ属（*Prunus*）・ブドウ属（*Vitis*）などをはじめ多数の属の化石が知られている．これらは形・表面模様やそのほかの特徴によって，属の同定はもちろん種の識別も可能である．たとえば，新第三系中から下部によく発見されるアスナロビシ属の果実は，がく（萼）の変形した付属物が細長い触手状でヒシ属のように太い角にならず，また形や果実先端部などの特徴でヒシ属と区別される（図 45 の 4, 5, 7, 12, 13）．アスナロビシ属の果実はさらに，形状・刺針の数や長さなどによって数種に分けられる．

鮮新統上部から知られるバタグルミの近似種（*Juglans megacinerea*）の核果は表面の深い縦走模様や大きさなどによって，第四紀のオニグルミとは明らかに区別される．

果皮が乾燥すると軸に沿って裂開して種子を散布させる果実をさく果（蒴果，capsule）という．化石としては，円形の翼を持ったモクゲンジ属（*Koelreuteria*）・プテレア属（*Ptelea*）など，また木質の堅い果皮を持ったトベラ属（*Pittosporum*）・ナツツバキ属（*Stewartia*）などがしばしば発見される．また，マメ科のさや（莢）も堅いので化石としてよく残されるが，これによって属の識別をすることはむしろむずかしいことが多い．

4) 苞葉の化石： 葉が変化して芽を包んでいるものを苞葉（bract）というが，植物によっていろいろの形態をとっている．特に花の付属物として発達したものは，種子の形成後にそれらを包んで保護したり，翼状となって種子の散布に役立つ機能を持ったりする．化石として最もふつうに見られるものには，シナノキ属（*Tilia*）・クマシデ属（*Carpinus*）・アサダ属（*Ostrya*）などの苞がある．特にクマシデ属の苞化石は葉化石よりも，種の識別が極めて容易である．

クマシデ属では，長さ 1～2 cm の卵形ないし長三角形の小苞が密生している果穂状を呈するが，化石としては，一般にはバラバラに脱落した小苞が発見

される．一つの小苞の基部に一堅果をつけるが，化石の場合にはとれて別に発見されることが多い．苞の形・辺縁の切れこみ・脈の射出状態などは，種によってはほぼ一定の特徴があるので，クマシデ属の種の鑑定には最も有効である．図 46 には日本産の第三紀クマシデ属の苞化石と産出時代，および現生種との関係などを示した．

上述の苞とは形態的にまったく異なるが，ブナ科の果実の基部に発達するかくと（殻斗）は，苞葉の集合，融合したものである．第三紀の化石としては，カシ属・ブナ属などのかくとがよく発見される．

これまで述べてきたように植物化石の鑑定には，化石として保存された断片的な植物体の各種の部分が用いられる．もちろん属の同定には果実による場合の方が，葉化石による場合よりも一般に確実であることが多い．しかし，葉化石でも特徴のとらえやすいものは，果実化石よりも属や種の同定が有効である場合も少なくない．要するに，野外では両者の化石をできるだけ採集するよう

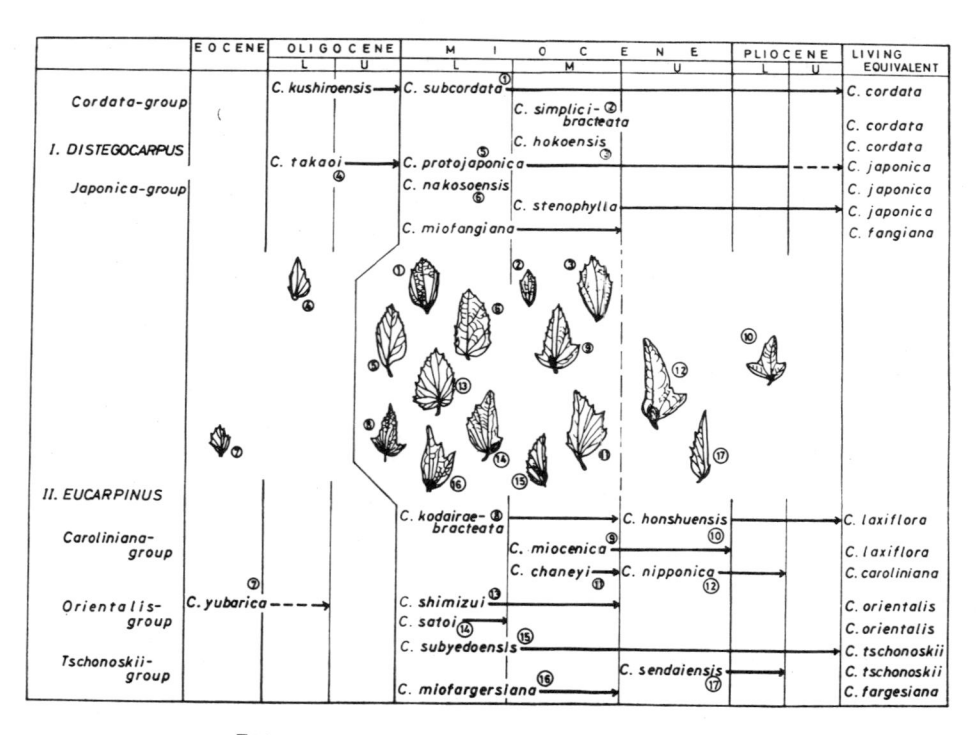

図 46　クマシデ属の小苞化石種の分類（棚井，1971）

§2. 植物化石

に努め室内の検討で相互に属や種の存在を確認することが最も望ましい．植物化石としてはこのほかに材や花粉などもあるが，それらの鑑定方法はかなり異なる．近年では葉化石をマセレーション（maceration，浸液法）によって処理し，表皮細胞や気孔を検討して属の同定を確実にする方法が盛んに行われている．しかし，この場合には炭化した化石葉片を必要とし，すべての場合に可能とは限らないし，また属の同定にも表皮細胞の検討は万能ではない．

〔棚井敏雅〕

参考文献
（1） 化石植物
DILCHER, D. I. (1974): Approaches to the identification of Angiosperm leaf remains. Bot. Rev. v. 40, 1~157 pp.
遠藤誠道 (1955)：日本産化石植物図譜，産業図書．
藤岡一男（編）(1978)：新版古生物学 IV，朝倉書店．
大石三郎 (1950)：東亜古植物分類図説，始生社．
三木 茂 (1953)：メタセコイア——生ける化石植物，鉱物趣味の会．
KIRCHHEIMER, F. (1957): Die Laubgewachse der Braunkohlenzeit. Wilhelm Knapp Verlag.
（2） 現生植物
岩田利治 (1965)：図説樹木学—常緑広葉樹編—，朝倉書店．
林　彌栄 (1960)：日本産針葉樹の分類と分布，農林出版．
HOUGH, R. B. (1950): Handbook of the Trees of the Northern States and Canada, Macmillan Co.
LI, HUI-LIN (1963): Woody flora of Taiwan. Livingston Co.
牧野富太郎 (1961)：新日本植物図鑑，北隆館．
矢頭献一 (1964)：図説樹木学—針葉樹編—，朝倉書店．
矢頭献一・岩田利治 (1966)：図説樹木学—落葉広葉樹編—，朝倉書店．

（2） 中・古生代の植物

デボン紀後期の植物は日本最古の陸上植物で岩手県東山町と高知県の横倉山より報告されている．二畳紀の植物は岩手県世田米，福島県高倉山などの断片的な報告を除くと，まとまって産出するのは宮城県の米谷しかない．しかし，古生代のこれらの植物化石の産地はいずれも戦後発見されたものであるから，

128　　　　　　　　　　　3. 化石鑑定のこつ

§2. 植物化石

今後これら以外にも発見される可能性は十分あると思われる．

中生代になると三畳紀後期から白亜紀後期まで産出地は多い．上部白亜系の茨城県大洗町の大洗植物群，石川県白峰村の大道谷植物群，福井県上池田村の足羽植物群などはいずれも戦後新しく発見されたもので，中生代にも今後新産地発見の可能性は強い．

発見される植物化石の大部分は葉で，繁殖器官は少ない．ここでは葉についての鑑定の手びきを述べることにする．植物はその形態的な特徴からつぎの系統的に異なる三つのグループに分けられる．

①小葉植物： 葉は小型で鱗状・針状・線状がふつうで，1本の中脈を持ち柄はない（例： 現生ではマツ・スギ・ヒノキなどの球果類）．時として平行多数脈を持つ広葉状をなすことがある（例： 古生代の *Cordaites*，中生代の *Podozamites* など）．

②有節植物： 茎・枝に関節のある植物で，葉は小型で関節に輪生し柄はない（例： 現生ではトクサ類など）．時として葉が癒合して平行多数脈を持つ葉をつくる（例： 古生代の *Schizoneura*，現生の竹類など）．

③大葉植物： 葉は大型で分枝する多数の脈を持ち，明確な柄がある（例：現生ではシダ類・双子葉類・単子葉類など）．

この3系列の植物はデボン紀ではっきりと区別され，その後時代が進むにつれて形態的には大きく変化したが，小葉・大葉・有節の特徴は失われることなく現在まで引きつづいていると考えられる．つぎにこの3系列の植物について各系列ごとにどんな植物が日本にかつて存在したかをみてみよう．

a. 小葉植物

1）古生代中期（デボン紀後期）：

レプトフロエム ロンビクム *Leptophloeum rhombicum* DAWSON（図47の1：

図 47 小葉植物

1: *Leptophloeum rhombicum* DAWSON（高知県，横倉山，デボン紀後期）．2: *Cordaites palmaeformis* (GOEPP.)（宮城県米谷，二畳紀前期）3: *Storgaardia spectabilis* HARRIS（岡山県川上郡成羽町，三畳紀後期）4: *Podozamites lanceolatus* (LINDLEY et HUTTON)（山口県美禰市大嶺町桃ノ木，三畳紀後期）5: *Podozamites reinii* GEYLER（石川県石川郡白峰村桑島，白亜紀初期）．

古生鱗木類，高知県高岡郡越知町，越知層） 石炭紀に栄えた鱗木の祖先系の植物で茎の化石しか知られていない．茎の表面には鱗木と同じように葉のおちた跡の横長菱形の葉枕が螺旋状に配列し，葉痕は葉枕の中央かそれより上部に位置する．産地としてはこのほかに岩手県東磐井郡東山町鳶ケ森層群（デボン紀後期）．

サイクロスチグマ *Cyclostigma* sp.（図 48の1：鱗木類，岩手県東磐井郡東山町） 葉痕が規則的に螺旋状か輪状に配列する．

2) 古生代後期（二畳紀）： 石炭紀から二畳紀にかけ中国・朝鮮では鱗木（リンボク）（*Lepidodendron*）や封印木（フウインボク）（*Sigillaria*）などの巨木が繁栄をきわめたが，日本からはまだ発見されていない．

コルダイテス パルメフォルミス *Cordaites palmaeformis* (GOEPPERT)（図47の2： コルダ木類，宮城県登米郡東和町米谷，二畳紀前期） 小葉植物の葉は通常は小型の針状か鱗状で1本の脈を有しているにすぎないが，時として大型になり多数脈を持つことがある．コルダイテスはその特殊な場合で，大きなものは 1m に達するものがある．通常 20～30 cm くらいで多数の平行脈を持ち，脈間になお細脈を持つことがある．幅 3～5 cm くらいで鋭尖頭に終る．*Cordaites principalis* は鈍頭に終るので区別できる．

コルダイテス ヤポニクス *Cordaites japonicus* ASAMA（図48の2： コルダ木類，米谷） アンガラ植物群（北半球）・ゴンドワナ植物群（南半球）でネゲラシオプシス *Noeggerathiopsis* とよばれているものは，欧米植物群（赤道帯）・カタイシア植物群（赤道帯・東亜）で *Cordaites* とされているものと同じものと思われるが，一般により小型である．*Cordaites japonicus* は，その *Noeggerathiopsis* に非常によく類似している．長さは 10 cm くらいで，幅は 3 cm くらい．

3) 中生代：

ストルガージア スペクタビリス *Storgaardia spectabilis* HARRIS（図47の3： 針葉樹類，岡山県成羽，三畳紀後期） 6～8 cmの葉が対生につく．中脈は著しい．

§2. 植 物 化 石

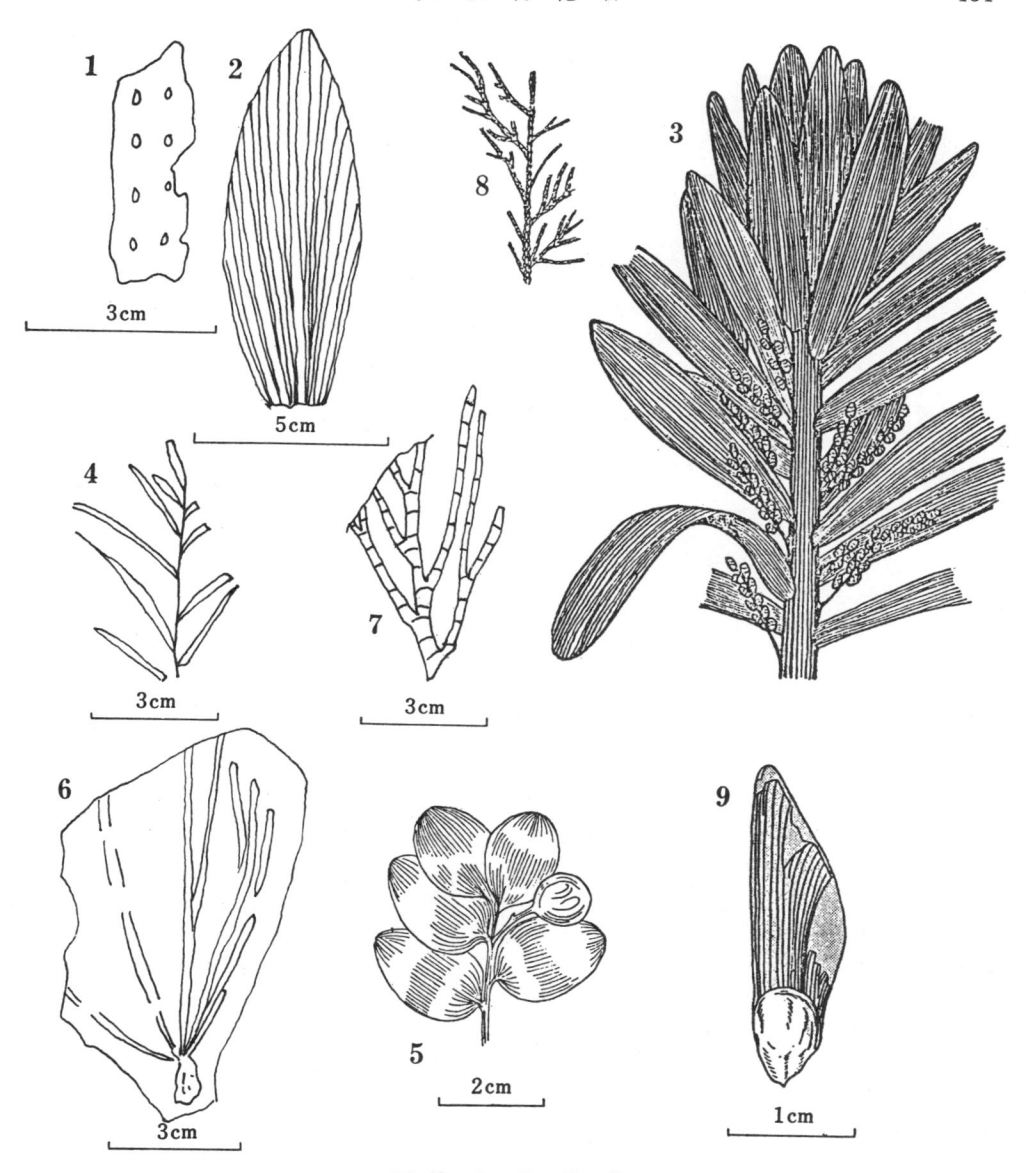

図 48 小 葉 植 物

1: *Cyclostigma* sp.（岩手県東山町，デボン紀後期）．2: *Cordaites japonicus* ASAMA（宮城県米谷，二畳紀前期）．3: *Cordaites* の復原図．4: *Podozamites schenki* HEER（岡山県成羽，三畳紀後期）．5: *Nageia reinii* (GEYLER) MATSUO（石川県石川郡目付谷，白亜紀初期）．6: *Pityophyllum longifolium* (NATH.)（岡山県成羽，三畳紀後期）．7: *Frenelopsis hoheneggeri* (ETT.)（宮城県気仙沼市大島，ジュラ紀）．8: *Brachyphyllum japonicum* (YOKOYAMA)（高知県新改村，白亜紀前期）．9: *Pinus mesothunbergii* MATSUO（石川県白峰村大道谷，白亜紀後期）．（1 は TACHIBANA, 1950; 3 は GRAND' EURY, 1877; 4 は HEER, 1876; 5 は松尾, 1978; 6, 7 は SEWARD, 1919; 8 は，YOKOYAMA, 1894; 9 は MATSUO, 1970 による）

ポドザミテス シェンキー *Podozamites schenki* HEER（図 48 の 4：針葉樹類，岡山県川上郡成羽，三畳紀後期）　小型で葉は 5 cm くらい．幅は 3 mm くらいで，基部より頂部に徐々に細くなり鋭尖頭に終る．

ポドザミテス ランセオラタス *Podozamites lanceolatus* (LINDLEY et HUTTON)（図 47 の 4：針葉樹類，各地の中生層にふつう）　葉は披針形で鈍頭か鋭尖頭．基部から 1/3 くらいの部分が最も幅広く，多数の平行脈を持つ．

ポドザミテス レイニー *Podozamites reinii* GEYLER（図 47 の 5，図 48 の 5：針葉樹類，石川県石川郡白峰村桑島，白亜紀初期）　葉は倒卵形で鈍頭，脈は多数，種子のついた葉化石が発見され *Nageia*（図 48 の 5）とされた．

ピチオフィルム ロンギフォリウム *Pityophyllum longifolium* (NATH.)（図 48 の 6：針葉樹類，岡山県川上郡成羽，三畳紀後期）　葉は線状で，長さ 10 cm，幅 2〜4 mm くらい．葉の中央に著しい中脈がある．

フレネロプシス ホヘネゲリー *Frenelopsis hoheneggeri* (ETT.)（図 48 の 7：針葉樹類，宮城県気仙沼市大島，ジュラ紀）　樹枝状をなし分岐し節を持つ．節間 5 mm くらい．各節には 3〜4 枚の小型の葉を輪生する．

ブラキフィルム ヤポニクム *Brachyphyllum japonicum* YOKOYAMA（図 48 の 8：針葉樹類，高知県長岡郡新改村，白亜紀前期）　枝条は細く紐状，幅 1 mm くらい．鱗状の葉が螺旋状に密着．

ピヌス メソツンベルギー *Pinus mesothunbergii* MATSUO（図 48 の 9：針葉樹類，石川県石川郡白峰村大道谷，白亜紀後期）　翼を持つ種子，クロマツの種子に類似．

b. 有節植物

1) 古生代（二畳紀）：

　　単脈多数の葉が関節に輪生……Calamitales（ロボク類）

　　多数脈 6 枚の葉が関節に輪生……Sphenophyllales（楔葉類）

日本のデボン紀からはこれに属する植物はまだ発見されていない．石炭紀・二畳紀における有節植物の代表的なものは，ロボク類で巨木をなし世界各地の

炭田をつくり，中国・朝鮮からも多数報告されている．日本では，宮城県桃生郡雄勝の採石場より *Paracalamites takahashii* ENDO が二畳紀のもとして報告されている．

古生代の有節植物としては，ロボク類 (Calamitales)，楔葉類 (Sphenophyllales) がふつうであるが，日本では前者は確実なものはなく，後者は米谷の二畳紀にふつうである．

$$\text{楔葉類の分類}\begin{cases} 6枚の葉は非3対生\begin{cases}脈は直走……\textit{Sphenophyllum}\\ 脈は湾曲……\textit{Parasphenophyllum}\end{cases}\\ 6枚の葉は3対生\begin{cases}脈は直走……\textit{Trizygia}\\ 脈は湾曲……\textit{Paratrizygia}\end{cases}\end{cases}$$

トリジジア オブロンギフォリア *Trizygia oblongifolia* (GERM. et KAULF.)（図 49 の 2, 3：楔葉類，宮城県登米郡東和町米谷古館，二畳紀前期） 葉は 3 対生で下部の 1 対は最も短く下方に向う．脈は基部で分枝し，放射状，直線的．

パラトリジジア マイヤエンシス *Paratrizygia maiyaensis* ASAMA （図 49 の 5：楔葉類，宮城県米谷古館，二畳紀前期） 葉は 3 対生で大型．中央の脈は直線的に先端に走るが，側脈は外側に湾曲する．

パラスフェノフィルム トーニー マイナー *Parasphenophyllum thonii* var. *minor* (STELZEL) （図 49 の 4：楔葉類，宮城県米谷古館，二畳紀前期） 関節に輪生する 6 個の葉は等大で 3 対生を示さない．側脈は外方に湾曲する．

2) 中生代：

$$\text{有節類の分類}\begin{cases}関節に輪生する葉は線状……\textit{Neocalamites}\\ 関節に輪生する葉は微小で葉鞘をつくる……\textit{Equisetites}\end{cases}$$

中生代になると楔葉類はまったく姿を消し，ロボク類も大部分姿を消し，わずかに残されたものは *Neocalamites* だけとなり，古生代後期に徐々に長くなりつつあった葉は一層長くなる．ロボク類に代って葉の著しく退化したトクサ類の全盛時代となる．

3. 化石鑑定のこつ

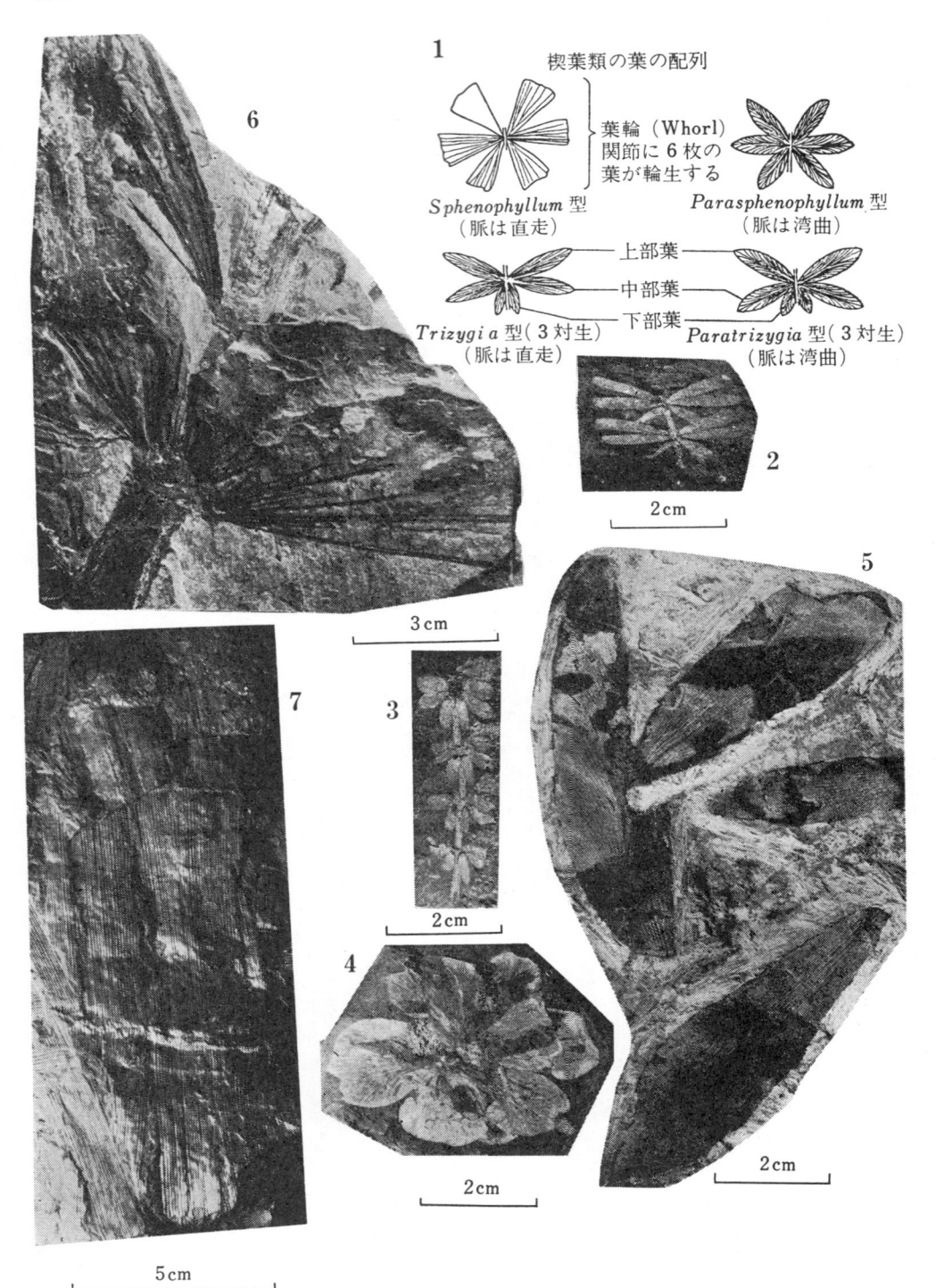

1

楔葉類の葉の配列

葉輪（Whorl）
関節に6枚の
葉が輪生する

Sphenophyllum 型
（脈は直走）

Parasphenophyllum 型
（脈は湾曲）

上部葉
中部葉
下部葉

Trizygia 型（3対生）
（脈は直走）

Paratrizygia 型（3対生）
（脈は湾曲）

§2. 植物化石

ネオカラミテス キャレレイ *Neocalamites carrerei* (ZEILLER) (図 49 の 6, 7: ロボク類, 山口県美祢市大嶺, 三畳紀後期) 等長で, 線状の長い葉が関節に輪生する. 節間は比較的短い. 節間の長いものは *Neocalamites hoerensis*.

ネオカラミテス ミネンシス *Neocalamites minensis* KON'NO et NAITO (図 50 の 1: ロボク類, 山口県美祢市大嶺, 三畳紀後期) 古生代の *Lobatannularia* に非常によく類似するが, 最長と最短の葉の比は古生代のものほど著しくない.

エクイセチテス ナリウェンシス *Equisetites nariwensis* KON'NO (図 50 の 3: トクサ類, 岡山県川上郡成羽, 三畳紀後期) 各関節に 8～10 個の枝をつける. 葉鞘は 30～32 枚の葉からなり, 下部の 3 割は茎に密着するが, 上部の 7 割は葉鞘を作り密着しない. 葉の長さは約 4 cm と長い.

エクイセチテス イワムロエンシス *Equisetites iwamuroensis* KIMURA (図 50 の 2: トクサ類, 群馬県利根郡岩室, ジュラ紀前期) 茎は枝を出さない. 節間が長く, 各節には 24～26 枚の葉を輪生する. 葉の長さは 1.2 cm くらい.

エクイセチテス エンドイ *Equisetites endoi* KON'NO (図 50 の 4, 5: トクサ類, 山口県下関市清水村, ジュラ紀中期) 茎は細く幅約 3 mm, 各節に約 10 個の枝をつける. 各節に 12 枚の葉を輪生し, 下半分は癒合して葉鞘をつくる. 地下茎には塊茎を持つ.

エクイセチテス タカイアヌス *Equisetites takaianus* KON'NO (図 50 の 6: トクサ類, 山口県石橋村赤岩, 三畳紀後期) 茎は細く幅 4～7 mm くらい. 葉鞘は長さ 1 cm くらいで 14～16 枚の葉からなり, 全長の 3/4 は癒合している.

図 49 有節植物

1: 楔葉類の分類. 2, 3: *Trizygia oblongifolia* (GERM. et KAULF.) (宮城県米谷, 二畳紀前期). 4: *Parasphenophyllum thonii* var. *minor* (STELZEL) (宮城県米谷, 二畳紀前期). 5: *Paratrizygia maiyaensis* ASAMA (宮城県米谷, 二畳紀前期). 6: *Neocalamites carrerei* (ZEILLER)(山口県大嶺, 三畳紀後期). 7: 6 に同じ (茎を示す) (1～5 は ASAMA, 1970 による)

3. 化石鑑定のこつ

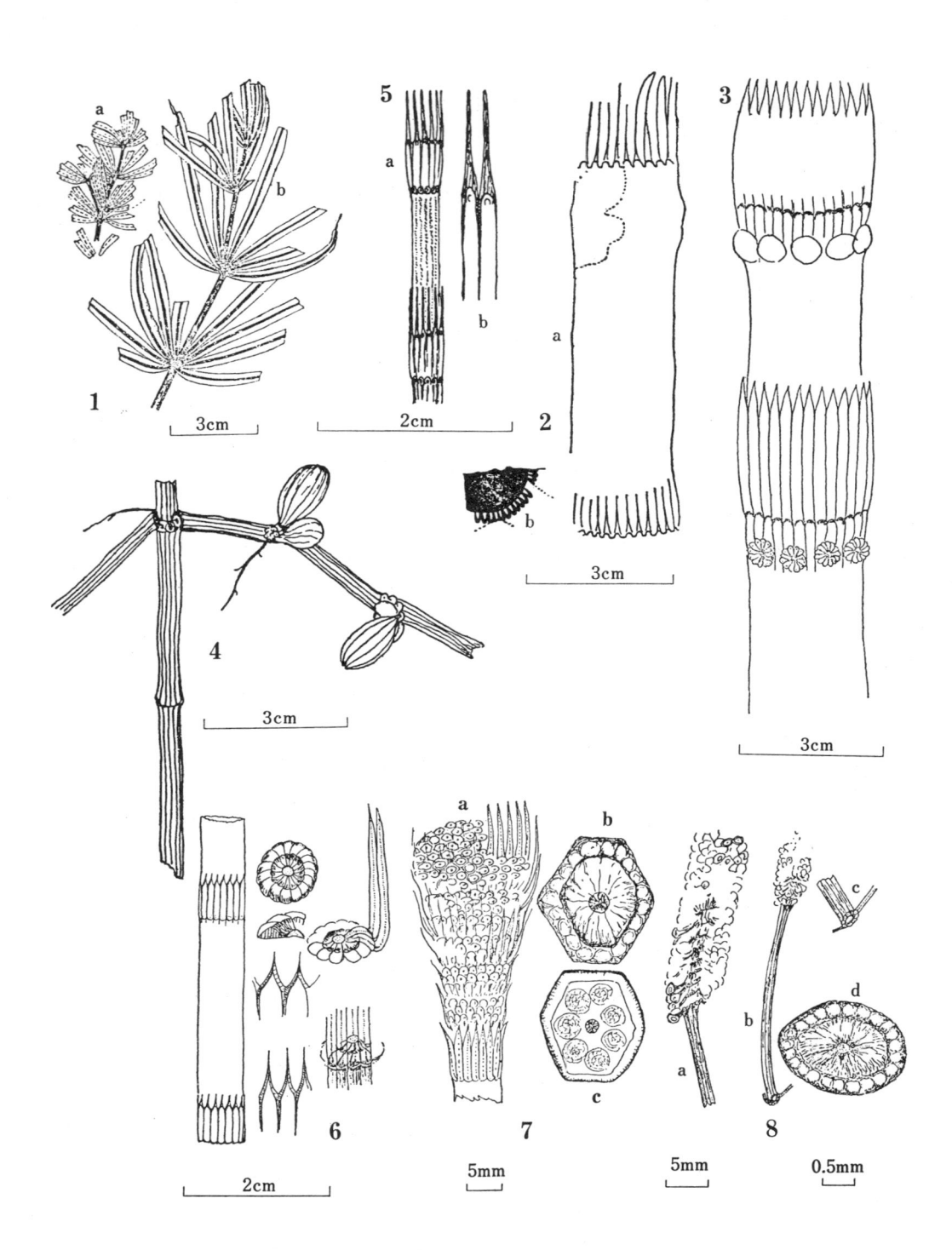

§2. 植物化石

エクイセトスタチス ブラクテオサス *Equisetostachys bracteosus* KON'NO （図50の7：トクサ類，山口県美祢市桃ノ木層，三畳紀後期） *Equisetites* の花穂と思われるもので，胞子嚢柄の輪と裸葉輪が交互している．

エクイセトスタチス ペダンクラタス *Equisetostachys pedunculatus* KON'NO （図50の8：トクサ類，山口県美祢市桃ノ木層，三畳紀後期） *Neocalamites* の花穂と思われるもので，胞子嚢柄の輪のみよりできている．

c. 大葉植物 化石として最も多いのは大葉植物で，ほとんどすべての場合に明瞭な葉柄を持っているので，小葉植物，有節植物の葉柄のない葉とは区別できる．

1）デボン紀後期： 初期の陸上維管束植物で，まだ葉が十分に形成されないので無葉植物とよばれている．日本からはまだ報告されていないが，出現の可能性は多い．

2）古生代（米谷植物群，二畳紀前期）： 米谷以外には岩手県世田米，福島県いわき市高倉山からわずかに報告されているが，二畳紀の地層は日本でも分布が広いので今後発見の可能性は十分にある．米谷植物群も戦後発見された産地である．これから述べる古生代の大葉植物はすべて米谷から採集されたもので，保存もよく一見日本産の古生代植物とは思われないほどである．

プシグモフィルム フラベラタム *Psygmophyllum* (*Ginkgophytopsis*) *flabellatum* (LINDLEY et HUTTON) （図51の1：イチョウ類？） 単葉大型で放射脈を持ち，裂片にさけることがない．現生のイチョウに似ている．

プシグモフィルム マイヤエンシス *Psygmophyllum* (*Ginkgophytopsis*) *maiyaensis* ASAMA （図51の2：イチョウ類？） 単葉であるが先端は数個の

図50 有節植物

1：*Neocalamites minensis* KON'NO et NAITO（山口県大嶺，三畳紀後期）（a：小型葉，b：大型葉） 2：*Equisetites iwamuroensis* KIMURA（群馬県利根郡岩室，ジュラ紀前期） 3：*Equisetites nariwensis* KON'NO（岡山県川上郡成羽，三畳紀後期） 4：*Equisetites endoi* KON'NO の地下茎（山口県下関市清水村ジュラ紀中期） 5：*Equisetites endoi* KON'NO（前同，a：茎 b：葉鞘の一部） 6：*Equisetites tokaianus* KON'NO（山口県石橋村赤岩，三畳紀後期） 7：*Equisetostachys bracteosus* KON'NO（山口県美祢市桃ノ木層，三畳紀後期）*Equisetites bracteosus* に伴って産する花穂 8：*Equisetostachys pedunculatus* KON'NO（山口県美祢市桃ノ木層，三畳紀後期）*Neocalamites hoerensis* に伴って産する花穂．（1 と 3~8 は KON'NO，1960，1962 に；2 は KIMURA，1959 による）

図 51 古生代の大葉植物（米谷植物群，二畳紀前期）

1 : *Psygmophyllum flabellatum* (LINDLEY et HUTTON).　2 : *Psygmophyllum maiyaensis* ASAMA.　3 : *Pecopteris* sp.　4 : *Cathaysiopteris whitei* (HALLE).
5 : *Odontopteris subcrenulata* (ROST). (1, 2, 4 は ASAMA, 1967; 3, 5 は UEDA, 1963 による)

裂片にさけている．脈は前種よりあらい．

ペコプテリス *Pecopteris* sp.（図51の3：シダ類）　現生のシダに類似．

カタイシオプテリス ホワイテイ *Cathaysiopteris whitei* (HALLE)（図51の4：シダ種子類？）　隣接するやや大型の小羽片が癒合して形成された大型の葉．カタイシア植物群（古生代末の東亜の植物群）の特徴種．この種の出現で米谷植物群は中国・朝鮮などと同じくカタイシア植物群に属することが明らかになった．

オドントプテリス サブクレニュラタ *Odontopteris subcrenulata* (ROST)（図51の5：シダ種子類？）．脈は放射状で小羽片に中脈はない．

テニオプテリス チンギー *Taeniopteris tingii* HALLE（図52の1：シダ種子類？）　単葉で，細長い．側脈は中脈の近くで2度分枝する．

テニオプテリス シェンキー *Taeniopteris* cf. *schenkii* STELZEL（図52の2：シダ種子類？）　大型で倒披針形．側脈は縁辺近くでわずかに上方に湾曲する．

テニオプテリス ニストレミー *Taeniopteris nystroemii* HALLE（図52の3：シダ種子類？）　単葉大型で，側脈は 1〜2 回分枝．

テニオプテリス ラテコスタタ *Taeniopteris latecostata* HALLE（図52の4：シダ種子類？）　単葉大型．側脈は分枝しない．

3) 中生代:

クラスロプテリス メニスコイデス *Clathropteris meniscoides* (BRGN.)（図53の6：シダ類ヤブレガサウラボシ科，岡山県川上郡成羽町日名畑，三畳紀後期）　羽片は掌状に主軸につく．

タウマトプテリス エロンガタ *Thaumatopteris elongata* OISHI（図55の4：シダ類ヤブレガサウラボシ科，群馬県利根郡岩室，ジュラ紀前期）　羽片は掌状に主軸につく．羽片は羽状に深裂．

ハウスマニア デンターター *Hausmannia dentata* OISHI（図55の5：シダ類ヤブレガサウラボシ科，岡山県川上郡成羽，三畳紀後期）　羽片は癒合して大型の葉面をつくる．

140　　　　　　　　3. 化石鑑定のこつ

§2. 植物化石

ジクチオフィルム ヤポニクム *Dictyophyllum japonicum* YOKOYAMA（図55の6：シダ類ヤブレガサウラボシ科，山口県厚狭郡出合村山野井，三畳紀後期）　主軸の頂部が2深裂して2本の支軸となり，各支軸に羽片が羽状につく．

クラドフレビス デンチキュラーター *Cladophlebis denticulata* (BRGN.)（図53の7：シダ類，石川県石川郡白峰村桑島，白亜紀初期）　中脈からでる二次脈は1回分枝する．

クラドフレビス エキシリフォルミス *Cladophlebis exiliformis* (GEYLER)（図54の2：シダ類，石川県石川郡白峰村桑島，白亜期初期）　小羽片は小型．二次脈は1回分枝．

クラドフレビス ハイブルネンシス *Cladophlebis haiburnensis* (LINDLEY et HUTTON)（図54の3：シダ類，群馬県利根郡岩室，ジュラ紀前期）二次脈は2回分枝．

クラドフレビス ラシボルスキー *Cladophlebis raciborskii* ZEILLER（図54の4：シダ類，群馬県利根郡岩室，ジュラ紀前期）　小羽片は長く鎌状に湾曲．二次脈は 1～2 回分枝．

クラドフレビス クズリューエンシス *Cladophlebis kuzuryuensis* KIMURA（図54の6：シダ類，福井県大野郡上穴馬村，ジュラ紀）　小羽片は場所により変化する．中脈著しく二次脈は粗で1回分枝する．

オニキオプシス エロンガーター *Onychiopsis elongata* (GEYLER)（図54の5：シダ類ウラボシ科，石川県石川郡尾口村目付谷，白亜紀前期）　羽片は対生または互生で主軸に対して鋭角，小羽片は小型披針形．裸葉と実葉が同居．

サゲノプテリス ナリワエンシス *Sagenopteris nariwaensis* HUZIOKA（図55の1：シダ種子類？，岡山県川上郡成羽，三畳紀後期）　5枚の小葉が掌状

図 52 古生代の大葉植物（米谷植物群，二畳紀前期）
1：*Taeniopteris tingii* HALLE.　2：*T.* cf. *schenkii* STELZEL.　3：*Taeniopteris nystroemii* HALLE.　4：*T. latecostata* HALLE.（ASAMA, 1974 による）

1 3 cm 2 3 cm 6

3 3 cm

4 2 cm 5 3 cm 7 3 cm

§2. 植物化石

に茎の頂部につく．主脈著しく側脈は網目をつくる．

バイエラ リンドレヤーナ *Baiera lindleyana* (SCHIMPER) （図 53 の 1：イチョウ類，山口県美禰市大嶺，三畳紀後期）　葉は多数の糸状の裂片に分かれる．

ギンゴイテス ジジタータ *Ginkgoites digitata* (BRGN.)（図 53 の 2：イチョウ類，石川県石川郡白峰村桑島，白亜紀初期）　葉は 2～4 個の裂片に浅裂する．

ギンゴイテス シビリカ *Ginkgoites sibirica* HEER（図 53 の 4：イチョウ類，山口県美禰市大嶺，三畳紀後期）　葉は多数の裂片に深裂．

ギンゴイジウム ナトルスチー *Ginkgoidium nathorsti* YOKOYAMA（図 53 の 3：イチョウ類，石川県石川郡白峰村，白亜紀初期）　二裂片に深裂．

ギンゴイテス シュードアジアントイデス *Ginkgoites pseudoadiantoides* (HOLLICK) FLORIN（図 55 の 2：イチョウ類，福井県今立郡足羽川上流，白亜紀後期）　葉は裂片に分かれない．

クテニス ヤベイ *Ctenis yabei* OISHI（図 55 の 11：ソテツ類，岡山県川上郡成羽，三畳紀後期）　羽片は対生，卵形．脈は顕著，細長の網目をつくる．

ニルソニア ニッポネンシス *Nilssonia nipponensis* YOKOYAMA（図 54 の 1）：ソテツ類，石川県石川郡尾口村目付谷，白亜紀前期）　葉は掌状に短枝につく．葉は三角形の裂片に分かれる．

ニルソニア *Nilssonia* 属のいろいろ（図 56）．

ジクチオザミテス レニフォルミス *Dictyozamites reniformis* OISHI（図 55 の 8：ベネチテス類，福井県大野郡下穴馬村，ジュラ紀後期）　羽片は互生，

図 53　中生代の大葉植物

1：*Baiera lindleyana* (SCHIMPER)（山口県美禰市大嶺，三畳紀後期）．　2：*Ginkgoites digitata* (BRGN.)（石川県石川郡白峰村桑島，白亜紀初期）．　3：*Ginkgoidium nathorsti* (YOKOYAMA)（石川県石川郡白峰村，白亜紀初期）．　4：*Ginkgoites sibirica* (HEER)（山口県美禰市大嶺，三畳紀後期）．　5：*Ptirophyllum pecten* PHILLIPS（和歌山県有田郡広川町和田，白亜紀前期）．　6：*Clathropteris meniscoides* (BRGN.)（岡山県川上郡成羽町，三畳紀後期）．　7：*Cladophlebis denticulata* (BRGN.)（石川県石川郡白峰村桑島，白亜紀初期）．(4, 6 は KIMURA, 1959, 1958 による)

144　　　　　　　　3. 化石鑑定のこつ

§2. 植 物 化 石

ソテツ状葉の分類

葉はリボン状
  全縁……………………………………………*Taeniopteris*
  全縁または裂片に分かれる………………*Nilssonia*
   裂片は短く幅広い……………………*Anomozamites*
葉は1回羽状複葉
  脈は単純平行またはやや放射状，時に分枝する
   小羽片は軸の上面につく
    全底で羽軸につく…………………*Ptirophyllum*
    基底部で幅が狭くなる……………*Zamites*
   小羽片は軸の側面につく……………*Pterophyllum*
  小羽片は軸の上面につき，その基底部には非対称の耳がある
   脈は放射状……………………………*Otozamites*
   脈は網状………………………………*Dictyozamites*

腎臓形をなし，網状脈は密.

オトザミテス フジモトイ *Otozamites fujimotoi* KIMURA（図 55 の 7：ベネチテス類，群馬県利根郡岩室，ジュラ紀前期） 葉は羽状．羽片は心臓形，互生．底部は不対称で上部に耳状突起がある．

オトザミテス コンドイ *Otozamites kondoi* OISHI（図 55 の 10：ベネチテス類，宮城県気仙沼市大島，ジュラ紀後期） 羽片は互生，楕円形または卵形．底はほとんど対称で耳状突起がない．

プチロフィルム ペクテン *Ptirophyllum pecten* PHILLIPS（図 53 の 5：ベネチテス類，和歌山県有田郡広川町和田，白亜紀前期） 羽片は櫛状．

ネルンボ オリエンタリス *Nelumbo orientalis* MATSUO（図 55 の 3：双子葉植物ハス属，福井県今立郡足羽川上流，白亜紀後期） 葉は円形，主脈は

図 54 中生代の大葉植物

1：*Nilssonia nipponensis* YOKOYAMA（石川県石川郡尾口村目付谷，白亜紀初期）． 2：*Cladophlebis exiliformis* GEYLER（石川県石川郡白峰村桑島，白亜期初期）． 3：*Cladophlebis haiburnensis*（LINDLEY et HUTTON）（群馬県利根郡岩室，ジュラ紀前期）． 4：*Cladophlebis raciborskii* ZEILLER（群馬県利根郡岩室，ジュラ紀前期）． 5：*Onychiopsis elongata*（GEYL.）（石川県石川郡尾口村目付谷，白亜紀初期）． 6：*Cladophlebis kuzuryuensis* KIMURA（福井県大野郡上穴馬村，ジュラ紀）．

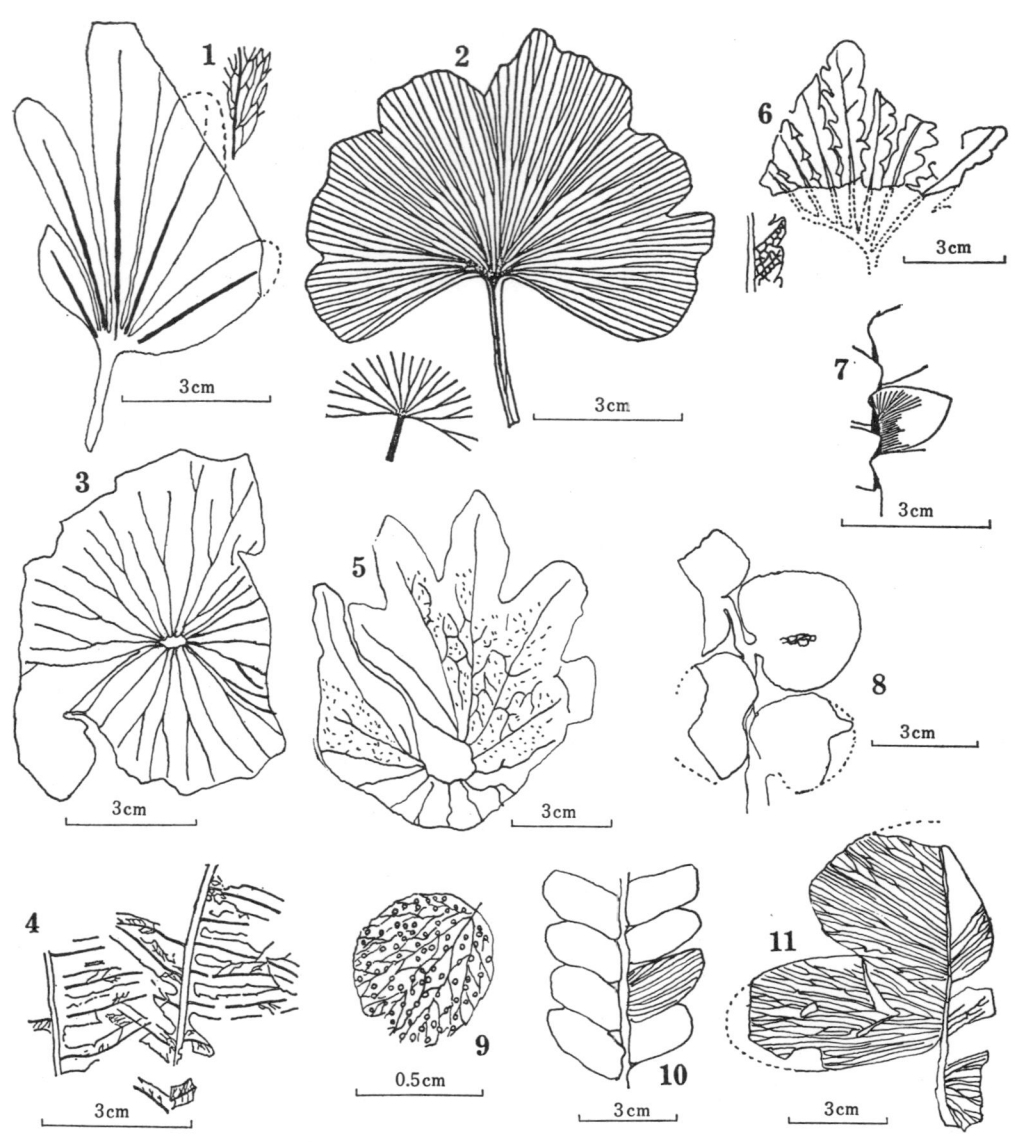

図 55　中生代の大葉植物

1: *Sagenopteris nariwaensis* HUZIOKA（岡山県川上郡成羽，三畳紀後期）．　2: *Ginkgoites pseudoadiantoides* (HOLLICK) FLORIN（福井県今立郡上池村皿尾足羽川上流，白亜紀後期）．　3: *Nelumbo orientalis* MATSUO（福井県足羽川上流，白亜紀後期）．　4: *Thaumatopteris elongata* OISHI（群馬県利根郡岩室，ジュラ紀前期）．　5: *Hausmannia dentata* OISHI（岡山県川上郡成羽，三畳紀後期）．　6: *Dictyophyllum japonicum* YOKOYAMA（山口県厚狭郡出合村山野井，三畳紀後期）．　7: *Otozamites fujimotoi* KIMURA（群馬県利根郡岩室，ジュラ紀前期）．　8: *Dictyozamites reniformis* OISHI（福井県大野郡下穴馬村，ジュラ紀後期）．　9: *Nymphaeites trapelloides* MATSUO（石川県石川郡白峰村谷峠，白亜紀後期）．　10: *Otozamites kondoi* OISHI（宮城県気仙沼市大島，ジュラ紀後期）．　11: *Ctenis yabei* OISHI（岡山県川上郡成羽，三畳紀後期）．（1 は HUZIOKA, 1970: 2 は MATSUO, 1962; 3 は MATSUO, 1954; 4, 7 は KIMURA, 1959; 5 は OISHI, 1930; 6, 8 は OISHI, 1936; 9 は MATSUO, 1960; 10 は OISHI, 1940; 11 は OISHI, 1932 による）

§2. 植物化石

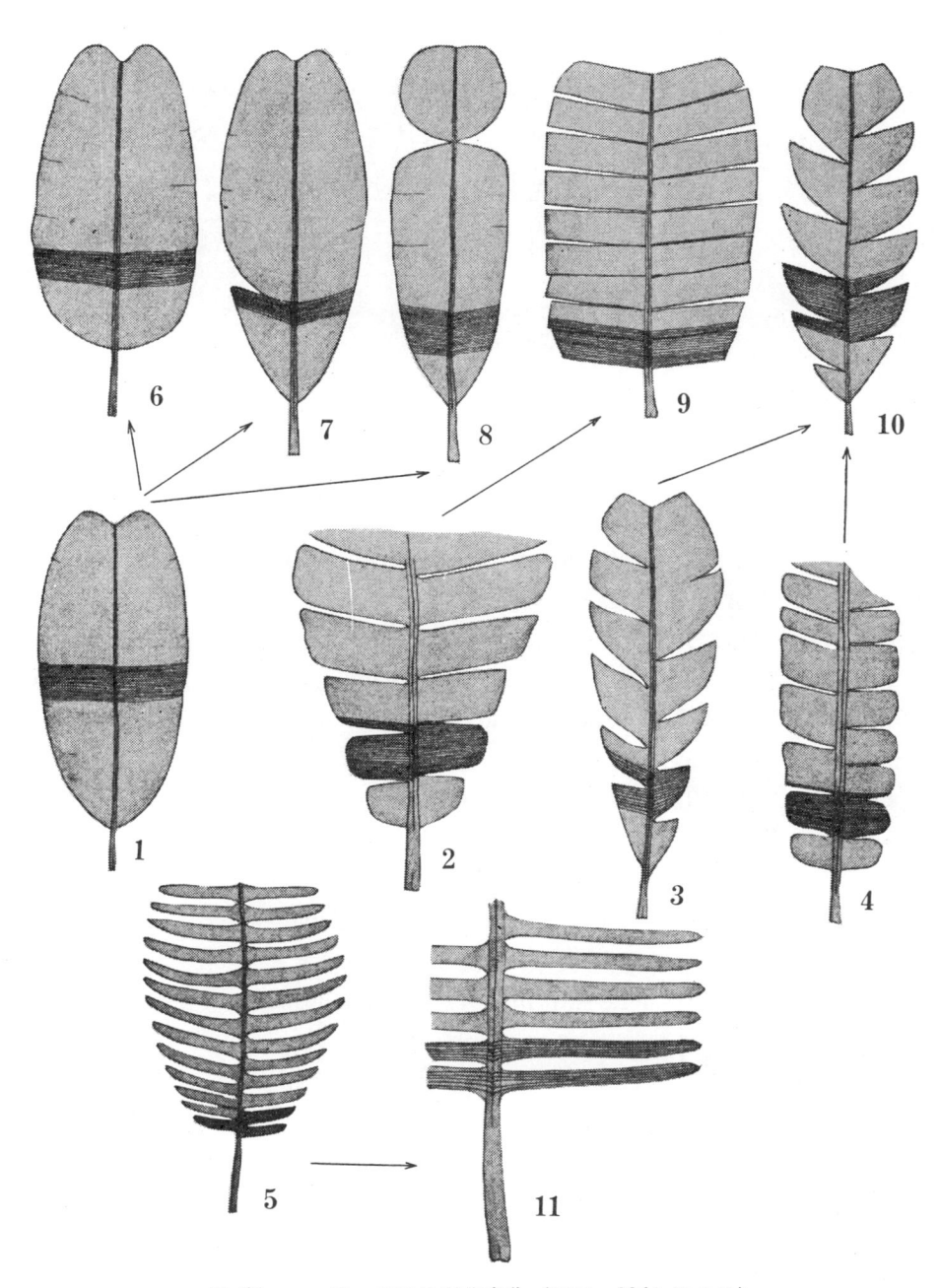

図 56 ニルソニア属の形態変化（松尾，1964 による）

1: *Nilssonia orientalis*（領石）．　2: *N. densinerve*（領石）．　3: *N. nipponensis* (手取)．　4: *N. schaumburgensis*（領石）．　5: *N. kotoi*（手取）．　6: *Nilssonia orientalis*（足羽）．　7: *N. glossoformis*（足羽）．　8: *N. orbiculata*（足羽）．　9: *N. asuwensis*（足羽）．　10: *N. serotina*（足羽）．　11: *N. sachalinensis*（足羽）．

葉の中心から放射状にでて 1～2 回分枝する．

ニンファエイテス　トラペロイデス *Nymphaeites trapelloides* MATSUO（図 55 の 9：双子葉植物ヒツジグサ科，石川県石川郡白峰村谷峠，白亜紀後期）葉は楕円形，主葉脈が葉柄の先端付近から放射状に出て，細葉脈が多角形網の目をつくり，葉片の印象面に丸い細かいへこみが見られる．

〔浅間一男〕

参考文献
浅間一男 (1974)： 二畳紀の植物化石，化石集 32，築地書館．
浅間一男 (1975)： 被子植物の起源，三省堂．
浅間一男・木村達明 (1977)： 植物の進化，講談社．
遠藤隆次 (1966)： 植物化石図譜，朝倉書店．
藤岡一男（編）(1978)： 新版古生物学Ⅳ，植物化石，朝倉書店．
森下　晶（編）(1977)： 日本標準化石図譜，朝倉書店．
徳永重元（編）(1973)： 古生物学各論，第 1 巻，植物化石，築地書館．
ANDREWS, H. N. (1961): Studies in Paleobotany, John Wiley, & Sons, Inc.
BANKS, H. P. (1970): Evolution and Plants of the Past. Wadsworth pub. Comp., Inc.
DARRAH, W. C. (1960): Principles of Paleobotany. Ronald Press Comp.
DELEVORYAS, T. (1963): Morphology and Evolution of Fossil Plants. Holt, Reinehart and Winston, Inc.
REMY, W. und R. REMY (1977): Die Flore des Erdaltertums. Verlag Glückauf GMBH, Essen.
SPORNE, K. R. (1965): The Morphology of Gymnosperms. Hutchinson Univ. Library.
SPORNE, K. R. (1975): The Morphology of Pteridophytes. Hutchinson Univ. Library.

§3. 微 化 石

（1） 花 粉・胞 子

　花粉（pollen grains）は，種子植物，すなわち，裸子植物（Gymnospermae），および被子植物（Angiospermae）の雄性の生殖器官の一部である．したがって，花粉化石の検出の可能性のある地質時代は，裸子植物が出現したといわれている石炭紀（Carboniferous）後半の今から約3億年前からである，と考えられる．グートリーブ博士の説によると，シダ種子類，あるいはコルダイテス類は最古の裸子植物である，といわれているので，古生代石炭紀の地層から花粉の化石が発見されるとすれば，これらの種類の花粉であろう．

　胞子（spores）を生産する植物は，あとにもふれるように，蘚苔類・藻類・シダ植物などで，シダ植物は古生代の後半を代表する植物であるが，藻類のような水生植物の器官は化石としても残存しやすいので，古くは先カンブリア時代（Pre-Cambrian）の地層からも胞子が検出された，という研究報告がある．

　胞子を生産する下等植物の中でも，比較的高等なグループ，たとえば，シダ植物（Pteridophyta）の胞子になると，胞子の大きさに大・小の2型が認められる．それらのうちで，大胞子は雌性器官，つまり種子植物の卵細胞に対応し，小型の胞子が種子植物の花粉に対応する，といわれている．しかし，このことは現生植物については見極めることはできても，化石胞子として，地層の中からバラバラになって検出される現産出状況では，どの胞子が雄性で，いずれの胞子が雌性であるかの区別はとうていつかない，というのが現状である．

　一般に，花粉化石（fossil pollen grains）を地層の中から抽出することを花粉分析（pollen analysis）とよび，花粉分析をも含めた花粉に関する一連の研究を花粉学（palynology）と称している．しかし，花粉分析とはいっても，地層から採集した試料を薬品処理し，花粉化石，あるいは完新世の地層の中に含まれている化石化していない花粉遺体を抽出していると，当然のことながら石灰質ナンノ化石（fossil nannoplankton）や珪藻化石（fossil diatom）に混じって，胞子化石（fossil spores）も検出される．胞子化石が検出されるからといって，このような一連の処理を胞子分析（spore analysis）とは，特によんでいない．つまり，花粉分析という場合には，通常は，花粉化石と胞子化石を地層の中から抽出して，古生物学的な一連の研究，あるいはその研究から必然的に，または間接的，副次的に結果としてでてくる古気候・古微地形に関する研究をもあわせて花粉分析とよんでいる．

a．花粉プレパラートの作製法

　①野外において採取してきた試料約 5 g，場合によっては 1 g のこともある（筆者が，現在研究している琵琶湖底下の深層のボーリング・コアでは，1 g 以下の僅少な試料の

150　　　　　　　　　3. 化石鑑定のこつ

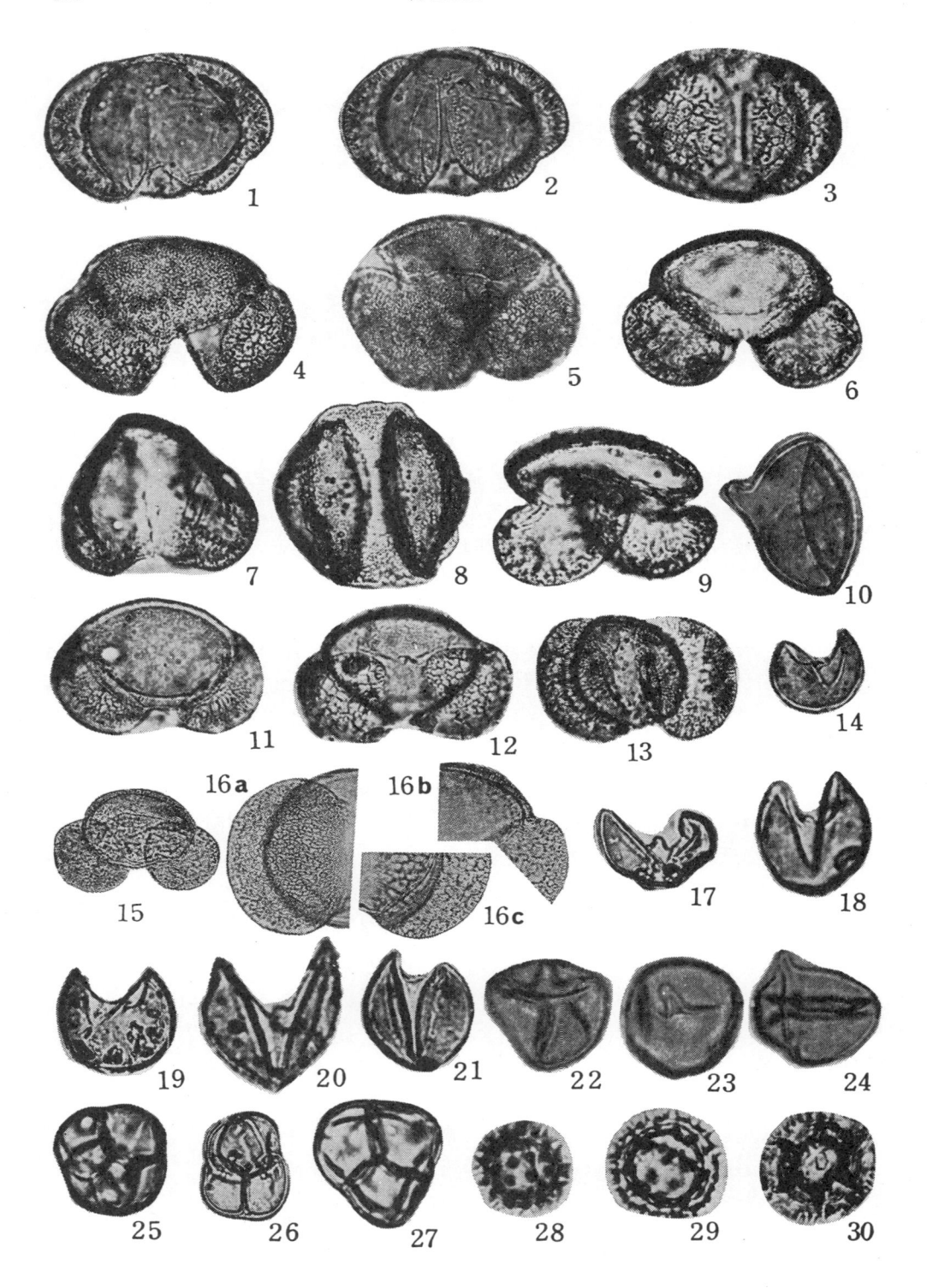

§3. 微 化 石　　　　　　　　　151

ことさえある）が，これを多少乾燥させて，粉砕しやすくする．もちろん第四系からの試料では，湿っぽいこともあるが，いくらか乾燥させておくほうが，粉砕するのに便利である．ただ，この場合，ほかの化石，たとえば珪藻化石の場合には，珪藻は水棲植物であるから，特別な場合を除いて，風などによって現生珪藻が混入するという心配はあまりないが，花粉や胞子，ことに花粉は陸上植物からのものが多いので，現生植物の花粉，中でも花粉の生産量が多くて，飛翔性のある針葉樹の花粉や広葉樹の花粉を混入することが多いので，現生植物の花粉が混じりこまないように注意ぶかく処置すべきである．試料の粉砕にあたっては，ハンマーなどで細かく砕くというよりも，ある程度の大きさまで砕いたら，そのあとは，指先で粉砕するか，古い時代の試料については，後述するような化学的薬品処理の段階で，ある程度軟化した時点において，一破片ごとに細粉化するのがよい．強い力で圧砕すると，花粉や胞子自体が砕かれてしまうからである．

　②粉砕された試料を小ビーカーに入れ，濃度 10～20％ の KOH，または NaOH 溶液に数日間浸す．液は暗茶褐色化し，試料中に含まれている植物性の繊維・細胞が溶解する．数日後，大ビーカーに移し，蒸留水を加え，約半日ごとに，底に沈殿した試料が流れないように注意しながら，上澄み 1/3 の液を傾斜法にて捨て，再び水を加え，水洗い

図 57　胞子・花粉化石写真（Ⅰ）

1: *Pinus*, polar view, loc. 最新世後期平床層下部泥層 4，焦点を body と air-sack との接着部にあわせる．1, 2, および 3 は同一の個体について焦点を順次ずらして表面の pattern air-sack のつき方を検鏡する．　2: *Pinus*, polar view, air-sack に焦点をあわせる．　3: *Pinus*, polar view, loc. 平床層下部泥層 4, air-sack の表面の pattern に焦点をあわせる．　4: *Pinus*, equatorial view, loc. 最新世後期．片山津層 1，表面の pattern に焦点をあわせる．　5: *Picea*, equatorial view, loc. 片山津層 3, air-sack の表面の pattern に焦点をあわせる．　6: *Pinus*, equatorial view, loc. 羽咋台地, body と air-sack との接着部に焦点をあわせる．　7: Cf. *Picea*, equatorial view, loc. 平床層下部泥層 4．　8: *Picea*, polar view, loc. 平床層下部泥層 1, body の表面の pattern に焦点をあわせる．　9: Cf. *Pinus*, equatorial view, loc. 加賀・越前台地．　10: Taxodiaceae, loc. 片山津層 1，突起に焦点をあわせる．　11.: *Pinus*, equatorial view, loc. 片山津層 4．　12: *Pinus*, equatorial, view, loc. 加賀・越前台地, air-sack の表面の pattern に焦点をあわせる．　13: *Podocarpus*, polar view, loc. 平床層下部泥層 4, body と air-sack の大きさを比較する．　14: Taxodiaceae, loc. 羽咋台地，表面に焦点をあわせる．　15: *Abies*, equatorial view, loc. 片山津層 5．　16: *Abies*, a, 気嚢, b, 帽部 cap, c, 花粉本体と気嚢の接合部，現生種の body の表面の pattern に焦点をあわせる．　17: Taxodiaceae, loc. 片山津層 1．　18: Taxodiaceae, loc. 平床層下部泥層 3．　19: Taxodiaceae, loc. 平床層下部泥層 4．　20: Taxodiaceae, loc. 片山津層 2．　21: Taxodiaceae, loc. 片山津層 2．17, 18, および 20 と違って，分割した body 中にカギ状の突起がないことに注意．　22: Taxodiaceae, 片山津層 3．17, 18, 20 を上から検鏡すると body の分割している状態，および中の突起がわかる．　23, および 24 も同じ．　23: Taxodiaceae, loc. 平床層下部泥層 1．　24: Taxodiaceae, loc. 平床層下部泥層 2．　25: Ericaceae (tetrad), loc. 加賀・越前台地，4個の花粉粒が集っている状態がわかる．　26: Ericaceae (tetrad), loc. 平床層下部泥層 2．　27: Ericaceae (tetrad), loc. 最新世松山層 8．　28: Cf. *Ambrosia*, polar view, loc. 松山層 8，表面の spine に焦点をあわせる．　29: Cf. *Ambrosia*, polar view, loc. 平床層下部泥層 4，赤道面上の spine に焦点をあわせる．　30: Cf. *Sventenia*, polar view, loc. 平床層下部泥層 2．

152   3. 化石鑑定のこつ

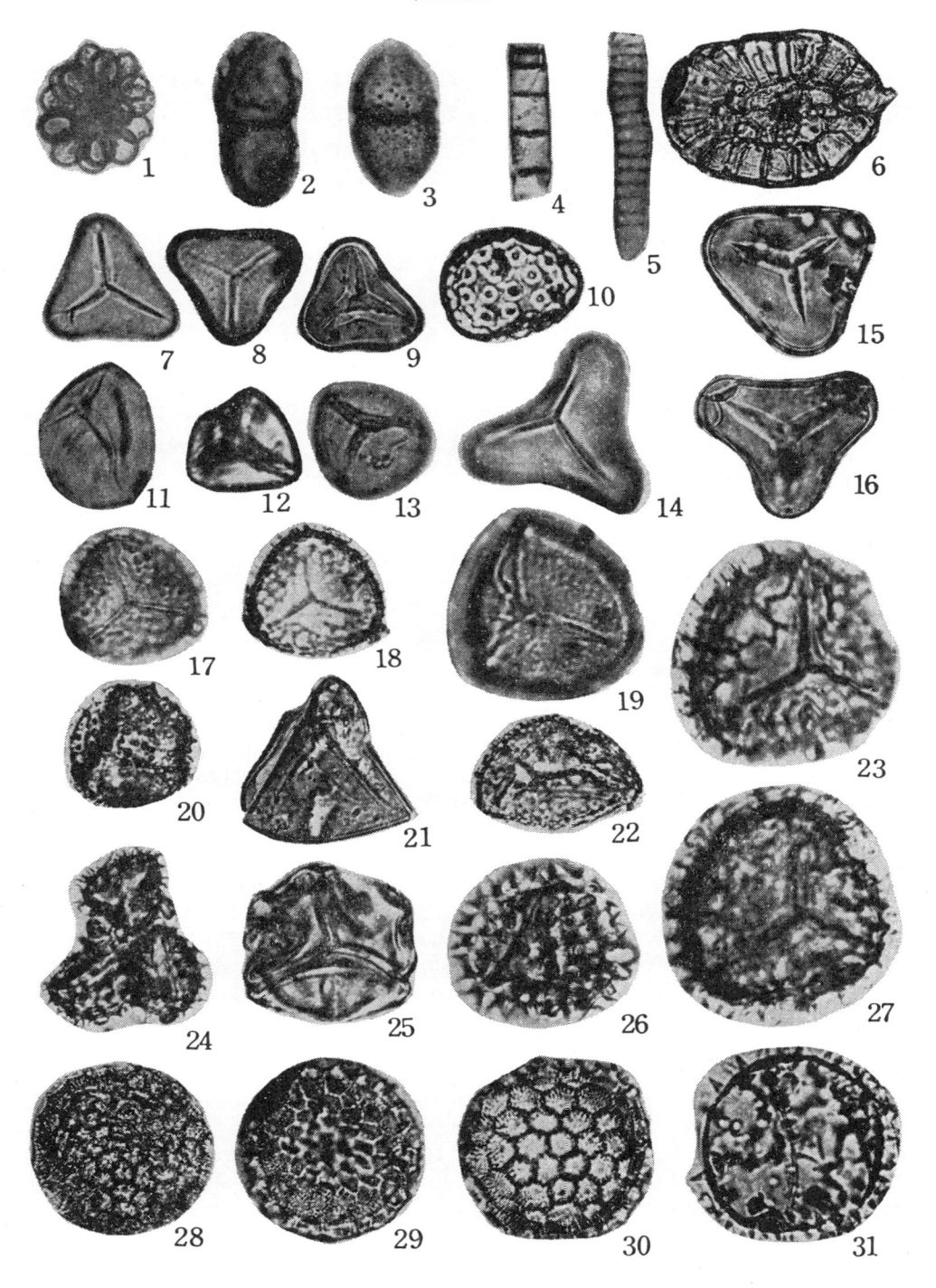

§3. 微化石

を繰り返えす．液がほとんど中和したら，ポリエチレン・ビーカーに移し，約 40～50％ の HF に浸し，約 1 昼夜放置したあと，前述のように水洗いを繰り返す．

③アセトリシス処理： HF 処理と水洗いをしたあと，水を可能な限り少なくして，氷酢酸・無水酢酸などによる，いわゆるアセトリシス処理を行なう．手動式遠心分離器を使って，その速度を調整することで，花粉・胞子とそれ以外の雑物とを巧みに選別し，花粉・胞子化石のみを濃縮してゆく．

④プレパラートの作成： 加熱で溶解されたグリセリン・ゼリーを濃縮した花粉・胞子の中に加え，あまり化石が多すぎることのないようにして，駒込ピペットで十分混ぜあわせる．ホット・プレート上にて加熱されているデッキグラス上に1～2滴駒込ピペットにて落し，24 mm 四方のカバーグラスを速やかにかけ，カバーグラス一面に液が広がるようにしたあと，ホット・プレートからスライドを下し，固結させる．1～2日放置後，固まったら，カバーグラスの周辺部にマニキュア液を塗って，封入液が腐敗するのを防ぐ．

b． 花粉・胞子鑑定と分類の基準 化石，および現生の花粉・胞子には，多種多様の種類がある．これらの花粉・胞子がいったい何という植物に属するかという判断は，鑑定の最も基本となるいくつかの要点をよく修得し，これらに基づいて行なわれる必要がある．鑑定のための最も基本的な要素を 表1 に示す．

図 58 胞子・花粉化石写真（II）

1: Gen. et sp. indet, loc. 加賀・越前台地． 2: Teleutosporen (H. PFLUG, 1953), loc. 片山津層3． 3: Teleutosporen (H. PFLUG, 1953), loc. 片山津層3． 4: Pilzsporen (H. PFLUG, 1953), loc. 平床層下部泥層2． 5: Pilzsdoren (H. PFLUG, 1953), loc. 平床層下部泥層2． 6: Gen. et sp. indet., loc. 加賀・越前台地． 7: *Pteridium* sp. 1, loc. 平床層下部泥層2，Y字型の溝に焦点をあわせる． 8: *Pteridium* sp. 1, loc. 平床層下部泥層2，7 の個体と同一個体について焦点をずらして，body 表面の pattern に焦点をあわせる． 9: *Pteridium* sp. 3 loc. 平床層下部泥層1，Y字型の溝のやや上部に焦点をあわせて，溝の状態を検鏡する． 10: Aff. *Kochia*, loc. 片山津層1． 11: *Lygodium* sp. 1, loc. 片山津層1． 12: *Pteridium* sp. 2, loc. 片山津層4． 13: *Pteridium* sp. 2. loc. 片山津層2． 14: *Gleichenia*, loc. 平床層下部泥層2，Y字型の溝に焦点をあわせる． 15: *Pteridium* sp. 3, loc. 松山層8． 16: Cf. *Gleichenia*, loc, 松山層8，表面の pattern に焦点をあわせる． 17: *Lycopodium*, loc. 平床層下部泥層2，Y字型の溝と表面の pattern に焦点をあわせる． 18: *Lycopodium*, loc. 平床層下部泥層2，表面の spine に焦点をあわせる．17 と同一個体． 19: Cf. *Osmunda* sp. 1, loc. 平床層下部泥層1，表面の pattern に焦点をあわせる． 20: *Osmunda* sp. 2, loc. 羽咋台地． 21: Gen. et sp. indet., loc. 平床層下部泥層3． 22: *Osmunda* sp. 2, loc. 平床層下部泥層1． 23: *Lygodium* sp. 2, loc. 片山津層1，27 と同一個体．表面の pattern に焦点をあわせる． 24: *Selaginella*, loc. 羽咋台地． 25: Pteridophyta gen. et sp. indet., loc. 平床層下部泥層4，Y字型の溝に焦点をあせる． 26: Compositae gen. et sp. indet., loc. 平床層下部泥層3，表面の spine に焦点をあわせる． 27: *Lygodium* sp. 2, loc. 片山津層1，26 と同一個体．表面の網目の隆起部に焦点をあわせる． 28: *Persicaria*, polar view, loc. 片山津層1，表面の網目の隆起部に焦点をあわせる．28，29，および 30 は同一個体． 29: *Persicaria*, polar view, loc.片山津層1，片半球の中緯度に焦点をあわせる． 30: *Persicaria*, polar view, loc. 片山津層1，赤道面上の網目の隆起部に焦点をあわせる． 31: *Symplocos*, polar view, loc. 平床層下部泥層4．

154　　　　　　　　　　3. 化石鑑定のこつ

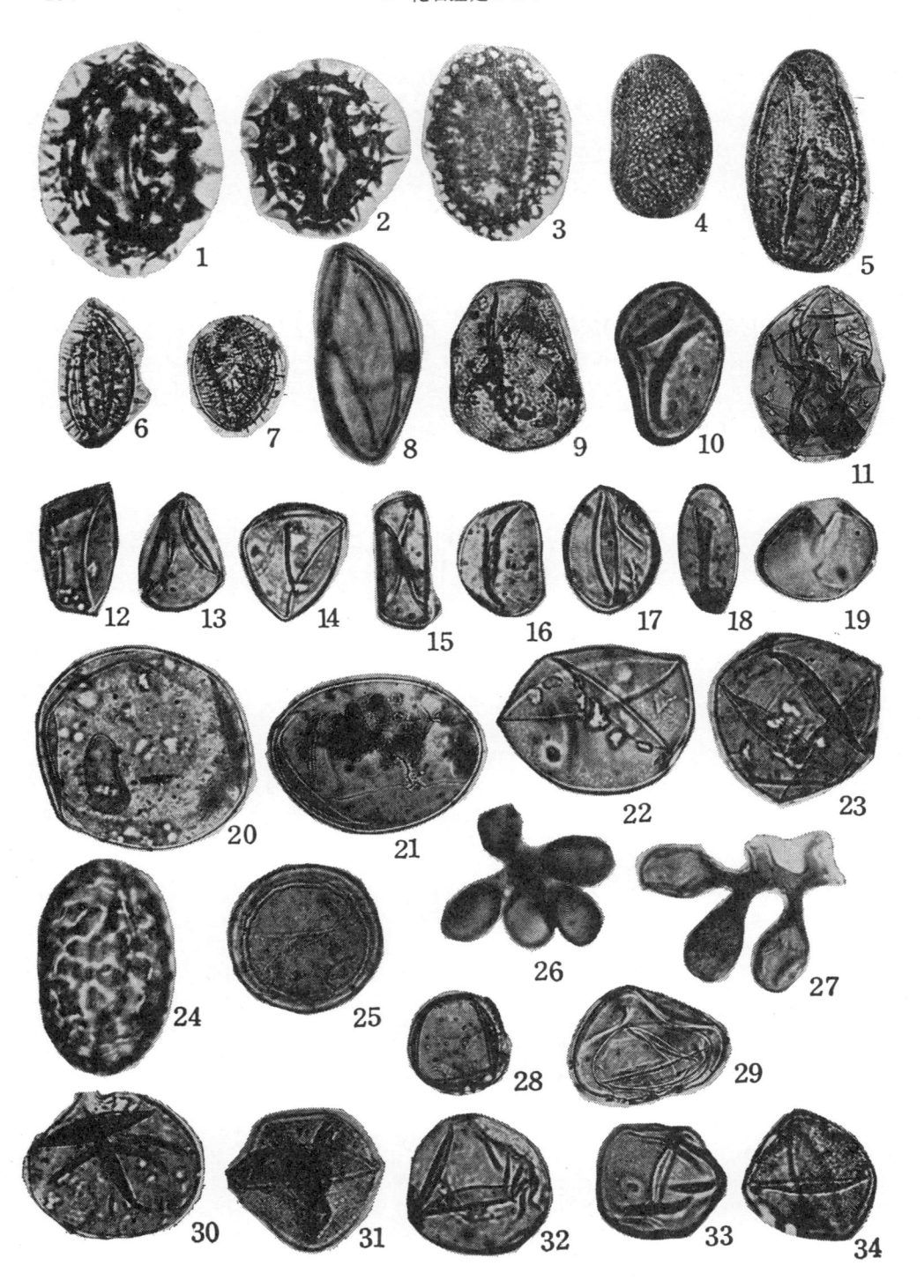

§3. 微 化 石

表1 花粉・胞子鑑定における分類の大基準

I. 粒体	（1）集合状態，（2）外形，（3）大きさ
II. 発芽口	（1）配列，（2）数，（3）構造，（4）大きさ
III. 膜	（1）構造，（2）模様

つぎに，これらの要素について述べる．

1) 粒 体 body of pollen grain and spore:

①集合状態 assemblage 花粉粒は，1粒1粒が単独になっているものが多いが，すべての花粉粒がこのように独立しているとは限らない．たとえば，ツツジ科(Ericaceae)やラン科（Orchidaceae）の類では，4粒，またはそれ以上の花粉粒があつまっている．したがって，検鏡したとき，まず花粉粒が単粒（single grain）であるのか，複粒（compound grain）であるかを識別し，複粒の場合には，2粒・4粒（双子葉類は正四面体の隅の部分に粒が位置するような集合——正四面体形，単子葉類は線形・十字形・菱形）・多集粒のいずれであるかを判別することが大切である．粒の集合状態は 表2 に示す．

②外 形 form 花粉粒・胞子粒の外形は，概して，球形，または楕円体であるが，胞子粒には，これらのほかに，エンドウ豆形・三面形がある．後者の三面形は，現在までの研究によると，化石胞子に限って検出されており，*Triplanosporites* と名づけられている（PFLUG, 1953）．

図 59 胞子・花粉化石写真（III）

1: Compositae, equatorial view, loc. 平床層下部泥層2． 2: Compositae, equatorial view, loc. 平床層下部泥層1． 3: *Ilex*, equatorial view, loc. 平床層下部泥層2，赤道面上の pattern，特に，突起に焦点をあわせる． 4: *Osmunda*, loc. 平床層下部泥層2． 5: Monosulcate-type pollen gen. et sp. indet., distal polar view, loc. 羽咋台地． 6: *Nuphar*, equatorial view, loc. 平床層下部泥層3． 7: *Nuphar*, equatorial view, loc. 平床層下部泥層1． 8: *Colocasia*, equatorial view, loc. 片山津層4． 9: Inaperturate-type pollen gen. et sp. indet., loc. 片山津層4，表面の pattern に焦点をあわせる． 10: Monosulcate-type pollen, Cf. *Cycas*, oblique distal polar view, loc. 加賀・越前台地，表面に焦点をあわせる． 11: Cf. Cupressaceae, loc. 加賀・越前台地． 12: Cf. *Ginkgo*, distal polar view, loc. 松山層8，12～15 までの花粉粒のいずれも中央が凹んでいることに注意． 13: *Cycas*?, distal polar view, loc. 平床層下部泥層3． 14: *Cycas*?, distal polar view, loc. 平床層下部泥層2． 15: *Ginkgo*?, distal polar view, loc. 片山津層3． 16: Cf. *Cycas*, oblique distal polar view, loc. 加賀・越前台地． 17: *Cycas*?, distal polar view, loc. 片山津層3． 18: Monosulcate-type pollen gen. et sp. indet., distal polar view, loc. 片山津層1． 19: 菌類の胞子?, loc. 平床層下部泥層4． 20: *Pseudotsuga*, loc. 平床層下部泥層2． 21: Cf. *Pseudotsuga*, loc. 平床層下部泥層2． 22: *Larix*, loc. 平床層下部泥層4． 23: *Larix*, loc. 平床層下部泥層4． 24: Polypodiaceae, loc. 平床層下部泥層1． 25: Cupressaceae, loc. 片山津層4． 26: Orchidaceae, Cf. *Calanthe* (polyad), loc. 片山津層1． 27: Orchidaceae, Cf. *Cremastra*, loc. 片山津層1． 28: *Larix*, loc. 松山層8． 29: Cf. *Cycas*, distal polar view, loc. 片山津層3． 30: *Larix*, loc. 片山津層1． 31: Inaperturate-type pollen, Aff. *Larix*, loc. 片山津層2． 32: Cf. *Larix*, loc. 平床層下部泥層1． 33: Cf. *Larix*, loc. 平床層下部泥層2． 34: Inaperturate-type Pollen, Aff. *Larix*, loc. 平床層下部泥層4．

3. 化石鑑定のこつ

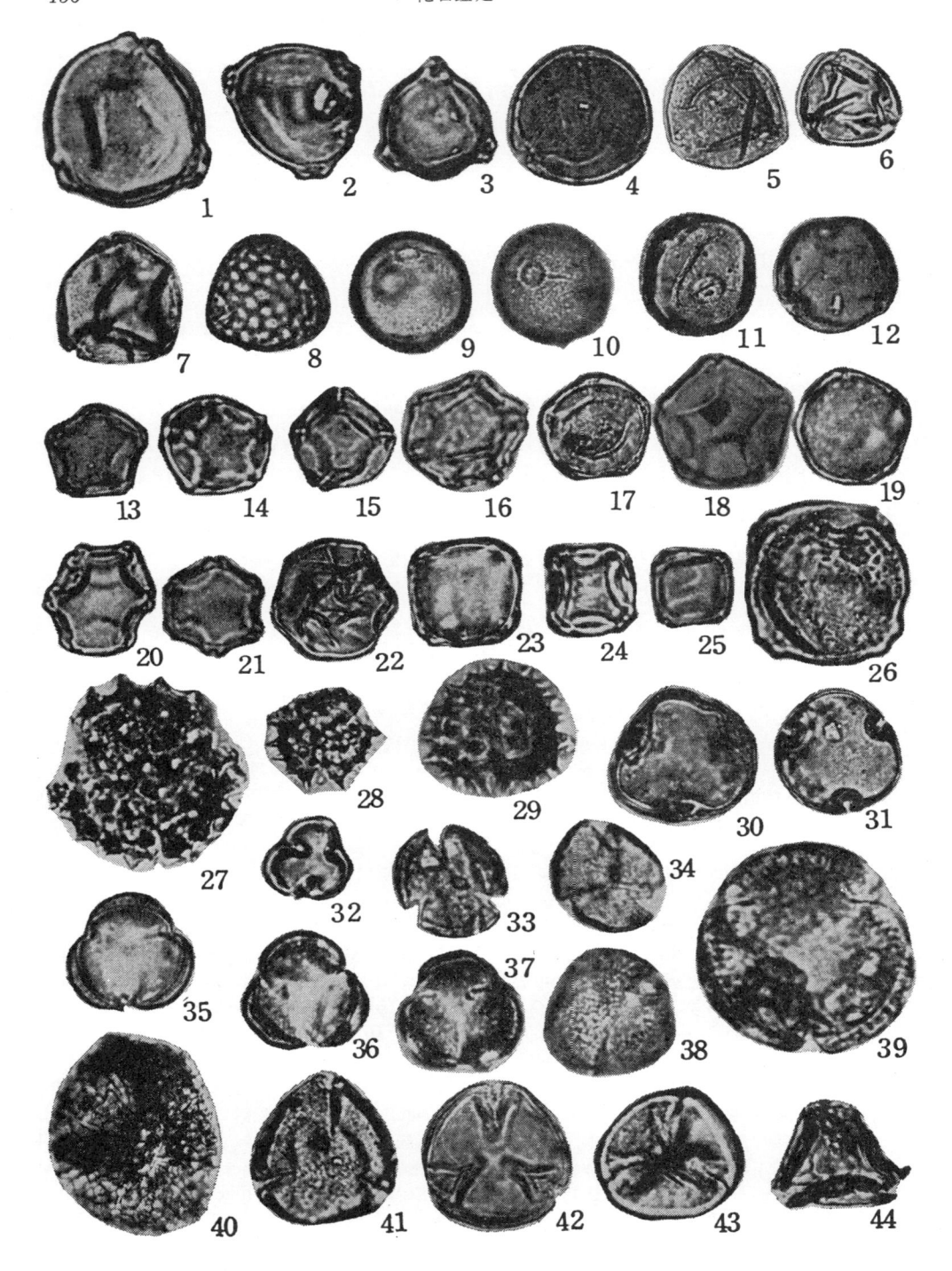

§3. 微　化　石　　　　　　　　　　　　　　　　　　　157

　花粉粒では，その表面にある発芽口（germinational aperture）の位置関係や数を示すのに便利なように，ちょうど地球における極と赤道のように，粒に，極と赤道とをきめる．粒の対称軸が粒の表面と交わる両点を極（pole）とよび，これら両極を通る軸に垂直な大円面を赤道面（equatorial plain）とよぶ．粒体を極方向から見たのを極観（polar view），赤道方向から見たのを赤道観（equatorial view）とよんでいる（図61）．

　花粉粒・胞子粒は，その見る方向によって粒体の外形や管孔・溝の形に違いがある．したがって，検鏡のときの orientation を正しく判断しておかないと，鑑定の間違いをおかすこともある．

　粒体の外形は，極直径（P）と赤道直径（E）との比 P/E で表し，それぞれの比の外形にたいしては 表3 のような名称がつけられている．

図 60　胞子・花粉化石写真（Ⅳ）

1: *Betula*, polar view, loc. 片山津層3.　2: *Betula*, polar, view loc. 片山津層3.　3: *Betula*, polar view, loc. 平床層下部泥層4.　4: *Fagus*, polar view, loc. 平床層下部泥層3.　5: *Corylus*, polar view, loc. 加賀・越前台地.　6: Triporate-type pollen gen. et sp. indet., polar view, loc. 加賀・越前台地.　7: Cf. *Corylus*, polar view, loc. 平床層下部泥層3.　8: Triporate-type pollen gen. et sp. indet., polar view, loc. 羽咋台地，表面に焦点をあわせる．　9: *Quercus*, oblique equatorial view, loc. 平床層下部泥層4. 9, および10は同一個体．焦点は手前側の表面にあっている．花粉管孔が計3個見える．　10: *Quercus*, oblique equatorial view, loc. 平床層下部泥層4.　9でボケてみえる花粉管孔に焦点をあわせる．9と10のように焦点をずらすと花粉の型がわかる．　11: *Quercus*, oblique equatorial view, loc. 羽咋台地.　12: *Quercus*, polar view, loc. 平床層下部泥層4.　13: *Alnus*, polar view, loc. 平床層下部泥層1.　14: *Alnus*, polar view, loc. 片山津層3.　15: *Alnus*, polar view, loc. 片山津層3.　16: *Juglans*, polar view, loc. 片山津層1.　17: Cf. *Enkianthus*, polar view, loc. 片山津層1.　18: Cf. *Alnus*, polar view, loc. 羽咋台地.　19: *Zelkova*, polar view, loc. 平床層下部泥層4.　20: *Alnus*, polar view, loc. 平床層下部泥層3.　21: *Alnus*, polar view, loc. 平床層下部泥層2.　22: Cf. *Pterocarya*, polar view, loc. 平床層下部泥層4.　23: *Myriophyllum*, polar view, loc. 平床層下部泥層1.　24: *Alnus*, polar view, loc. 加賀・越前台地.　25: *Zelkova*, polar view, loc. 片山津層2.　26: *Myriophyllum*, polar view, loc. 片山津層1, 表面の pattern に焦点をあわせる．　27: Compositae, Cf. *Ligularia*, polar view, loc. 片山津層4.　28: Compositae, Cf. *Gnaphalium*, polar view, loc. 片山津層4.　29: Compositae, Aff. *Helianthus*, polar view, loc. 松山層8.　30: *Tilia*, polar view, loc. 片山津層3, 赤道面に焦点をあわせる．　31: *Tilia*, polar view, loc. 松山層8.　32: *Salix*, polar view, loc. 片山津層1.　33: *Styrax*, polar view, loc. 片山津層1, 表面の pattern に焦点をあわせる．　34: *Styrax*, polar view, loc. 平床層下部泥層2.　35: *Acer*, polar view, loc. 平床層下部泥層4, 赤道面に焦点をあわせる．35, 36, 37, および38は同一個体．　36: *Acer*, polar view, loc. 平床層下部泥層4, やや極よりに焦点をあわせる．　37: *Acer*, polar view, loc. 平床層下部泥層4, 半球面の中緯度に焦点をあわせる．　38: *Acer*, polar view, loc. 平床層下部泥層4, 表面に焦点をあわせる．　39: Aff. *Patrinia*, polar view, loc. 平床層下部泥層3.　40: Cf. *Lygodium*, polar view, loc. 平床層下部泥層1, 表面の pattern に焦点をあわせる．　41: *Lonicera*, polar view, loc. 松山層8.　42: Cf. Nyssaceae, polar view, loc. 平床層下部泥層2.　43: Gen. et sp. indet., polar view, loc. 松山層8.　44: Gen. et sp. indet., polar view, loc. 松山層8.

表 2 花粉の集合状態による区分（幾瀬マサ，1956 と 岩波洋造，1964 を参照のうえ加筆）

集合状態		おもな特徴	略図	おもな植物の例
単粒 single grain (monad)		無翼		イネ科，ハンノキ，多くの濶葉樹
		有縁		ツガ Tsuga
		有翼		マツ Pinus, マキ Podocarpus
複粒 compound grain	2粒 dyad			ホロムイソウ Scheuchzeria
	4粒 tetrad	正四面体形		ツツジ科 Ericaceae
		十字形		ポーポ Asimina
		正方形		ガマ Typha
		菱形		ガマ Typha
		線状形		ガマ Typha
	多粒 polyad	小塊		ギンヨウアカシア Acacia
		大塊		ガガイモ Metaplexis

粒体は，検鏡のときには，その一方向からのみ観察されるので，円形・三角形・多角形・エンドウ豆形・不定形など，いろいろの外形を示す．これらのおもなものを 表 4 に示す．

③大きさ size　花粉粒・胞子粒の大きさは，同種のものでもかなり異なる．したがって，大きさだけで分類することは，特別な種を除けば，一般には困難である．すなわち，粒体の大きさは植物の分類学上における位置や植物体の大きさとは無関係である．ところが，花の大きさとはかなり高い相関関係を示しているようである．しかし，概して，

§3. 微化石

表 3 花粉の外形による分類 (G. ERDTMAN, 1952 と 幾瀬マサ, 1956 らに一部加筆)

体　形　名	極直径 P/赤道直径 E	P/E×100
過扁平体形 peroblate	< 4/8	< 50
扁平体形 oblate	4/8 ～ 6/8	50 ～ 75
やや扁平球形 suboblate	6/8 ～ 7/8	75 ～ 88
球形 spheroidal	7/8 ～ 8/7	88 ～ 114
扁球形 oblate spheroidal	7/8 ～ 8/8	88 ～ 100
長球状形 prolate spheroidal	8/8 ～ 8/7	100 ～ 114
やや長球形 subprolate	8/7 ～ 8/6	114 ～ 133
長球形 prolate	8/6 ～ 8/4	133 ～ 200
過長球形 perprolate	8/4 <	< 200

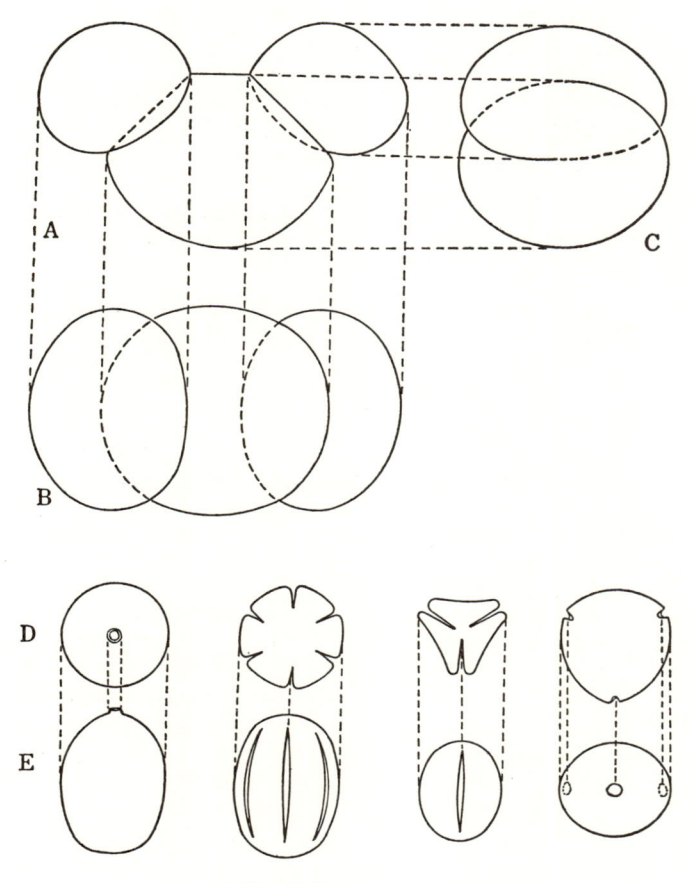

図 61 花粉のいろいろの像
A: 側縦観像　B: 側横観像　C: 極観像　D: 極観像　E: 赤道観像

3. 化石鑑定のこつ

表4 花粉粒の外形による分類（岩波洋造，1964に一部改訂，加筆）

花粉の外形	略 図	おもな植物の例
円 形		イネ *Oryza*, フウ *Liquidambar*, スギ *Cryptomeria* カラマツ *Larix*, ムシトリナデシコ *Silene*
楕 円 形		ソテツ *Cycas*, イチョウ *Ginkgo*, ジュンサイ *Brasenia* ツユクサ *Commelina*
三 角 形		カバ *Betula*, ヒシ *Trapa*, ノグルミ *Platycarya* オオマツヨイグサ *Oenothera*
四 角 形		オニグルミ *Juglans*, サワグルミ *Pterocarya* キンギョモ *Mylliophyllum*
多 角 形		ケヤキ *Zelkova*, ハンノキ *Alnus*, ハシリドコロ *Scopolia*
不 定 形		ヒツジグサ *Nymphaea*, アマモ *Zostera*
付属物を持つ粒		マツ *Pinus*, トウヒ *Picea*, ツガ *Tsuga* オオマツヨイグサ *Oenothera*

表5 花粉粒の大きさによる分類

大きさによる大区分	花粉粒の長径 (μ)	おもな植物の例
大 粒 large grain	$150\mu <$ $100 \sim 150$	オシロイバナ *Mirabilis* トウモロコシ *Zea*
中 粒 middle grain	$80 \sim 100$ $60 \sim 80$ $40 \sim 60$	トウヒ *Picea*, コメツガ *Tsuga* カラマツ *Larix*, ヒシ *Trapa* アカマツ *Pinus*, ブナ *Fagus*
小 粒 small grain	$20 \sim 40$ $10 \sim 20$ $< 10\mu$	コナラ *Quercus*, ハンノキ *Alnus* ネコヤナギ *Salix* ムラサキ *Lithospermum*

同一種の粒体でも大きさにある幅があるので，大きさのみをよりどころにはできない．大きさの変異を，数多くの標本について統計処理することによって，同一属をいくつかに区分することは可能であり，このような方法は花粉学を古生物学的に扱うにしろ，あるいは関連学問への応用として扱うにしろ，いずれの場合でも今後重要視されるべきであろう．たとえば，藤(1962) は，*Quercus* 属の花粉粒を統計処理して，大形粒が落葉型の *Quercus* に，小型粒が常緑型の *Quercus* に，それぞれ属することを，古気候の解析に利用した．同様の方法は，*Alnus* 属や *Fagus* 属にも適用される（藤，1971）（表 5）．

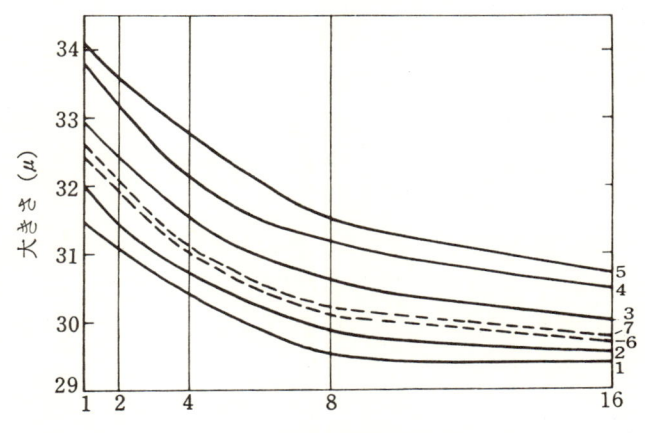

図 62 分析法による花粉粒の大きさの変化を示す図（REITSMA, 1969 による） 氷酢酸処理をした *Quercus* 花粉の大きさのアセトリシスの時間による変動． 1: 2 分間煮沸した花粉 2: 4 分間 3: 8 分間 4: 16 分間 5: 32 分間 6: 3 か月間氷酢酸中にて保存された花粉 7: 12 か月間氷酢酸中にて保存された花粉．

しかし，ここで注意したいことは，花粉粒や胞子粒の大きさは，それらを含む試料の処理方法・処理時間・封入剤によって決まるので，それぞれの研究者は，同一の処理方法・処理時間・封入剤のもとに研究を進めるべきであり，将来，世界的にこれらのことが画一化されると便利である．FAEGRI と IVERSEN とは，標準法というのを提唱している．この方法は，欧州ツノハシバミ（*Corylus*）の新鮮な花粉粒をアセトリシス法で処理し，これをシリコン油で封入する．そのときの粒径 25μ を標準サイズとよんでいる．

つぎに，欧州ツノハシバミの花粉粒をほかの分析法・封入剤のもとで作製して，その粒径 $d\mu$ を測定しておく．そして，両者の比 $d/25$ をきめておけば，ほかの属・種の粒についても，それぞれ標準サイズがきめられる．ただ，この方法には二つの問題がある．

その一は，先にもふれたように粒径は分析時間，たとえばフッ化水素酸処理の時間，あるいはアセトリシスの時間によっても異なるので，処理時間も一定にして比較検討する必要がある．図 62 は，同一種（*Quercus*）の粒径が化学処理の時間によって，いかに違うかを示した例である（REITSMA, 1969）．

その二は，化石標本を取り扱うときの問題である．化石では，粒体が変形していることはもちろんであるが，その変形の度合がいちおう時間の関数であるとはいえ，それ以外の要素によっても違ってくるので，同一地質時代の標本であっても，変形に地域差のあることを十分考慮しておく必要がある．

2) 発芽口 germinational aperture: 花粉粒が発芽するとき，花粉管 (Pollen tube) の出口となるのが発芽口である．これは花粉の外膜(sclerine)にある．発芽口は孔(germinational pore) と溝 (germinational furrow) とに二分される．単子葉類の発芽孔は，その構造が双子葉類のそれと少し違っているので，ERDTMAN は異なった名称をつけているが，藤は，このような違いは双子葉類の中でも見られることであるので，ここではとりあえず発芽孔としておく．

胞子粒の場合には，粒の表面に溝状のすじがある．これを条とよんでいる．条は1本のものとY字状のものとに二分される．

花粉粒における発芽口は 表6 のように区分されている．

表6 発芽口による分類

無 口		
発 芽 口	発芽孔 poratae	イネ *Oryza sativa*
	発芽溝 colpatae	ヒシ *Trapa*
	発芽溝中孔 colporatae	ブナ *Fagus crenata*

①配 列 arrangement　発芽孔と発芽溝の配列状態は科や属の区別の最も重要な基準である．したがって，多くの研究者がこれに注目して，いろいろの分類様式を編み出している．しかし，基本的には大差がない．FAEGRI & IVERSEN (1963) と幾瀬マサ (1956) による分類図が最もすぐれており，わかりやすいように思われる．

発芽口の配列によるおおよその区分を示すと，表7 のようになる．

表7 花粉の発芽孔の配列による分類

1	発芽孔が赤道縁上に配列	ハンノキ *Alnus japonica*, ケヤキ *Zelkova serrata*
2	発芽孔が赤道縁と半球に配列	クルミ *Juglans*
3	発芽孔が赤道縁の上下に配列	サワグルミ *Pterocarya*
4	発芽溝だけが赤道縁上に配列	カエデ *Acer*
5	発芽溝中発芽孔が赤道縁に配列	ウルシ *Rhus*

②数 number　発芽口の数は，発芽口の配列様式によって区分されたものを，さらに細分するときの重要な要素である．表8 は発芽孔の数による区分を，表9 には発芽溝の数による区分を，そして，表10 には溝中孔の数による区分をそれぞれ示す．

胞子類は花粉粒に比較して単純である．それだけに，分類学との関連をつけるのが概して困難である．今後の研究に負うところが大きい．

胞子類のうち，シダ類の胞子は無条型と有条型との2型に大別される．有条型は条の数が1本と3本（Y字形になっている）とがある．ゼンマイ(*Osmunda japonica*)は前者

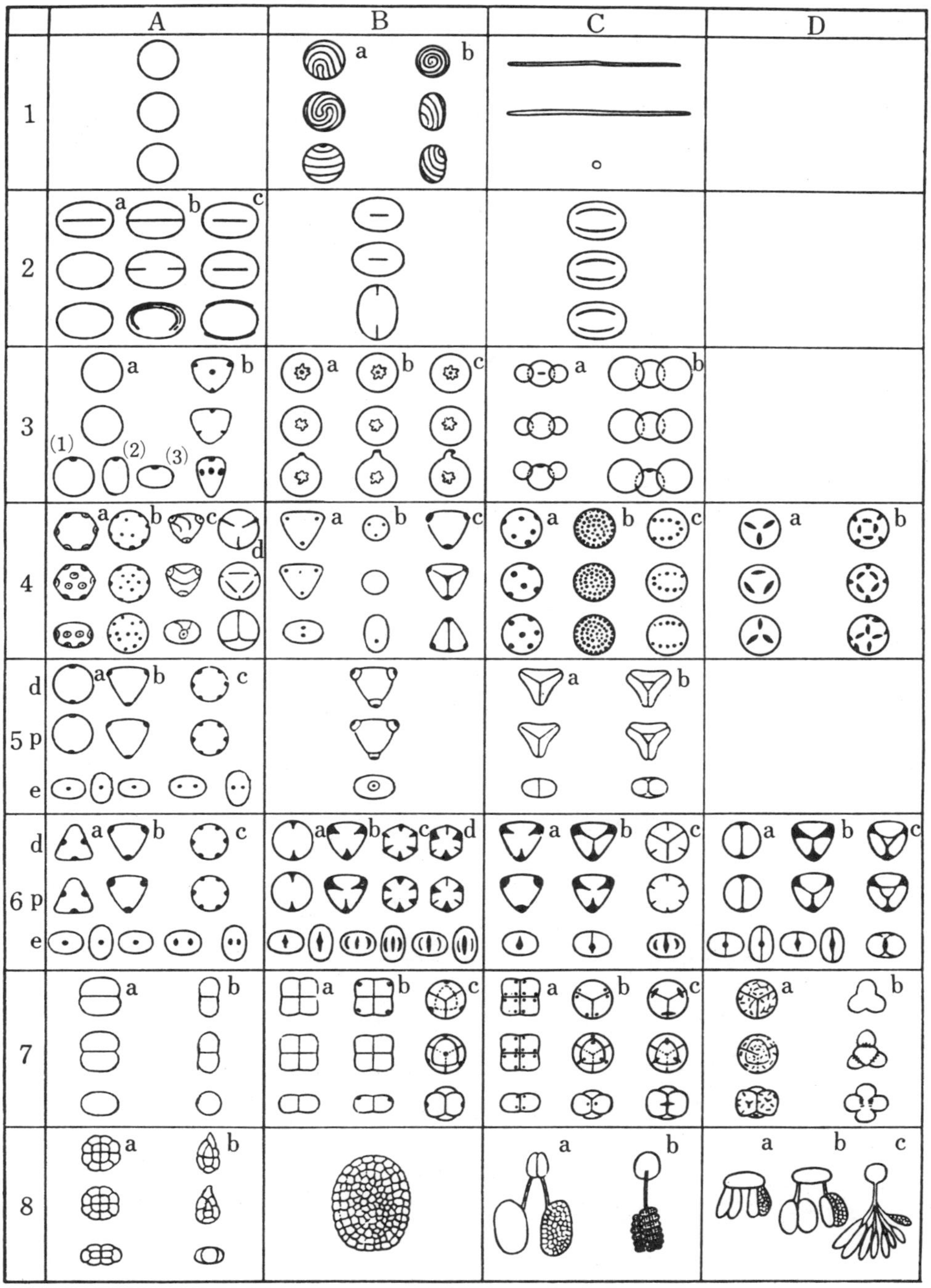

§3. 微化石　　　　　　　　　　　　　　　　163

図 63 花粉粒の分類（幾瀬マサ，1956 による）
縦左側の数字は花粉の型を示す．

3. 化石鑑定のこつ

表 8 発芽孔の数による分類

発芽孔の数	細分名	極観像	赤道観像	おもな植物の例
0	nonporatae	○	⬚	クスノキ Cinnamomum ハコヤナギ Populus, ミクリ Potamogeton
1	monoporatae	○	⬚	スギ Cryptomeria, セコイア Sequoia イネ Oryza, スイショウ Glyptostrobus
2	diporatae	○	⬚	ヒメゴウソ Carex, キツネノマゴ Justicia
3	triporatae	○	⬚	マツヨイグサ Oenothera, ヤマモモ Myrica
4	tetraporatae	○	⬚	キョウチクトウ Narium シライトソウ Chionographis
5～6	stephanoporatae	⬠	⬚	ハンノキ Alnus, ケヤキ Zelkova
10±	periporatae	○	⬚	オニグルミ Juglans, ツゲ Buxus
多数	periporatae	○	⬚	フウ Liquidambar, アカザ Chenopodium

(一条) の, ヒカゲノカズラ (*Lycopodium clavatum* L. var. *nipponicum* NAKAI) は後者 (三条) の代表的な種である. 藻類と蘚苔類の胞子は一般に塊状をしている. 蘚苔類の胞子はシダ類のそれに順じた区分のされ方があるが, 蘚苔類とシダ類のそれに形態的に似ているためか, かなりの混乱があって, 蘚苔類の化石として報告されたものはないようである. 菌類の胞子化石は, 一般に暗褐色をおびており, その外皮膜が厚く, 大きさもほかの類の胞子のそれに比較して小さい (30～50μ). 孔のないものが多いが, あるものでは孔が 1 個しかないものと 2 個あるものとに区分される. 孔のないものは, いくつかの小房室に分かれているものがある.

③構　造　texture　花粉粒の発芽口は, 周辺の外膜の構造によって区別できる. これは倍率 1,000～1,200 倍で観察できる.

§3. 微化石

表 9 発芽溝の数による分類

発芽溝の数	細分名	極観像	赤道観像	おもな植物の例
2	dicolpatae			ミヤマシオガマ *Pedicularis*
3	tricolpatae			スズカケノキ *Platanus*, ヒシ *Trapa*
4	tetracolpatae			カンアオイ *Asarum*
6	stephanocolpatae			アカネ *Rubia*, カタバミ *Oxalis*
7～8	pericolpatae			ヨツバムグラ *Galium*
多数	pericolpatae			マツバボタン *Portulaca*

表 10 発芽溝中孔の数による分類

溝中孔の数	細分名	おもな植物の例
3	tricolporatae	コナラ *Quercus*, ブナ *Fagus*
4	tetracolporatae	カラタチ *Poncirus*
5	stephanocolporatae	チャ *Thea*
6	stephanocolporatae	イヌムラサキ *Lithospermum*
多数	pericolporatae	ヒメハギ *Polygala*

発芽孔の周辺の肥厚部 (aspis) によって，PFLUG (1953) は図 64 のように，*Corylus* 型，*Myrica* 型，*Betula* 型，および *Tilia* 型などに，あるいは突出 (protrude) の状態によって，*Anulus* 型，*Labrum* 型，*Tumeszenz* 型に分け，これらを基にして，属または種同定の鍵にしている．

スギ科 (Taxodiaceae) の発芽孔は外側に突出しており，その突出部の長さやその先端部のわずかな曲がりぐあいによって科の細分がなされている (表 11 参照)．しかし，これは現生のスギ科についてのことで，化石については，標本の変形を考慮するとこの細

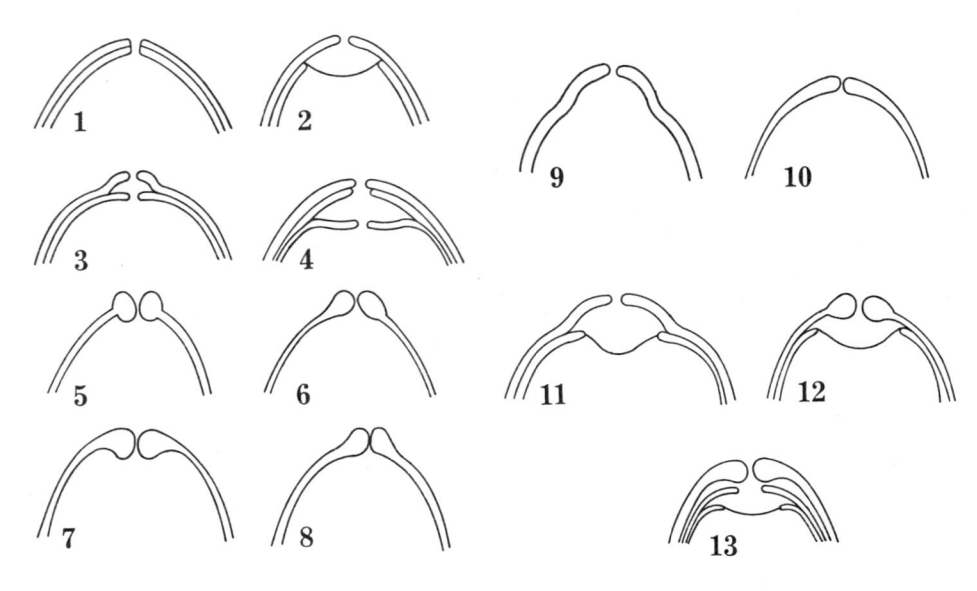

図 64 発芽孔と膜模造の組み合せ (PFLUG, 1953 による)
1: *Corylus* 型 2: *Myrica* 型 3: *Betula* 型 4: *Tilia* 型 5〜8: *Anulus* 9: *Labrum* 10: *Tumeszenz* 11: *Atrium* + *Labrum* (*Bituitus* 型) 12: *Atrium* + *Anulus* (*Excelsus*) 13: *Anulus* + *Vestibulum* + *Postatrium* (*Obexempum* 型).

分法を適用することは危険である．スギ科の細分に，花粉粒の大きさによる法を用いる研究者もいるが，特別な属を除いて危険である．

マツ科 (Pinaceae) の花粉粒は，表 13 のように，本体 (body) と翼 (bladder) とよりなる．本体と翼の大きさや両者の接合のしかたによって，MOHOCOZON (1949) らのように分類した例もある．

発芽孔の形には円形と楕円形とがある．円形には，イネ *Oryza sativa*・スギ *Cryptomeria japonica*・マツヨイグサ *Oenothera odorata*・ケヤキ *Zelkova serrata*・ハンノキ *Alnus japonica*・オニグルミ *Juglans mandshurica* var. *Sieboldiana*・アカザ *Chenopodium album* var. などがある．楕円形には，ニラ *Allium tuberosum*・ソテツ *Cycas revoluta*・アオイ *Malva verticullata*・チューリップ *Tulipa Gesneriana* などがある．

胞子類の条の構造による分類は，現在のところ十分になされていない．

④大きさ size　発芽孔・発芽溝の数・配列状態はそれぞれの花粉を特徴づけるものとして重要視されるが，それらの大きさもまた分類の基準となる．特に，発芽溝の長さについては，属の種類によっていろいろである．たとえば，ヤナギ属 (*Salix*) では，非常に長く両極近くまで切れこんでいることがある．シナノキ属 (*Tilia*) やサワグルミ属 (*Pterocarya*)・フウ属 (*Liquidambar*) の発芽孔は大きい方に入る．これら発芽口の大きさについては，必要に応じてあとのほうの各属の記載のところで説明してある．

§3. 微化石

表 11 スギ科 Taxodiaceae の各属の分類（徳永重元，1963 に一部加筆）

属　名	大きさ (μ)	外　形	外膜の状態	突起の状態	略　図
コウヨウザン属 Cunninghamia	30～42	球　形（やや変形）	薄　い	非常に小さい	
スギ属 Cryptomeria	25～35	球　形（2分割）	薄　い	指状，先端がわずかにまがる	
セコイア属 Sequoia	30～42	球　形（やや変形）	薄　い	指状，先端にかけてゆっくりとまがる	
ヌマスギ属 Taxodium	25～50	球　形（2分割）	ふつう	小さな円錐状	

（突起の大きさは本体に比してやや拡大して図化してある）

3) 膜 membrane:

①構造 texture　花粉粒の膜は，構造的にみて，外側から内側に，外被壁 (perine)・外壁 (exine)・内壁 (intine) の3層に区別されている（図 65）.

外被壁にはいろいろの突出物を含んでいる．この突出物を装飾 (ornamentation) とよんでいる.

外壁は花粉粒の内部を保護している．それが非常に強靱にできているので，花粉粒を化石としてよく残させている原因をなしている．外壁はいろいろの状態に肥厚し，その状態がさまざまな模様を呈しているために，ERDTMAN (1957) は暗視野下と明視野下とにおける位相差観察 L-O 法 を重規している．PFLUG (1953) は，この L-O 法 による結果を種区別の鍵にしている.

ストックホルム大学の花粉学研究所では，最近，ROWLAY 所長らにより花粉外膜の電子顕微鏡による研究が進められ，同属のものでも，種ごとに，その細部構造の違いのあることがわかってきた．将来，このような研究が化石花粉粒や胞子についても行なわれるならば，現在のような科・属単位の区分にとどまらず，種類によっては，種単位までの区分も可能となるであろう.

単子葉類の外膜の厚さは，双子葉類のそれよりも厚く，膜の細分のできない属もある.

シダ植物の胞子の膜の厚さは花粉のそれのように種類によっていろいろである．菌類の胞子の膜の厚さは，一般に厚い.

3. 化石鑑定のこつ

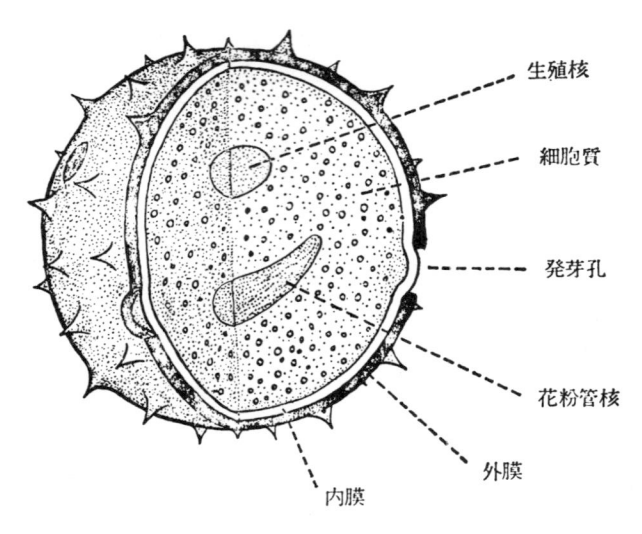

図中のラベル:
- 生殖核
- 細胞質
- 発芽孔
- 花粉管核
- 外膜
- 内膜

総壁 sporoderm	上壁 sclerine	外被層 perine	
		外壁 exine	外層 sexine
			内層 nexine
	内壁 intine		

図 65 花粉粒の模式図（岩波洋造, 1964）と花粉の膜の構造（ERDTMAN, 1954）

② 模　様　figure　花粉粒の表面の模様のおもなものには，粒状・網状・刺状の3種類がある．幾瀬（1956）は，日本の主要な花粉粒を調べて表面の模様を次のように区分している（表 12）．PFLUG（1953）は花粉外壁の付属物を図 66 のように区分している．また，ERDTMAN（1954）は外壁の模様に応じて，echinate, granulate, piliferous, scrobiculate, reticulate, negative reticulate の六つに区分している．そして，これら模様と L-O 法 との関係は 図 67 のようである．

マツ科 Pinaceae の一部には，本体 (body) の外膜の一部がヒダ状となり，これの有無，度合などによりこの科を細分する鍵にしている．たとえば，モミ属 (*Abies*) では，ヒダがほとんどないが，マツ属 (*Pinus*) では極めて顕著なヒダを持っている（図68）．胞子類の模様も花粉粒のそれによく似ている．

シダ類のある属の中には，同一属でありながら，表面の模様がいくつにも分けられるものがある．THOMAS van der HAMMEN（1956）は Trilete 型の胞子類を，その表面の模様に応じて 12 種類に細分している．

以上のように，花粉粒・胞子類の外膜の模様を花粉・胞子類を分類学的に区分するときの重要な要素としている．

§3. 微化石

表12 花粉の表面模様の種類（幾瀬マサ，1956に一部加筆）

模様の種類	大きさ・状態
棘状 spines	3μ以上の長さ
小棘状 spinules	3μ以下の長さ
疣状 verrucae	幅が長さより大
顆粒状 granula	小さな粒状
網状 reticulum	網目が3μ以上
小網状 subreticulum	網目が3〜0.5μ
細網状 fine reticulum	網目が0.5μ以下
線状 striae	平行線状
指紋状 finger print	指紋状
頭状有柄 pila	棒状で先端がふくれる

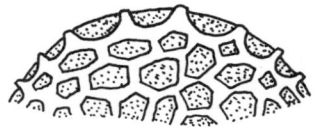

c. 花粉・胞子の分類　前項に述べた基本的な要素に基づいて，花粉，および胞子を形態的にいくつかに分類することができる．図63には，世界各国で，多くの研究者が行なった分類のうちで，すぐれた形態分類の一つとして，幾瀬マサ(1956)のものをあげた．この図のように，花粉，および胞子をそれらの形態にたよって分類すると，それほど数多くの分類はできない．しかし，自然界には現生植物だけでも莫大な数の種があるのだから，花粉や胞子の形態的特徴に基づくいくつかの分類のみでは，これらの種を分類することは不可能である．したがって，花粉では科や属までしか形態的に分類できず，ここに現在の花粉分析のなやみがあり，限界がある．花粉，殊に現生植物の花粉を形態的にのみ分類するにとどまるのならばいざしらず，地質学に応用

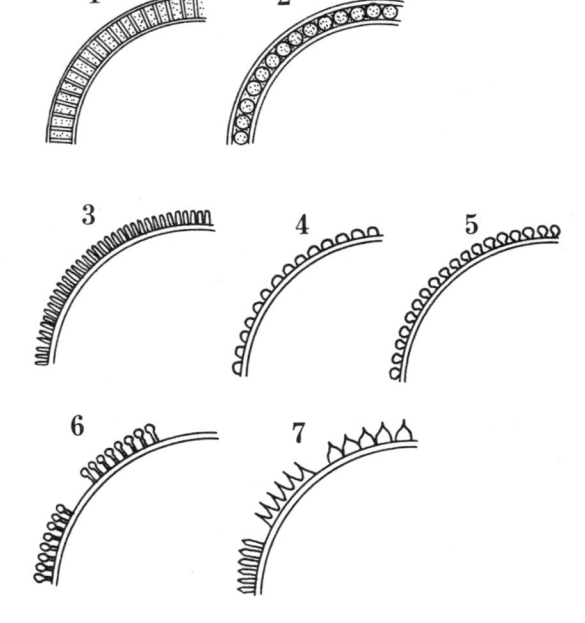

図66 花粉外膜と付属物（PFLUG, 1953による）
1: intrabaculat　2: intragranulat　3: baculat
4: verrucat　5: gemmat　6: clavat　7: echinat

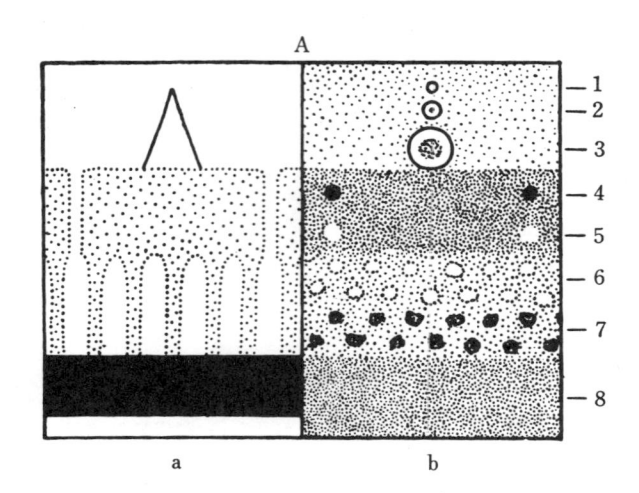

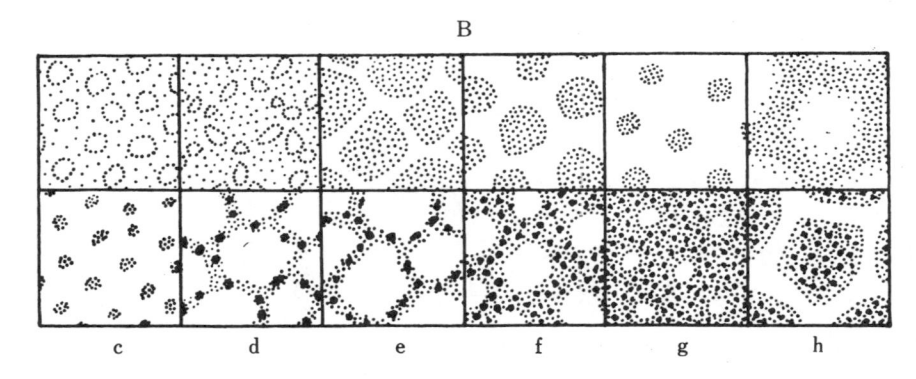

図 67 外膜模様の L-O 法 (ERDTMAN, 1954 による)
 a: exine   b: exine の L-O 法   c: sexine pilate
 d: retipilate   e, f: reticulate   g: scrobiculate
 h: areolate

して，たとえば，古気候・古微地形の解析を行なおうとするならば，現生植物との直接的な関係，つまり植物の名前がわからないことには，これらの解析はできない．

ところで現在，花粉学界では花粉・胞子の命名法に三つの方法がとられている．

①人為分類 artificial classification, ②自然分類 natural classification, ③半自然分類 harf classification の三つである．人為分類とは，別名形態分類ともいわれているとおり，花粉や胞子の形態に基づいて分類したものである．

〔例〕 *Tricolporopollenites japonica* FUJI 1971
    Monocolpopollenites elongata FUJI 1971

属名のうち前者は三つ (tri) の溝中孔 (colporatae) を持った花粉粒 (pollen) という

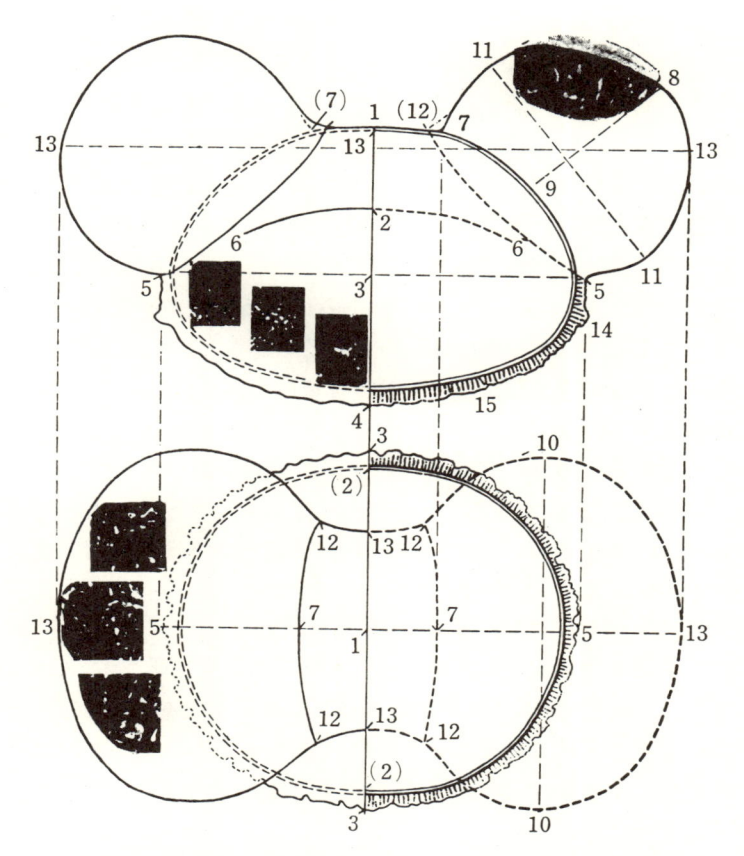

図 68 有翼型花粉の帽部 cap (15)，縁部 (14)，溝 (12-12)
および各部分（図 70 参照）(ERDTMAN, 1957 による)

ことを意味し，後者は一つ (mono) の 溝 (colpatae) を持った花粉粒 (pollen) を意味している．このような形態分類は，現生植物との直接的関係がつかめない中植代 (Mesophytic Era)・古植代 (Paleophytic Era) からの化石花粉・胞子にたいして，一般に使用されている．しかし，PFLUG らのような欧州や石油・石炭関係の多くの研究者は，新植代 (Cenophytic Era) にもこのような命名法を使っている．この命名法は，地層の対比 (correlation) というような層位学の研究には便であっても，古気候・古地形の解析といったように，現生植物との関連をよりどころにして研究しようとする部門の研究には不便で，現に形態分類を行なっている研究者でも，化石の記載の一部に，これら形態分類によって命名した種が現在の植物分類のどの科・属に近縁であるかを述べている．

つぎの自然分類とは，前項 a で述べた鑑定の諸要素から花粉・胞子を同定し，これらの化石が現生植物のどれにあたるかをきめ，その植物の二命名法 (binomination) による，いわゆる学名を用いる方法である．

〔例〕 *Alnus japonica* STEUD, *Alnus notoensis* FUJI 1970

前者は，現生ハンノキと同じであると同定された歴史時代の堆積物から発見された花粉である．しかし，新第三紀中新世ころともなると，形態的には現生のハンノキ（*Alnus japonica*）に似ていても，約 2500 万年も前の *Alnus* 属が *japonica* 種であるのかどうかは決定できず，ましてや形態的にも違いが認められた場合には，後者のように，種名のみを新たに命名することも可能である．しかし，一般には花粉・胞子ではそれらの形態のみで，現生種との直接的関連性を認識することは，特別な種を除いて，危険である．したがって，自然分類法の立場をとったり，あるいは新植代を研究している人々の多くは，属名までしか同定していないのがふつうである．しかし，先にも述べたように，今後の研究，たとえば外膜の電子顕微鏡による微細組織の解明によって，将来，いくつかの属については種までも同定できるようになることが期待される．

最後の半自然分類というのは，基本的には上述の自然分類の立場をとるが，ただし，同定した花粉・胞子が化石種であることを二命名法の中に表現したものである．たとえば，先の例の *Alnus notoensis* FUJI 1970（自然分類）を半自然分類で表現するとすれば，*Alnites notoensis*，または *Alnipollenites notoensis* ということも可能である．

〔例〕 *Podocarpites kasakhstanis* ZAKLINSKAJIA 1957

この化石種は，ソ連の新植代の花粉学の第一人者である女流研究者 ZAKLINSKAJIA の命名によるもので，*Podocarpus* マキ属の花粉化石であることを表現している．

以上に述べた三つの命名法にはそれぞれ長所・短所があり，いちがいにどの命名法がよいとはいえないが，いずれの命名法を採用するかは，研究者の対象とする時代と目的とによって決まるであろう．

d．主要な花粉・胞子化石の記載　　おもな花粉や胞子といってもそれらの数は莫大となり，それらの詳細な記載を，限られた紙数中で述べることは困難である．ここでは極めてふつうに検出される化石に限り，その大要を述べるにとどめる．それら化石の詳

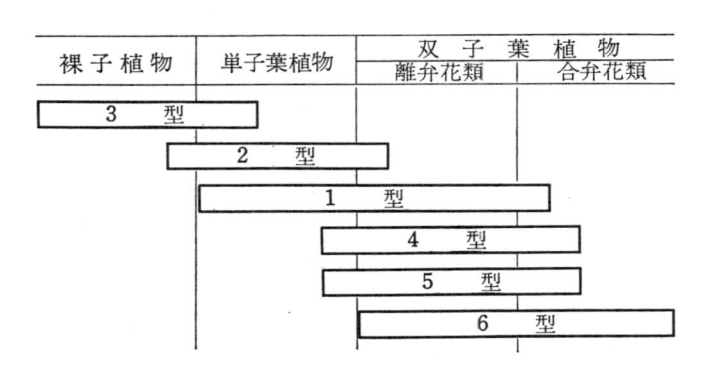

図 69　植物の種類と花粉の型との関係
（1〜6 型は 図 63 参照．幾瀬マサ，1956 による）

§3. 微化石

細については，おもな参考文献をあげておくので，これらの文献を参考にしていただきたい（180～181頁参照）．

1）花粉粒 pollen grains:

①裸子植物 Gymnospermae　裸子植物の花粉は，その形態からみて単溝粒（monocolpatae）・球形無孔粒（inaperturatae）・球形ヒダ付粒（*Tsuga* type）・有翼粒（vesiculatae）の四つの型に分けることができる．

マキ属 *Podocarpus*　有翼粒．25～45μ．翼が本体よりも大きく，種によっては，3～4個の翼を持っている．肥厚部は顕著で，溝は長い．本体外膜には，細かい網状目が発達している．主体（body）と翼とは，翼の一部分で接合しているので，主体が3個あるように見える．

マツ属 *Pinus*　有翼粒．現生種では 45～65μ あるが，化石では変形して，43～67μ ぐらい．本体と翼との接合のし方によって，*silvestris* 型と *haploxylon* 型とに二分できる．前者では，翼が半円状につき本体の腹部はなめらかであるのに対して，後者になると腹部が粒状となる．翼はマツ科の他の属に比較して小さく，肥厚部（marginal ridge）は極めて顕著である．背部は概して網状模様著しい．溝は顕著．

モミ属 *Abies*　有翼粒．75～110μ．平均 90～93μ くらいのものが多い．主体は翼に比較してはるかに大きく，肥厚部が皆無か，あってもわずかであることによって，マツ科のほかの属と区別できる．帽部（cap）は厚く，粒状模様を呈しているのが特徴である．腹部は概して平滑．

トウヒ属 *Picea*　有翼粒．65～95μ で，平均 85μ のものが多いので，数多くの統計的処理によって，大きさの点でも *Abies* 属との区別はつく．翼は *Abies* 属のそれよりもやや大きい．主体の背部には非常に細かい模様がある．肥厚部はない．

カラマツ属 *Larix*　球形無孔型．60～95μ で，外形は円形を呈し，粒の外膜には細かい粒状模様を認められることもあるが，化石では見えないことが多い．粒体の一部に肥厚帯があるので，同じ球形無孔粒から区別できる．化石ではスギ科のように割れていることが多い．

コウヨウザン属 *Cunninghamia*　球形無孔粒．30～42μ．外形は円形を呈す．外膜は薄く，化石でも細かい斑状模様が認められる．化石では，多くの場合，ゆがんでいる．

スギ属 *Cryptomeria*　球形無孔粒．単孔粒との説もある．25～35μ．外皮は薄く，化石では外膜上の模様はよくわからない．二分して出土することが多いが，指状突起（papilla）が1本認められる．突起は基部が太く，先端はいくらか湾曲している．

セコイア属 *Sequoia*　球形無孔粒．30～42μ．指状突起が1本ある．それはスギ属のそれよりも大きい感じがするが，化石ではよく似ていて区別がつかない．

ヌマスギ属 *Taxodium*　球形無孔粒．25～50μ．1本の指状突起がある．現生種でのそれはスギ属のそれよりも小さいが，基部の太いことで区別がつく．しかし，化

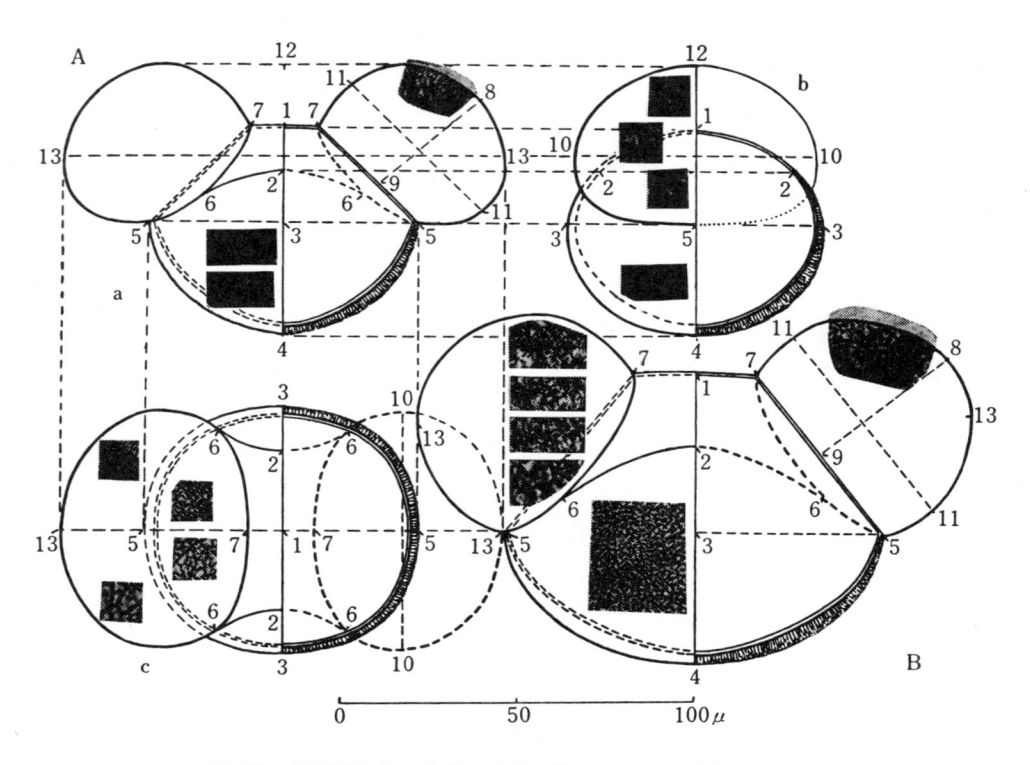

図 70 有翼型花粉の各部の名称（ERDTMAN, 1954 による）

1 : distal pole 4 : proximal pole 1-4: corpus height 5-5: breadth depth 3-3: depth 9-8 : sacci height 10-10: breadt 11-11: depth 4-12: total grain height 13-13: breadth 3-5-3: depth

石にこれを適用させて，スギ類を区別するのは危険である．

メタセコイア属 *Metasequoia* 球形無孔粒．19〜30μ．1本の指状突起がある．それはセコイア属に酷似するもいくらか細かいことと，先がかすかに湾曲していることによって，現生種では区別される．また，粒の大きさでこの属を区別している研究者もある．しかし，化石にこれを適用するのは危険である（上野実朗，1958）．

ソテツ属 *Cycas* 単溝粒．25〜35μ．粒体の中央部に，縦に長い1本の溝（furrow）がある．溝のあたりでは，溝の内側にまきこむようになってみえる．現生粒の外膜には細粒のしわが認められるというが，化石では不明瞭．

イチョウ属 *Ginkgo* 単溝粒．25〜30μ．溝は幅広く，粒体の中に深くえぐりこんでいる．大きさは，ソテツ属よりもいくらか小さい．ソテツ属との区別は，化石では困難のようである．

ツガ属 *Tsuga* 球形ヒダ付無孔粒．58〜87μ．粒体の周りにしわの多いヒダがつく．ヒダを翼の変形とする説があり，このためにこの属を有翼粒に加えよ，との説も

§3. 微化石

表 13 有翼型花粉の分類

属 名	粒の大きさ (μ)	翼	縁部	背部	腹部	略 図
マキ属 Podocarpus	25〜45	2〜3個つく. 本体に比してかなり大きい.	有		溝は長い.	
マツ属 Pinus	45〜65	本体よりやや小さい.	有 顕著	網目の模様	溝は顕著, 5葉類には小粒突起あり.	
モミ属 Abies	75〜110	本体より小さく, 球形.	無 (わずか)	帽部は厚い. 粗粒模様	平滑で少し斑点あり.	
トウヒ属 Picea	65〜95	本体より小さい. 本体に密着する	無	細網目模様.		

ある.このヒダの幅によって2種類に区別できる.粒直径の 1/4 以上のものを *diversifolia* 型,1/4 以下のものを *canadensis* 型と化石では区別している.

② 被子植物 Angiospermae

ⅰ) 双子葉類 Dicotyledoneae　双子葉植物の花粉粒には,無孔粒 (inaperturatae)・単溝粒 (monocolpatae)・3溝粒 (tricolpatae)・3溝中孔粒 (tricolporatae)・緑孔粒 (stephonoporatae)・3孔粒 (triporatae)・面孔粒 (periporatae) などの七つがおもなものである.このほかにも,表面の疎い網目状の模様 (lacunae) があって,pseudopore の有無により fenestratae, heterocolpatae, および extraporatae というような型の粒もあるが略した.詳細は末尾の文献によって見られたい.

〔無孔粒 inaperturatae〕　花粉粒の表面に発芽孔のないもの.

　ドロノキ属 *Populus*　25〜38μ.外形は球形で,外膜厚く,細かい網状模様がある.内膜も厚くなっているので,検鏡のとき粒体の大きさに比して特に厚膜に見える.

　クスノキ属 *Cinnamomum*　25〜48μ.外膜には棘状突起が認められる.

〔3孔粒 triporatae〕　花粉粒の赤道縁に三つの発芽孔が,たがいに120°の中心角で配列している.

　カリア属 *Carya*　花粉粒は 40〜55μ.やや楕円体形.発芽孔は aspidate 型で小さい円形で,クルミ属 (*Juglans*) に似ているが,*Carya* はクルミ属より発芽孔の少ないことと粒直径の小さいことで区別される.外膜には細粒〜平滑模様あり.

　クマシデ属 *Carpinus*　花粉粒は 25〜43μ.発芽孔は大きく楕円形の孔の周りの膜は薄い.外膜には微細粒があるか平滑.外形がカバノキ (*Betula*) に似ているが,この属のほうがより円形である.

ノグルミ属 *Pterocarya*　花粉粒は 15μ. 楕円形で，極観像にては，3 角形を呈し，その角のところに aspidate 型の発芽孔がある．孔は極方向に長い．外膜には平滑ないしは細粒模様がある．

　エノキ属 *Celtis*　花粉粒の極観像は *Betula* に似ているが，この属のほうが，発芽孔間のふくらみが著しい．孔の周りの外膜は *Carpinus* に似る．外膜は平滑ないしはわずかに細いすじがある程度．粒の大きさは 25〜40μ.

　カバノキ属 *Betula*　花粉粒は 22〜40μ. 極観像はほぼ三角形を呈し，一般に三つの発芽孔を持っているが，時に 4〜6 の孔を持っているものもある．孔は aspidate 型．化石では，概して平滑な外膜である．

　ヤマモモ属 *Myrica*　花粉粒は 25〜30μ. 極観像はほぼ 3 角形を呈し，各頂点に発芽孔が各 1 個ある．孔は *Betula* に似た aspidate 型であるが，孔の周辺部に肥厚帯がある．

　ハシバミ属 *Corylus*　花粉粒としては *Betula* に似て，極観像はややふくらみを持ったほぼ 3 角形．発芽孔は広い．この孔の内側の肥厚部がこの属の特徴．粒は 20〜25μ の直径．

〔縁孔粒 stephonoporatae〕　花粉粒の赤道縁に沿って多くの発芽孔が配列されているもの．

　ハンノキ属 *Alnus*　花粉粒は 17〜32μ. ふつうは赤道縁上に五つの発芽孔が等間隔に配列されているが，時に 4〜6 個持っているものもある．孔は aspidate 型で，楕円形．孔の辺部の外膜は厚くなっている．発芽孔から発芽孔に，arci とよばれる厚いベルトがある．これが *Alnus* の最も特徴となるところである．

　アサダ属 *Ostrya*　花粉粒は 25〜30μ の大きさで，外膜は平滑か，わずかにしわが認められる．発芽孔は楕円形を呈し，長さは幅の約 2 倍．

　ニレ属 *Ulmus*　花粉粒では，大きさが 25〜40μ. 発芽孔は 3〜7 個ある．孔は大きく 5μ. 外膜は平滑なるも，内膜が部分により厚くなっているので，検鏡時にはしわになってみえる．これがニレ属の特徴である．

　サワグルミ属 *Pterocarya*　花粉粒は，25〜33μ. 発芽孔は平均 5〜6 個．孔は外側にやや突出し，長楕円形を呈する．*Carpinus* の孔に似ている．外膜にはわずかな粒状組織が認められるのが特徴．

　ケヤキ属 *Zelkova*　花粉粒の大きさは 15〜40μ. 発芽孔は，概して 5 個のことが多いが，時には 2〜7 個のものもある．孔は突出顕著．外膜上にはしわ模様があり，これが *Zelkova* の特徴の一つ．

〔単溝粒 monocolpatae〕　花粉粒の表面に 1 本の溝があるもの．

　モクレン属 *Magnolia*　花粉粒の大きさが 40〜63μ. 楕円形の外形を呈し，溝は *Ginkgo* や *Cycas* のそれよりも長く，外膜には粗粒模様がある．

　スイレン科 Nymphaeaceae　花粉粒の形態によって属をきめることは困難. 20〜65μ

§3. 微化石

4集粒にて産出するものもある．外膜には棘状突起が顕著．

〔3溝粒 tricolpatae〕 溝が3本，極方向に長く，中心角 120° で配列している．

カエデ属 *Acer* 花粉粒の大きさは 25～35μ．溝は比較的長い．外膜には細かい網目状ないし線状模様がある．

トネリコ属 *Fraxinus* 花粉粒は 18～27μ．外形はやや角ばっている．溝は3条あるのがふつうであるが，時には5条認められるものもある．

スズカケノキ属 *Platanus* 花粉粒は 15～20μ．溝は極方向に長い．外膜には網目状の模様がある．

〔面孔粒 periporatae〕 花粉粒の全面にわたって発芽孔が散在する．

クルミ属 *Juglans* 花粉の大きさは 35～45μ．扁平粒．発芽孔は円形ないし楕円形．孔の周辺は丸みのある厚い膜でかこまれている．

フウ属 *Liquidambar* 花粉粒は 35～40μ．12～20個の発芽孔がある．円形の孔はいくらか突出．外膜には粗い網状様粒模様がある．

〔3溝孔粒 tricolporatae〕

ヤナギ属 *Salix* 花粉粒は 25～40μ．三つの溝は長く，極近くまで達している．溝中の孔はややふくれており，margo とよばれている．外膜には小さい粒状突起が認められる．

ナラ属 *Quercus* 花粉粒は 22～45μ の大きさで，22～25μ は常緑型に，28～45μ は落葉型に区分できる．化石は，薄片内では一般に赤道観像であることが多く，長楕円形を呈している．溝は比較的長く，くさび形の hyaline というフタがある．外膜は，後期第四紀層からのものでは細粒状模様を呈している．

ブナ属 *Fagus* 花粉粒の大きさは 30～55μ．外観は赤道観ないし稍赤道観のことが多い．球形ないしは扁球である．溝の中に hyaline がある．溝は極までのび，孔も大きく顕著．外膜には粒状模様が認められる．

クリ属 *Castanea* 花粉粒の大きさは 10～15μ で，3溝孔粒中でもとりわけ小形に属し，やや長楕円形をしている．薄片中では赤道観像であることが多い．溝は比較的長い．溝中に孔がみえる．外膜は，化石では平滑になっている．

シナノキ属 *Tilia* 花粉粒は 27～35μ で，極観像では，やや三角形を呈している．溝のないものも現生種にはあるが，ともに発芽孔が粒の内側に深く入りこんで，極観像では，丸く大きい孔となって見えるのがこの属の特徴である．外膜は比較的厚い．表面は平滑である．

モチノキ属 *Ilex* 花粉粒は 24～30μ で，薄片中では赤道観像のことが多い．楕円形を呈している．溝は3条をふつうとするも，5条あることもある．溝の中央部に孔がある．外膜には，極めて顕著な粒状突起がある．

ミツガシワ属 *Menyanthes* 花粉粒は 32～48μ で，長楕円形を呈し，外膜には明瞭な線状模様が残っている．

キク科 Compositae　花粉粒は 18～35μ の大きさで，概して極観像であることが多い．外膜の棘状突起により多くの種類に区分されているが，日本の現生種では約10の型に分類できる．化石としては，棘状突起とタスキ状の模様により4～5の型に区分できる．

ii) 単子葉類 Monocotyledoneae　単子葉類の花粉は，形態的につぎの七つに区分することができる．すなわち，無孔粒 (inaperturatae)・単溝粒 (monocolpatae)・単孔粒 (monoporatae)・4孔粒 (tetraporatae)・4集粒 (tetrad grain)・特殊粒・集合粒がそれである．双子葉類に比較すると，同じ科・属の花粉でも，大きさに変化があり，外膜・内膜が薄い．また，発芽孔の配列が不規則であったりする．単子葉類の花粉は，双子葉類や裸子植物の花粉に比較して，古気候・古地形の解析にあたってのウェイトは軽い．極めて重要な科・属についてのみ述べる．

バショウ属 Musa　花粉は無孔粒で，50～200μ にも達し，種により変化著しい．円形を呈し，外膜には細い条がある．内膜は透明．化石として日本からの報告は少ない．

ヒルムシロ属 Potamogeton　花粉は無孔粒で，25～35μ．楕円形を呈することが多い．外膜には細かい網目状模様がある．

ヤシ科 Palmae　花粉は単溝粒に属しているが，ニッパヤシ属 Nipa のように溝 furrow が2条あるものもある．外膜には網目状の模様が明瞭に見えることもある．外形はソテツ属 Cycas やイチョウ属 Ginkgo に酷似する．これらとの区別は，外膜上の模様によるほかない．すなわち，後の2属は，外膜上に細かい粒状模様がある．しかし，ヤシ科の中には，網目状の模様が不明瞭のものもあって，区別しがたいこともある．花粉粒の大きさは，17～30μ．

イネ科 Gramineae　花粉の形態は単孔粒に属し，発芽孔は大きく，その周りには幅の広い輪が孔をとりまくようにして広がっている．大きさは 25～100μ．粒の大きさは雑草類は穀類よりも小さい．後者は 40～100μ．外膜は一般に平滑．

カヤツリグサ科 Cyperaceae　花粉粒は単孔粒に属するものと4孔粒に属するものとがある．常に極に孔が一つある．楕円形を呈する．外膜には，粒状・網状の模様がある．

スゲ属 Carex　花粉は単孔粒に属し，32～50μ．薄片中では，ふつう円形．発芽孔の周りにはギザギザ模様があり，これによってもイネ科 Gramineae と区別できる．外膜には細かい粒状模様がみえるが，化石では不明瞭で，ふつうは，平滑にみえるものが多い．偽孔が4～5個みえることもある．

ラン科 Orchidaceae　花粉は4集粒・特殊粒．後者の場合には，花粉粒が数個柄によって集合している．発芽孔は1～4個あり．粒一つの大きさは 18～60μ．

2) 胞子粒 spore grain:

① シダ植物 Pteridophyta　シダ植物の胞子は，その形態によって無条粒 (alete)・

単条粒（monolete）・3条粒（trilete，外形が三角形で Y 字状の溝または条を持った胞子粒），3面粒（triplanete，外形は三角形を呈するが明確に3面に分かれている胞子粒で，化石にのみ認められている形）の四つに区別されている．

胞子の表面の模様には，花粉粒の場合と同じように，網目状・粒状・棒状などがある．しかし，一つの属においても，種によって，外膜の模様を異にしていることがある．

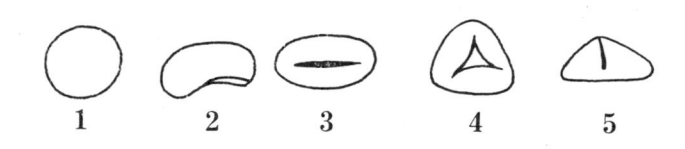

図 71 胞子の基本型（徳永重元，1963 による）
1：無条型 alete　2～3：単条型 monolete
4：3条型 trilete　5：3面型 triplanete

ゼンマイ属 *Osmunda*
　　胞子は 45～80μ の大きさ．無条粒ないし3条粒．外形は楕円形で，網目状模様が著しい．Y字状の条がある．

オシダ属 *Dryopteris*　胞子は 25～60μ．無条粒ないし3条粒で，外観は三角形を呈している．外膜には短い棘状模様がある．条は広く，長い．

エゾデシダ属 *Polypodium*　胞子は 35～75μ．無条粒ないし3条粒．ダイズ豆状の外形を呈する．Y字状の条は長く，粒の縁まで達するものがある．外膜は平滑か，種によってはわずかに線状模様がある．

ヒカゲノカズラ属 *Lycopodium*　胞子の大きさは 25～50μ で，3条粒に属する．Y字状の条が明確で，外膜には，網状模様が顕著である．

ハナヤスリ属 *Ophioglosum*　胞子は 35～48μ の大きさ．3条粒．外膜には顕著な網状，および棘状模様がある．

②蘚苔類 Bryophyta　この類は，分類学的には蘚類（Mucsi）と苔類（Hepaticae）

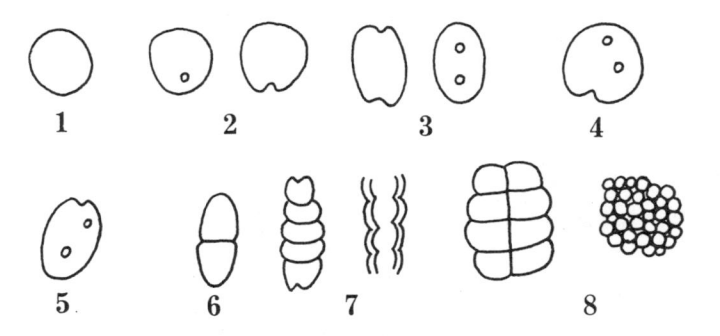

図 72 菌類胞子の分類（徳永重元，1963 による）
1：*Inapertisporites*　2：*Monoporisporites*　3：*Diporisporites*
4：*Triporisporites*　5：*Polyporisporites*　6：*Dyadosporites*
7：*Pleuricellaesporites*　8：*Polyadosporites*

の二つに区分される．これらの胞子は，形態的には，無孔粒，単条粒，3条粒などがあって，シダ植物のそれに酷似する．したがって，この類の胞子であると，化石の上で区別するのは現在では困難である，といわざるをえない．

③菌　類 Fungus　菌類の胞子は，花粉分析でもよく検出されるが，形態的に，分類学的な関係を端的に決めるのは困難．胞子は 30〜50μ の大きさで，鏡下では暗褐色を呈している．無孔・無条のものが多い．化石では，その形態と房の数やその連なりで図 72 のように分類している．　　　　　　　　　　　　　　　　　　　〔藤　則雄〕

参考文献

(1) 全般にわたる文献

ERDTMAN, G. (1952): Pollen Morphology and Plant Taxonomy, Angiosperms, 539 p., Chronica Botanica Co.

――― (1957): Pollen Morphology / Plant Taxonomy, Gymnospermal, Pteridophyta, Bryophyta, 151 p., Almqvist and Wiksell.

――― (1965): Pollen and Spore Morphology / Plant Taxonomy, Gymnospermae, Bryophyta, 191 p., Almqvist and Wiksell.

――― (1969): Handbook of Palynology, Morphology—Taxonomy—Ecology, 486 p., Munksgaard.

FAEGRI, K., IVERSEN, J., WATERBOLK, H. T. (1963): Textbook of Pollen Analysis, 237 p., Munksgaard.

KREMP, G. O. W. (1965): Morphologic Encyclopedia of Palynology; 185 p., University of Arizona Press.

岩波洋造 (1964): 花粉学大要, 272 p., 風間書房.

藤　則雄 (1973): 花粉．古生物学各論 I，植物化石，大森昌衛ほか（編），212-230，築地書館．

幾瀬マサ (1956): 日本の花粉．303 p., 広川書店．

相馬寛吉 (1976): 花粉・胞子．微古生物学，下巻，浅野清（編），54-106，朝倉書店．

化石研究会（編）(1971): 化石の研究法，710 p., 共立出版．

徳永重元 (1963): 花粉のゆくえ，「地下の科学」シリーズIV，218 p., 実業公報社．

中村　純 (1967): 花粉分析，「グローバル・シリーズ」232 p., 古今書院．

(2) ことに化石にかんする文献

山崎次男・佐々保男 (1938): 花粉分析法により推定さるる第三期末以降の北日本の自然地理的変遷，日本学術協会報告，13, 3.

堀　正一 (1941): 尾瀬原湿原の花粉分析の研究，植物及動物，9, 5.

山崎次男 (1943): 花粉分析による北日本洪積世以降の気候変遷史，科学，5.

HORI, S. (1957): Pollen analytical studies on bogs of Central Japan, with special

references to the climatic in the Alluvial age, 植物学集報, 16, 1.
藤　則雄 (1962)：北陸における後期洪積世層の花粉分析学的研究．地球科学, 60-61.
高橋　清 (1962)：日本の漸新世と中新世下部にみられる化石花粉群．化石, 4.
藤　則雄 (1966)：日本における後氷期の気候変遷，第四紀研究, 5, 3·4.
FUJI, N. (1969): Fossil Spores and Pollen Grains from the Neogene Deposits in Noto Peninsula, Central Japan——I (Late Miocene Wakura Member), II (Mid. Miocene Yamatoda Member), III (Late Miocene Hijirikawa Member), 日本古生物学会報告記事, N. S., 73, 74, 76.

（3）　世界のおもな花粉関係の雑誌

Review of Palaeobotany and Palynology, Elsevier, 年4回出版.
Pollen et Spore, Museum National d'Histoire Naturelle, 年2～3回出版.
Grana Palynologica, Almqvist and Wiksell, 年1～2回出版.
Palaeoclimatology Palaeoecology Palaeogeography, Elsevier, 年4回出版.

（2）　珪　藻　類

顕微鏡的な単細胞藻類で，細胞膜に含水珪酸が沈積した珪質の殻壁を持ち，その内部に原形質を持つ．原形質中の色素体により炭素同化作用を営み，脂肪油を造成するものが多いが，色素体を持たないものは腐敗栄養法を営む．珪藻は海水・汽水・淡水のいずれにも分布し，単体あるいは群体をなして浮游するものと，底棲のものがある．化石としての確実な記録は白亜紀であるが，三畳紀，ないしは二畳紀末期に由来すると考えられるものもある（たとえば円心目の *Hemiaulus* 属や *Trinacria* 属）．

a．標本のつくりかた

〔試料の処理〕　①5gほどの泥岩の塊りをハンマーでたたいて細かく砕く．②細かく砕いた試料をあらかじめ沸とうさせた濃度15%くらいの過酸化水素水少量の中へ入れる．はげしく分解するから注意を要する．③試料がもみくだかれ，けん濁液となったらバーナーからおろして冷やす．時によっては，石灰質分を溶解するため少量の濃い塩酸を加え再び沸とうさせるが，この操作は省いてもよい．④ビーカーいっぱいに水を加え

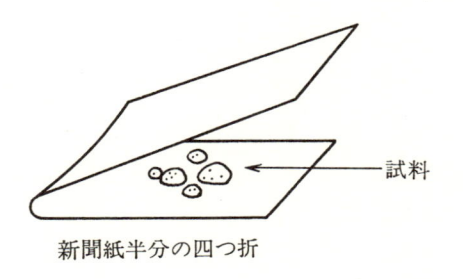

図 73

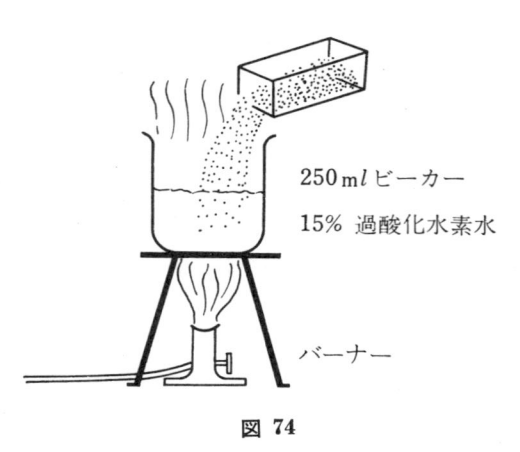

て4時間ぐらい置き，底に沈んでいる泥は流さないように注意しながら上澄み液を捨て，再び水を加える． ⑤この操作を2～3回繰り返して行う．

〔スライド作成〕 ①ビーカーの中をよくかきまぜ，数分してから，駒込ピペットでこのけん濁液を吸い上げ，ホット・プレートの上にのせたカバーグラスに数滴おとす． ②数分してから電熱器のスイッチを入れ，カバーグラス上のけん濁液の水分を蒸発させる．蒸発してかわいたら，その上に封入剤（バルサム，あるいはプルーラックス）を数滴おとす．数10分熱して封入剤を乾固する． ③アルコールランプで暖めたスライドグラスの上にカバーグラスをはりつけて固定する．

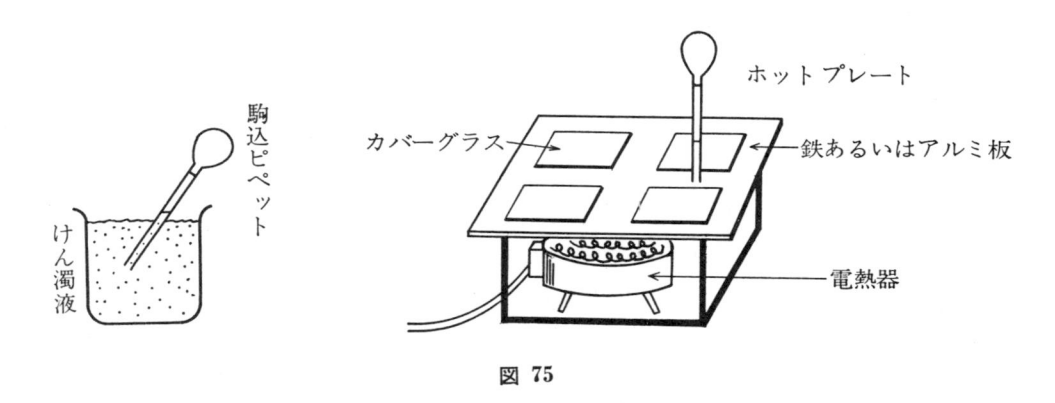

図 74

図 75

b. 分類 微化石のうちで，生物学者による分類が最もよくなされている部門であり，化石の分類においても，一部を除いて生物学者の用いる分類体系をそのまま使うことができる．現在まで，現生と化石を含めて約600属，2,000余種が記載されている．現在広く用いられている分類体系は HUSTEDT によりなされ(1956)，現生および化石の珪藻を2目，7亜目，16科，約190属に分けている．ここでは，そのうちの本邦第三系および第四系において，ごくふつうに化石としてみられる属名について，鑑定の概略を述べる．

分類の手がかりとなる殻は，大小二個の部分，すなわちふたにあたる上殻片と，みにあたる下殻片とからなり，各殻片は上下の殻面と，側面をおおう側帯とからなる．

珪藻類は殻面からみた殻の形態によって，つぎの2目に分けられる．

円心目 同心円の構造を有する円形または多角形で彫刻は放射状に並ぶ．

§3. 微 化 石　　　183

羽状目　左右対称の舟形，紡錘形，または棒状で，彫刻は羽根状に並ぶ．この類では，殻の中央部や両端に肥厚部（節）がみられ，両端の端結節は縦溝線とよぶ，殻面の肋脈の間を走る1本の溝で結ばれている．縦溝線に沿った彫刻のない狭い透明な部分を軸域とよぶ．

1）円心目：

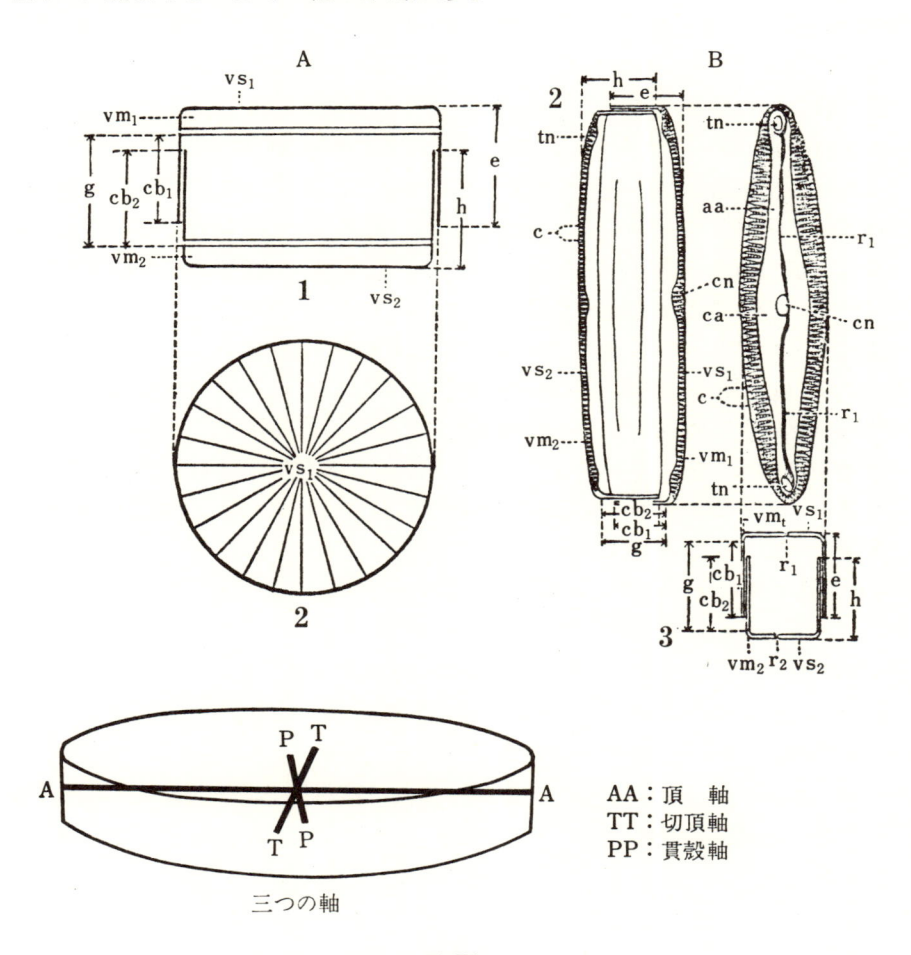

Melosiraceae 科　殻は円筒形．殻面は円形で，殻環面は扁平または凸形をなす．殻環面には点紋あるいはその他の彫刻がある．

図 76
A: 円心目珪藻（*Coscinodiscus* 属）殻の模式図．
B: 羽状目珪藻（Naviculaceae 科）殻の模式図．
1；帯面観　2；殻面観　3；断面　e；上殻　h；下殻　g；殻環　c；肋脈　tn；端結節　cn；中央結節　r；縦溝（r_1 上殻，r_2 下殻）　aa；軸域　ca；中心域　cb；（cb_1 上殻，cb_2 下殻）　vs；殻面（vs_1 上殻，vs_2 下殻）　vm；殻帯（vm_1 上殻，vm_2 下殻）

AA：頂　軸
TT：切頂軸
PP：貫殻軸

三つの軸

Melosira 属　円筒形または球形で，殻面は平らか，やや球形をなす．殻環面には密な細かい点の列があり，中央部に横溝とよぶ1本あるいは2本のやや深い横の溝を持つ．

Coscinodiscaceae 科　殻は円筒形，円盤形，あるいは球形をなす．殻面には彫刻模様が発達するほか，周縁に小突起または小棘を持つ．

Cyclotella 属　太鼓状．殻面は直径方向，または同心円的に波状のうねりをなす．周縁部に放射状の線紋があり，中央には点紋を持つか，あるいは平滑である．

Stephanodiscus 属　盤状をなし，殻面は同心円的にうねる．放射状の網目模様は中心に近づくにつれて微かとなり，中心部では不規則な散点となる．縁辺部には顕著な棘の列がある．

Coscinodiscus 属　盤状をなし，殻面の縁辺部に小棘の列があるが見分けにくい．このほかに不対称な小突起を有する網目状または点紋状などの殻面彫刻の配列の様式によって，つぎの4類に分けられる．①偏心型：放射状の線紋のある狭い外環と，不規則な点紋の内部とからなる．②直線型：六角形の網目模様が直径方向に並ぶ．③束房型：放射状の束帯をなし，各束帯区の網目はその中央線または縁辺線に平行である．④放射型：網目が放射状に分布する．

Actinoptychus 属　円盤状で，殻面は放射状にうねり，くさび状の区画に分かれる．中央は紋のない区域となる．周縁部はやや広く多数の棘を有する．

Actinocyclus 属　盤状で，殻面は平らであるか，または突出している．周縁部には小棘のほか1個の円形の眼紋を有する．彫刻は点紋または六角網目で，放射状の束帯をなす．中心区を持つ．

Thalassiosiraceae 科　殻は円盤状をなし，その中心部で1本または多数の原形質の糸によって，連鎖状の群体をなす．小棘を有する．

Thalassiosira 属　やや厚い円盤状をなし，原形質の糸で連結される．殻面には微細な彫刻を有する．周縁部に小棘があり，時には長く放射状にのびる．

Skeletonemaceae 科　殻面の周縁部をとりまく細棘により，連鎖状の群体をつくる．

Stephanopyxis 属　殻は円筒形，球形，または楕円形で，殻面には六角形の網目彫刻がある．蓋面は張り出し，その周囲に大きな棘が並んでいる．この棘は内部に細い孔があいている．

2)　羽状目：

Fragilariaceae 科　殻面は扁平な卵円形で，区画紋を有しない．殻環面は四角形である．

Fragilaria 属　殻面は披針形または楕円形で，時にその中央部が側方に突出したり没入したりする．切頂線紋を有する．

Thalassionema 属　殻面は棒状あるいは披針形をなし，縁には多数の小棘が規則正しく並ぶ．頂軸は等極性である．

§3. 微化石

Melosira   *Cyclotella*   *Thalassiosira*

Stephanodiscus   *Actinoptychus*

Stephanopyxis   *Actinocyclus*   （直線型）*Coscinodiscus*

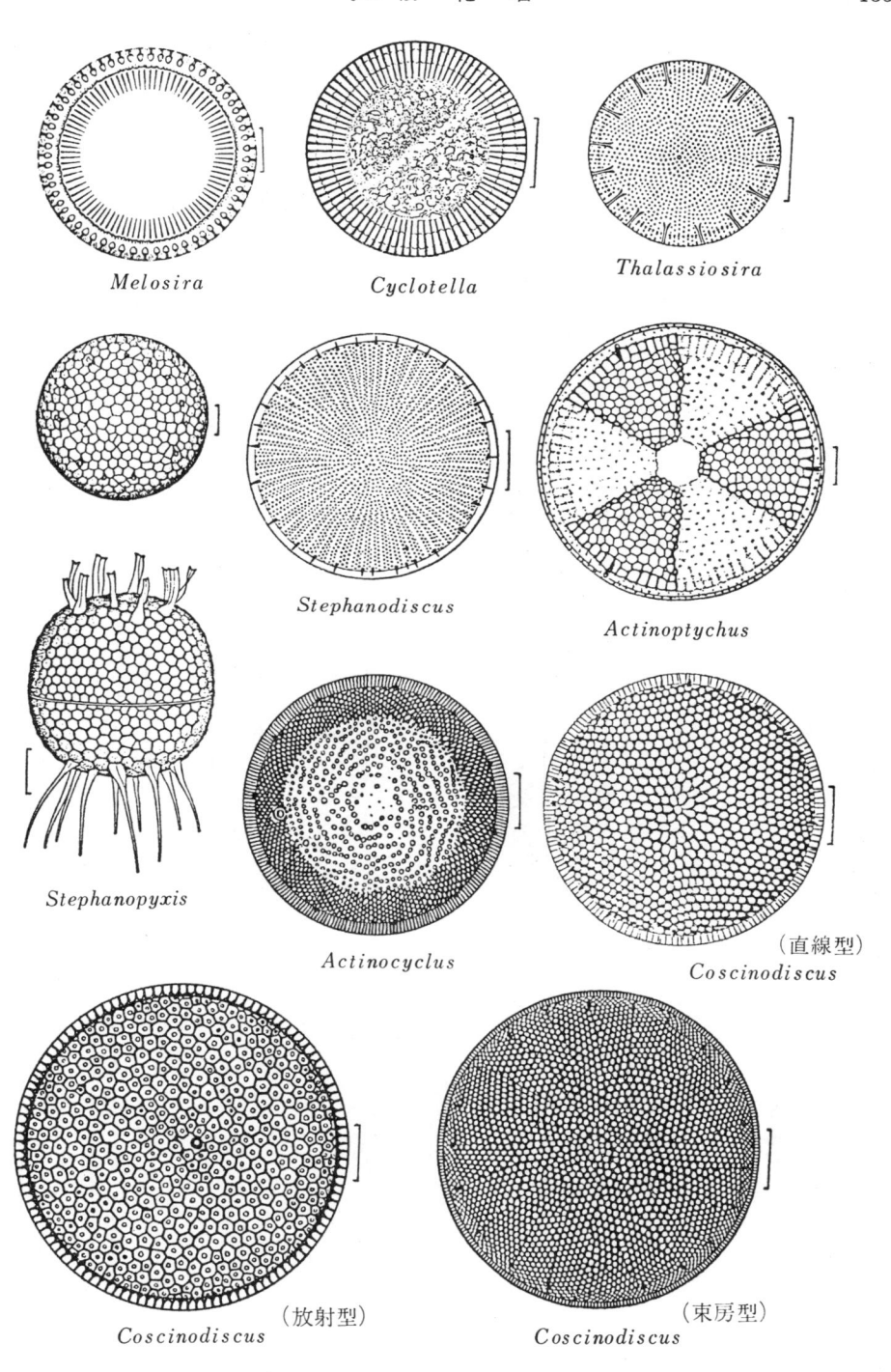

（放射型）*Coscinodiscus*   （束房型）*Coscinodiscus*

図 77　円心目珪藻のおもな属（実線の長さは 10μ を示す）

Rhaphoneis 属　殻面は披針形あるいは楕円形で，両端は時おりくちばし状をなす．中央線の両側には切頂点の紋列がある．

Achnanthaceae 科　上下両殻のうち一方の殻面には縦溝を持つ．

Fragilaria

Achnanthes

Diploneis

Epithemia

Nitzschia

Navicula

Navicula

Rhaphoneis

Cymbella

Cocconeis

Thalassionema

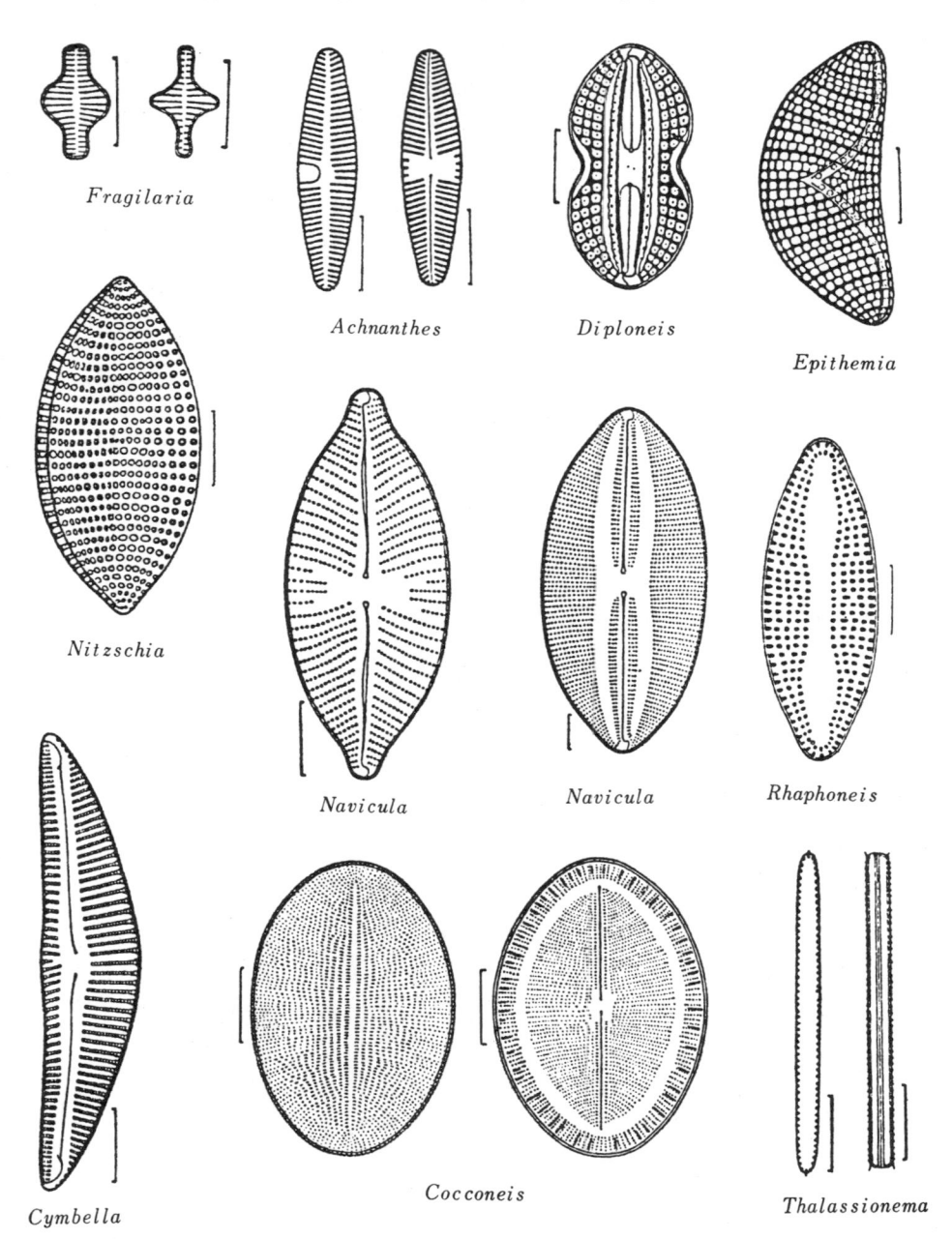

図 78　羽状目珪藻のおもな属（実線の長さは 10μ を示す）

Achnanthes 属　楕円形または披針形をなす．肋骨状の羽状線紋がある．

Cocconeis 属　扁平な楕円形をなし，上下両殻でその彫刻模様を異にする．模様は縦溝または頂軸溝に対して直角ないしはやや放射状をなした横線紋または点線紋である．

Naviculaceae 科　殻は一般に舟形をなし，上下両殻は同形である．また両殻にはよく発達した縦溝を有する．

Navicula 属　殻は披針形ないし長楕円形である．中央結節は明瞭で，通常まるいが時に十字結節となる．殻面には細点，または線模様の切頂線紋を有する．この属は最も種類の多い属で，かなり形態を異にする多数の亜属を含み，種類はおよそ 1,000 種以上におよぶ．

Diploneis 属　多くは楕円形であるが，中央部がくびれているものもある．中央結節はやや大きく，対をなして頂軸方向にのびている．両縁から中央線にむかって切頂肋脈があるが，中央線までは達せず，延長角に沿って縦に走る室の列を生じる．

Cymbella 属　小舟形をなし，殻面は頂軸に不対称で，切頂軸の方向に曲がる．縦溝は殻面の腹側（没入している側）に偏在する．中軸区および中心区はよく発達する．切頂点線紋は縦溝の両側にやや放射状に配列する．

Epithemiaceae 科　小舟形．縦溝は小孔を有して管状となる．殻面には切頂肋脈があり，網目模様を示す．

Epithemia 属　殻面において長楕円形をゆがめたような形をなし，背面は突出し腹面は没入する．没入した側には縦溝を伴う中軸区があり，その中央部は内側に突入して V 字形をなす．また切頂肋脈を持ち網目模様を示す．

Nitzschiaceae 科　長い棒状をなし，殻環面では四角または菱形である．上下両殻はそれぞれ 1 個ずつ管状縦溝を竜骨上に持つ．

Nitzschia 属　棒状．殻環面は菱形をなす．殻面の一方の側に竜骨があり，この中に縦溝がある．縦溝の裂溝に沿って 1 列の小円孔列がみられる．

参考文献

F. Hustedt (1927—1966): Die Kieselalgen. L. Rabenhorst's Kryptogamen-Flora von Deutschland, Osterreich und der Schweiz. Band 7, Teil 1, 920 p., Teil 2, 845 p., Teil 3, 816 p., Johnson Reprint Co.

F. Hustedt (1956): Kieselalgen (Diatomeen), 70 p., Kosmos-verlag Franckh.

奥津春生 (1957)：菌藻植物・珪藻類．古生物学，下巻，600–612 p., 朝倉書店．

小久保清治 (1960)：浮游珪藻類，330 p., 恒星社厚生閣．

小泉　格 (1976)：珪藻，微古生物学，中巻，138–221 p., 朝倉書店．

（3）放散虫類

単細胞の原生動物である．体の内外に発達したおもに非晶質珪酸でできた骨格あるいは殻と原形質からなる．骨格の外側に糸状の仮足を放射状に多数出して，より小さい動植物を捕食して生活する．したがって，分類学上放射仮足類に入る．単体あるいは群体をなして海水中に浮遊する．最初の出現は古生代カンブリア紀にまでさかのぼる．それから現在に至るまで何回かの繁栄期があり，それぞれの時期に応じた特徴ある群集が認められている．

a．標本のつくりかた

〔試料の処理〕 ①約 50 g ほどの試料（海成の泥岩）をハンマーでたたいて細かく砕く．②細かく砕いた試料を 500 ml のビーカーの中に入れ水を加えて 24 時間放置する．多くの試料は水に溶解して分解するが，まだ細粒になっていない場合には乳ばちですりつぶす．③ 200 メッシュのふるいで試料を水洗いする（120 メッシュでも大部分は残る）．内部構造が同定に必要なので，水洗いを十分に行うことが大切である．④水洗いした試料を乾燥させる．

〔スライド作成〕 スライドグラスに個体を接着させるために，卵白とグリセリンの混合液を使う方法もあるが，ここでは簡便な方法を述べる．①乾燥させた砂状の試料をスライドグラスの上にばらまく．②その上に濃い目のカナダバルサム（バルサム 3 とキシレン 1 の割合）あるいはエンテランニューを数滴おとして，カバーグラスをかぶせる．数日経つと固まる．

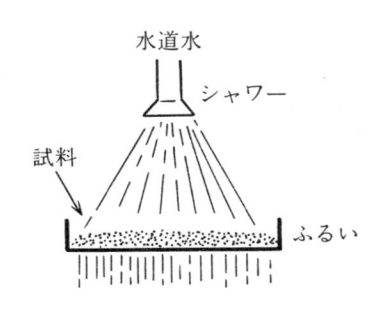

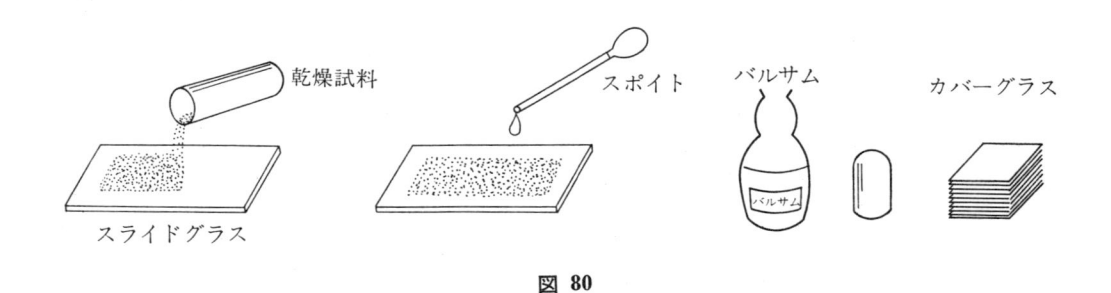

図 79

図 80

b．分類

放散虫類の分類体系は E. HAECKEL によって前世紀の終り（1887）に大成されたものが長い間使われてきた．A. CAMPBELL は現生および化石放散虫類の総括をこの体系に基づいてなした（1954）．最近種の層位的分布に関する研究が進むにつれて，E. HAECKEL の分類体系が極めて人為的であることが明らかとなり，より自然分類

§ 3. 微 化 石　　　　　　　　　　189

に近い体系が，W. RIEDEL (1971) や M. PETRUSHEUSKAYA (1971) によって作成された．これらの分類では，層位的分布から確認された属や種の出現の順序を手がかりに，系統進化と直接関係するような分類形質に基づいている．

　分類は主として骨格あるいは殻の特徴に基づいてなされるが，まずそれらの成分によって三つの目に分けられる．すなわち，骨格や殻が非晶質珪酸と有機物質の混合からで

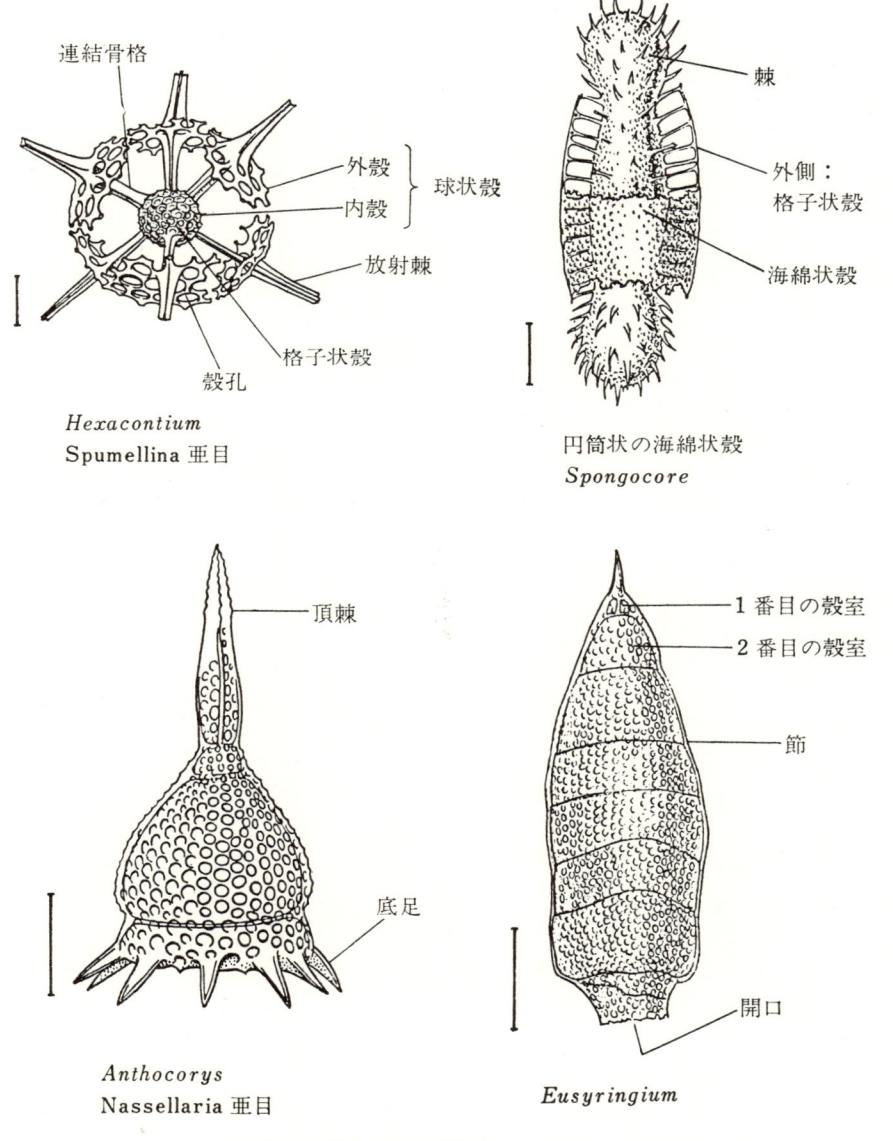

図 81　骨格あるいは殻における各部分の名称
（実線の長さは 50μ を示す）

きているもの（Tripylea 目），非晶質珪酸のみによるもの（Polycystina 目），および硫酸ストロンチウムのもの（Acantharia 目）である．このうちで化石となって残るものは Polycystina 目で，殻の形によって次の2亜目に分けられる．①Spumellina 亜目：球状あるいはそれに近い殻．②Nassellaria 亜目：三脚状骨格，環状骨格，円錐状殻など．ここでは，本邦第三系や第四系によくみられる科および属について，鑑定の概略を述べるにとどめる（くわしくは中世古・菅野，1976 を参照されたい）．

〔Spumellina 亜目〕

Liosphaeridae 科　　球状の殻が1個以上あり，殻の全体あるいは一部が海綿状構造をなすものがある．放射棘はない．
　　Cenosphaera 属　　球状殻が1個のみ．
　　Thecosphaera 属　　外殻と2個の内殻からなる．
　　Spongoplegma 属　　海綿状外殻と内殻からなる．
Collosphaeridae 科　　不規則な球状の薄い殻をもつ．

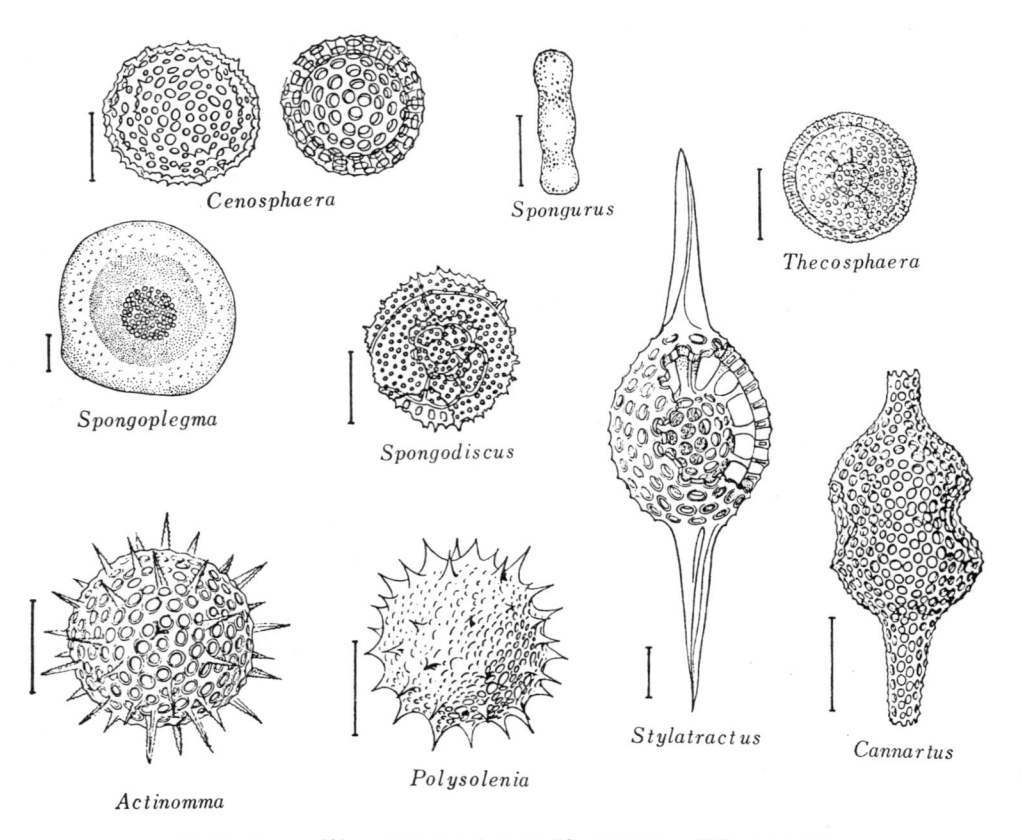

図 82　Spumellina 亜目のおもな属（CAMPBELL，1954 による）
（実線の長さは 75μ を示す）

Polysolenia 属　殻の外側に棘がある．
Actinommidae 科　格子状構造の殻が1個以上で，放射棘を8本以上持つ．
　Actinomma 属　殻が3個あり，放射棘は同形等長である．
Druppulidae 科　格子状殻が2個以上ある．
　Stylatractus 属　格子状殻が3個あり，2本の同形等長の放射棘を持つ．
Sponguridae 科　海綿状殻である．
　Spongurus 属　海綿状殻が1個のみで，放射棘がない．
Artistidae 科　中央でくびれた楕円状の殻で，長軸方向に海綿状の筒が突出している．

Stichocorys

Lychnocanium

Cyrtocapsa

Eucyrtidium

Anthocyrtidium

Theocyrtis

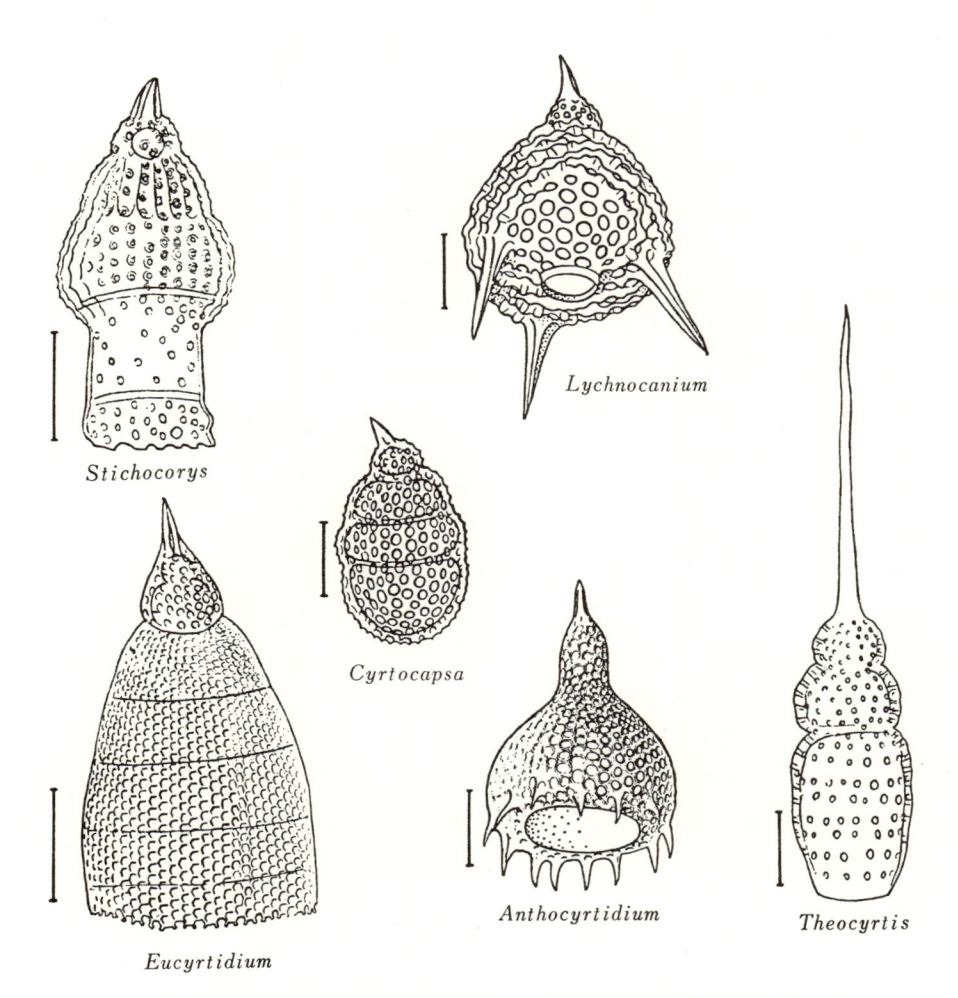

図 83　Nassellaria 亜目のおもな属　(CAMPBELL, 1954 による)
　　　(実線の長さは 50μ を示す)

Cannartus 属　2本の筒を持つ．

Ommatartus 属　殻の外側に帽子状の殻がある．

Spongodiscidae 科　　海綿状の平板殻で，放射棘や腕状殻が突出することがある．

Spongodiscus 属　海綿状の平板状殻のみである．

〔Nassellaria 亜目〕

Theoperidae 科　　頭部の室は小さな球状をなし，殻孔がない．

Lychnocanium 属　殻端部は開口し，3本の底足を持つ．頂棘がある．

Stichocorys 属　細長い円錐状殻は4個以上の殻室からなり，上半部は円錐，下半部は円筒状である．殻端部は開口し，頂棘がある．

Eucyrtidium 属　細長い紡錘状の殻である．

Cyrtocapsella 属　紡錘状ないし卵形の殻で，殻端部は閉口し，殻室は3個以上である．頂棘を持つ．

Pterocoryidae 科　　頭部が3個に分かれる．

Anthocyrtidium 属　円錐状殻で，2個の殻室からなる．頂棘と多数の底足がある．

Theocyrtis 属　殻の上半部は円錐状，下半部は円筒状である．殻端部は開口し，底足がない．　　　　　　　　　　　　　　　　　　　　　　　　　〔小泉　格〕

参考文献

A. S. CAMPBELL (1954): Radiolaria, In P. C. MOORE (ed.), Treatise on Invertebrate Paleontology. Part D, Protista 3 (Protozoa), 11-163 pp.

E. HAECKEL (1887): Report on the Radiolaria collected by H. M. S. Challenger during the years 1873-1876: Rept. Voyage Challenger, Zool., vol. 18, 1893 p.

中世古幸次郎・八尾　昭・市川浩一郎 (1975): 放散虫類，古生物学各論，第2巻，154-185 pp.，築地書館．

中世古幸次郎・菅野耕三 (1976): 放散虫類，微古生物学，中巻，67-137 pp.，朝倉書店．

C. A. NIGRINI (1971): Radiolarian zones in the Quaternary of the equatorial Pacific Ocean. In B. FUNNELL and W. RIEDEL (eds.), Micropaleontology of Oceans, 443-461 pp., Cambridge Univ. Press.

W. R. RIEDEL (1971): Systematic classification of Polycystine Radiolaria. In B. FUNNELL and W. RIEDEL (eds.), Micropaleontology of Oceans, 649-661 pp., Camdridge Univ. Press.

あとがき

　本書では，日本に多産し，博物館への鑑定依頼もいちばん多い二枚貝・巻貝と植物化石の章を収め，また，顕微鏡をのぞきながら鑑定するものの例として，若干の微化石のタクサを加え得て，幸いであった．読者が，本書に示された例により示唆され，化石鑑定のこつを会得して下さることを願う．執筆項目によって，やや筆法を異にする点もあるが，これは鑑定対象による差と，執筆者の個性に基づくものであるが，編集に当たっては，なるべく各章の持味をむしろ活かすように心がけ，無理な統一をはかることは避けた．

　本書は，同じ朝倉書店の刊行による『微化石研究マニュアル』『日本標準化石図譜』『日本化石図譜』『新版古生物学』などと併用することにより，お互いに足りない点を補ったり，さらに意味を深く理解するのに役立たせることができるであろう．また，築地書館刊による『日本化石集』や『日曜の地学』シリーズも参考になるであろう．

　今後，サンゴ・三葉虫・腕足貝・アンモナイト・脊椎動物・有孔虫・生痕などの章を設けたものの出版については，いずれ他日を期したい．なお，最後に朝倉書店編集部の方がたに厚く感謝申し上げる．　　　　　〔小畠郁生〕

事 項 索 引

あ 行

アオイ	166
アーカ	51
アカガイ	37, 43, 47
アカザ	164, 166
アカザラガイ	57
アカニシ	95
アカネ	165
アカマツ	160
アカメガシワ	114
アーキテクトニカ	100
アクチノドントフォラ	61
アクテオン	100
アークトストレア	59
アクメア	85
アケビコンカ	67
アケボノスギ	103, 104, 110, 122
アコヤガイ	37
アサダ	125, 176
アサリ	37
アシラ	49
アスタルテ	64
アスナロ	108
アスナロビシ	125
アセスタ	57
アセトリシス処理	153
アセトリシス法	161
アタフルス	87
アデュロミア	67
アナダラ	51
アノドンティア	63
アノミア	59
アピオトリゴニア	61
アビキュロペクテン	53
アポライス	89
アマモ	160
アヤカラフデ	97
アヤボラ	95
アラスカシラオガイ	63
アワブキ	113
アンシストロレピス	95
アンシラ	99
アンソニア	64
アンティプラネス	99
アンフィドンテ	59
アンガラ植物群	130
イイギリ	113
イガイ	43
イズセンリョウ	114
イソグノモン	53
イタヤガイ	46
イチジク	114
イチョウ	143, 160, 174
イナズマヒタチオビ	79
イヌカラマツ	121, 123
イヌムラサキ	165
イネ	160, 162, 164, 166, 178
イノセラムス	46, 53
ウイリアム・スミス	4
ウソシジミ	63
ウバガイ	67
ウリノキ	108, 114
ウルシ	114, 162
ウンボニウム	87
エオミオドン	67
エクイセチテス	135
エクイセトスタチス	137
エゴノキ	114, 125
エゾシラオガイ	47
エゾタマガイ	93
エゾタマキガイ	51
エゾデシダ	179
エゾマテガイ	67
エノキ	115, 176
エピトニウム	100
エマージヌラ	83
エリフィラ	64
L-O法	167, 170
縁孔粒	175, 176
円心目	182
延長角	187
エントリウム	55
オウナガイ	63
欧米植物群	130
大洗植物群	129
オオキララガイ	49
オオコシダカガンガラ	85
オオシラスナガイ	46
オオトリガイ	69
オオマツヨイグサ	160
大道谷植物群	129
オオミノガイ	59
雄型(cast)	16, 17
オキシトマ	53
オケトクラバ	89
オシダ	179
オシロイバナ	160
オストレア	59
越知層	130
オトザミテス	145
オトストマ	88
オドストミア	100
オドントプテリス	139
オニアサリ	69
オニキオプシス	141
オニグルミ	160, 164, 166
オニサザエ	95
オリバ	99
オリベラ	99

か 行

外 型 (external mould)	16, 17
開 口	189, 192
外 唇	80
外被壁 (perine)	167
外 壁 (exine)	167, 168
海綿状殻	189
海綿状構造	190
カエデ	102, 119, 120, 162, 177
ガガイモ	158
カガミガイ	71
カキ	114
核 果	125
殻構造	46
殻 頂	43, 79

かくと	126	球形ヒダ付粒	173	コウヨウザン	167, 173
カゴガイ	45	球形無孔粒	173	コゲチャタケ	99
過酸化水素水	181	共心円助	45	コシダカエビス	85
カ シ	113	キョウチクトウ	164	コスタトリア	59
カシオペ	88	極 観（polar view）	157	古生鱗木類	130
カズウネイタヤ	57	キンギョモ	160	コナラ	160, 165
カズラガイ	93	ギンゴイテス	143	コナルトボラ	93
化石による地層同定の法則	3	筋肉痕	46	ゴニオミア	71
カタイシア植物群	130	ギンヨウアカシア	158	コヌス	99
カタイシオプテリス	139	菌 類（Fungus）	180	コメツガ	160
カタバミ	165			コルダイテス	130
滑 層	80	ククレア	51	コルダ木類	130
カツラ	113, 115, 119	楔葉類	132, 133	コルビキュラ	69
カナリウム	89	——の分類	133	コロモガイ	99
カニモリガイ	91	クスノキ	116, 164, 175	ゴンドワナ植物群	130
カバノキ	160, 176	ク ズ	114	コンプトニア	111
花 粉	149	クズヤガイ	85		
花粉学	149	クスピダリア	71	**さ 行**	
花粉管	162	クダボラ	99	サイカチ	114
花粉プレパラート	149	クテニス	143	サイクロスチグマ	130
花粉分析	149	クマシデ	113, 116, 125,	さく果	125
果 穂	123		126, 175	サクラ	117, 125
カ マ	64	クラサテラ	64	サゲノプテリス	143
ガ マ	158	クラスロプテリス	139	ササフラス	102, 108
ガマズミ	114	クラソストレア	59	サルトリイバラ	114
カミエビ	114	クラドフレビス	141	サルボウ	49
カヤツリグサ	178	グラニュリフスス	97	サワグルミ	102, 114, 119～
カラタチ	165	グラマトドン	51		121, 160, 162, 166, 176
カラマツ	160, 173	クラミス	55	サンカクガイ	47
カリア	125, 175	ク リ	113, 177	3溝孔粒	177
カリスタ	69	グリキメリス	52	3孔粒	175
カルディタ	63	クリノカルディウム	64	3溝粒	177
カルディニア	64	クリプトナティカ	91	サンシュウ	113
カンアオイ	165	クルミ	111, 116, 125, 177	3条粒	179
管状縦溝	187	クルミガイ	47	3面粒	179
カンセラリア	99	クレピデュラ	89		
カンバ	102, 113, 119	グロコニア	88	軸 唇	80
カンプトネクテス	55	クロベ	108	ジクチオザミテス	145
眼 紋	184	クロモジ	114	ジクチオフィルム	141
		クワ	115	シクリナ	69
キク科	178			4孔粒	178
気 孔	127	珪藻殻	183	4溝粒	178
キタノフネガイ	49	珪藻類	181	自然分類	170
キツネノマゴ	164	ゲルビリア	53	シダ植物	149, 178
キヌタアゲマキ	67	ケヤキ		シドロ	91
キハダ	114		113, 160, 162, 164, 166, 176	シナノキ	104, 108, 115, 125,
キプレア	91	堅 果	118, 125		166, 177
キマティウム	93			シフォナリア	95
球 果	118	格子状殻	189	歯 面	47

事項索引   197

集合粒	178	
十字結節	187	
主　歯	47	
種　子	118	
種子植物	149	
ジュドウマクラ	99	
シュードメラニア	89	
シュモクアオリ	46	
種　鱗	122	
ジュンサイ	160	
小月面	45	
上　壁 (sclerine)	168	
掌状複葉	102	
掌状葉	102	
小葉植物	129〜131	
ジョルジュ・キュビエ	4	
シライトソウ	164	
シラキ	117	
シリカ	67	
シリカリア	89	
人為分類	170	
浸液法	127	
真珠層	46	
シンジュノキ	113, 119	
靱　帯	46	
水管溝	79	
スイショウ	164	
スイレン	176	
スガイ	85	
スカファーカ	51	
スギ	160, 164〜167, 173	
ス・ゲ	178	
スズカケノキ	102, 108, 123, 165, 177	
スタインマネラ	61	
スダレモシオ	63	
スチウム	85	
ステノ	3	
ストリアーカ	52	
ストルガージア	130	
スピスラ	65	
スポンジルス	57	
スラシア	71	
成長脈	81	
赤道観 (equatorial view)	157	
セコイア	103, 104, 110, 122, 164, 167, 173	
セコボラ	95	
セプティファー	52	
セラナ	83	
セリフスス	97	
セリペス	65	
セルコミア	71	
セルプロルビス	88	
蘚苔類 (Bryophyta)	179	
ゼンマイ	162, 179	
双子葉類 (Dicotyledoneae)	175	
装　飾 (ornamentation)	167	
総　壁 (sporoderm)	168	
側　歯	47	
ソテツ	143, 160, 166, 174	
ソテツ状葉の分類	143	
ソレクルトウス	65	
ソレミア	51	
ソレン	67	

た　行

胎　殻	80	
タイス	93	
体　層	80	
大葉植物	129, 137	
古生代の――	138, 140	
中生代の――	142, 144, 146	
タイワンスギ	122	
タウマトプテリス	139	
ダイネラ	53	
縦張肋	81	
楯　面	45	
タブノキ	114	
タマキガイ	47	
タヤシラ	63	
単孔粒	178	
単溝粒	173, 175, 176, 178	
炭酸同化作用	181	
単子葉類	178	
単条粒	179	
弾　帯	46	
弾帯受	46	
弾帯窩	46	
単　葉	102	
単　粒 (single grain)	155, 158	

地層累重の法則	3	
チャ	165	
チャンチン	119	
チュリウス	93	
チューリップ	166	
頂　棘	189, 192	
チョウセンイグチ	99	
ツガ	121, 122, 158, 160, 174	
ツキガイモドキ	63	
ツゲ	164	
ツツジ	105	
ツノオリイレ	95	
ツバメガイ	45	
ツメタガイ	93	
ツユクサ	160	
ツリス	99	
ツリテラ	88	
ツルボ	87	
ツルボニラ	100	
ディオドラ	83	
底　足	189, 192	
ディプロドンタ	63	
ティロストマ	91	
テギュラ	85	
テジルアーカ	51	
テトリア	67	
テニオプテリス	139	
テレブラ	100	
テングニシ	97	
トウカイシラスナガイ	51	
トウキョウホタテ	57	
等極性	184	
套　線	47	
トウヒ	121, 122, 160, 173, 175	
トウモロコシ	160	
トガサワラ	121, 122	
特殊粒	178	
トサペクテン	57	
トサミズキ	115	
ドシニア	69	
トチノキ	102, 108, 113	
トチュウ	113, 119	
トネリコ	119, 177	
ドブガイ	47	
トベラ	108, 125	
トラキスピラ	87	

トラジャネラ 89	ネプチュネア 95	ハリオティス 83
トリゴニア 47, 59	ネベリタ 91	ハリギリ 102
トリゴニオイデス 59	ネモカルディウム 64	バルネア 71
トリジジア 133	ネリタ 88	ハロビア 53
トリスティコトロクス 85	ネリトプシス 87	半自然分類 170
トリフォラ 100	ネリネア 100	ハンノキ 119, 123, 160, 162, 164, 166, 176
トレスス 65	ネルンボ 145	
トロクス 85		
ドロノキ 104, 115, 175	ノグルミ 114, 160, 176	ヒカゲノカズラ 164, 179
トロフォン 93	ノドデルフィニュラ 88	微化石 149
トロミニナ 95		ビカリア 89
トンナ 92	**は 行**	ビカリエラ 89
		ヒシ 125, 160, 162, 165
な 行	バイ 97	被子植物 (Angiospermae) 149, 175
	バイエラ 143	
内 型 (internal mould) 16, 17	ハイガイ 49	ピタール 69
内 唇 80	ハイノキ 116	ピチオフィルム 132
内 壁 (intine) 167, 168	背 稜 45	ヒツジグサ 160
ナガニシ 97	バウゴニア 61	ビッティウム 89
ナサリウス 97	ハウスマニア 141	ビノスガイ 71
ナツツバキ 125	バカガイ 45〜47	ピヌス 132
ナツメ 115	ハカマカズラ 107	ビビパルス 88
ナミガイ 71	バケベリア 52	ヒメエゾボラ 97
ナラ 177	ハコヤナギ 164	ヒメゴウソ 164
ナンヨウスギ 122	ハシバミ 114, 176	ヒメシラトリ 67
	バシベンビクス 85	ヒメハギ 165
ニオガイ 69	バショウ 178	表皮細胞 127
肉柱痕 47	羽状複葉 102	ヒラギナンテン 116
ニッサ 114	羽状目 183	ヒルムシロ 178
ニッポニトリゴニア 61	ハシリドコロ 160	ピンナ 52
二枚貝 (Bivalvia) 37	Hustedt 182	
ニラ 166	発芽口 (germinational aperture) 155, 162	ファリウム 91
ニルソニア 145	発芽孔 (poratae) 162	フィクス 91
ニレ 102, 113, 114, 119, 176	発芽溝 (colpatae) 162	フィンブリア 63
ニンファエイテス 147	発芽溝中孔 (colporatae) 162	フウ 102, 113, 124, 160, 164, 166, 177
	Haeckel 188	
ヌクラ 49	バティラリア 89	封印木 130
ヌクラナ 49	パテラ 83	フォラドミア 71
ヌセラ 93	ハナズオウ 114	フォルティペクテン 57
ヌッタリア 65	ハナムシロ 97	腹足類 72
ヌマスギ 103, 104, 110, 167, 173	ハナヤスリ 179	複葉 102
	パノペア 71	複粒 (compound grain) 155, 158
	バビロニア 95	
ネイシア 57	パフィア 69	フクレギンエビス 85
ネオカラミテス 135	ハマグリ 37, 47	フサザクラ 114
ネオミオドン 67	ハマナツメ 115	プシグモフィルム 139
ネゲラシオプシス 130	パラスフェノフィルム 133	フジツガイ 79
ネコヤナギ 160	パラトリジジア 133	フシトリトン 93
ネズ 108	パラレロドン 51	フシヌス 97

事項索引

フジバシテ	119	マ　キ	158, 173, 175	モクレン	114, 124, 176
斧足類 (Pelecypoda)	37	巻　貝	72	モクゲンジ	125
プチロフィルム	145	マキモノガイ	99	モシオガイ	46
ブッキヌム	95	マキヤマイア	100	モチノキ	116, 177
プテリア	52	マクトラ	65	モディオルス	52
プテレア	125	マコマ	65	モノチス	53
プテロトリゴニア	61	マシジミ	47	モ　ミ	118, 121, 123, 168,
ブドウ	125	マセレーション (maceration)			173, 175
ブ　ナ	102, 104, 106, 110,		127	モミジボラ	99
	113, 116, 160, 162, 165, 177	マーチソニア	88		
腐敗栄養法	181	マ　ツ	121, 122, 158,	**や 行**	
ブラキフィルム	132		160, 168, 173, 175	ヤ　シ	178
プラジオストマ	57	マツバボタン	165	ヤチヨノハナガイ	67
プラネラ	113, 114	マツヨイグサ	164, 166	ヤツシロガイ	93
プリカトウラ	57	マテガイ	37, 45	ヤナギ	113, 114, 166, 177
プリューロトマリア	83	マテバシイ	108	ヤマモモ	108, 164, 176
フルゴラリア	97	マ　メ	105, 116		
ブルサ	93	マメウラシマ	99	有節植物	129, 132, 135
プレグモフィルム	139	マルサザエ	79	有節類の分類	133
フレネロプシス	132	マンサク	114	有翼型	175
プロトカルディア	64			有翼粒	173
プロトターカ	69	ミアドラ	71	ユサン	118, 121〜123
プロトロテラ	87	ミオフォレラ	61	ユリノキ	106, 119
プロペアムシウム	55	ミクリ	164		
		ミズキ	113	葉縁	110
ペクテン	55	ミズホペクテン	55	葉脚	107
ペコプテリス	139	ミチルス	52	葉形	104
ベニグリ	51	ミツガシワ	177	葉先	105
ベネリカルディア	63	ミトラ	97	葉柄	116
ヘミフサス	95	ミトレラ	95	葉脈	113
ベレロフォン	83	ミネトリゴニア	61	翼果	119
ペロトロクス	83	ミノガイ	45	翼状部	43
ペロニディア	65	ミノリア	85	ヨツバムグラ	165
弁鰓類 (Lamellibranchiata)		ミミガイ	79		
	37	脈端	116	**ら 行**	
		ミヤマシオガマ	165	ラエタ	65
縫合	80	ミルクイ	45, 47	螺管	79
放散虫類	188			螺状脈	81
胞子	149	ムクノキ	114	裸子植物 (Gymnospermae)	
放射仮足類	188	無孔粒	175, 178		149, 173
放射肋	45	ムシトリナデシコ	160	ラステルム	59
ホシキヌタ	93	無条粒	178	螺塔	80
ホタテガイ	37, 47	ムラサキ	160	ラパナ	93
ポドザミテス	132	ムーロニア	83	ラン	178
ポリニセス	91				
ホロムイソウ	158	雌型 (mould)	16, 17	リッソイナ	88
		メタセコイア	174	リットリナ	88
ま 行		メルセナリア	69	RIEDEL	189
マガキ	37, 43, 47	面孔粒	175, 177	リマ	57

リモプシス	52	ルシノマ	63	連 状	115
リュウグウボタル	97	ルトラリア	65	ロボク類	132
竜 骨	187	ルネラ	87		
リンギキュラ	100	ループ	115	**わ 行**	
鱗 木	130				
		レイシ	95	ワタゾコボタル	97

学 名 索 引

A

Abies	118, 121, 123, 151, 168, 173, 175
Acacia	158
Acer	102, 103, 117, 119, 120, 157, 162, 177
Acesta	57
Achnanthes	186, 187
Achnanthaceae	186
Acila	49
Acmaea	85
Acteon	100
Actinocyclus	184, 185
Actinodontophora	61
Actinomma	190, 191
Actinommidae	191
Actinoptychus	184, 185
Adulomya	67
Aesculus	108, 113
Ailanthus	112, 113, 119, 120
Akebiconcha	67
Alangium	108, 109, 114
Alnus	103, 119, 157, 160~166, 172, 176
Amphidonte	59
Amthocyrtidium	192
Anadara	49, 51
Ancilla	97, 99
Ancistrolepis	95
Anodontia	63
Anomia	59
Anomozamites	143
Anthocorys	189
Anthocyrtidium	191
Anthonya	63, 64
Antiplanes	99
Anulus	166
Aphananthe	114
Apiotrigonia	61
Aporrhais	89, 91
Araucaria	122
Arca	49, 51
Architectonica	99, 100
Arctostrea	59
Artistidae	191
Asarum	165
Astarte	63, 64
Athaphrus	85, 87
Atrium	166
Aviculopecten	53, 55

B

Babylonia	95, 97
Bakevellia	51, 52
Barnea	69, 71
Bathybembix	85
Batillaria	87, 89
Bauhinia	107
Bellerophon	83, 85
Betula	113, 115, 119, 157, 160, 165, 166, 176
Bittium	89
Bituitus	166
Brachyphyllum	131, 132
Brasenia	160
Buccinum	95
Bursa	93
Buxus	164

C

Callista	69
Calliostoma	85
Calamites	133
Camptonectes	55
Canarium	89, 91
Cancellaria	99
Cannartus	190, 192
Cardinia	64, 67
Cardita	63
Carez	164
Carpinus	113, 125, 175
Carya	124, 125, 175
Cassiope	88
Castanea	113, 177
Cathaysiopteris	138, 139
Cedrela	114, 119, 120
Cellana	83
Celtis	115, 176
Cenosphaera	190
Cercidiphyllum	108, 113~115, 119
Cercis	114
Cercomya	71
Chama	64
Chenopodium	164
Chicoreus	93, 95
Chionographis	164
Chlamys	55, 57
Cinnamomum	164, 175
Cladophlebis	141, 145
Cladrastis	119
Clathropteris	139, 143
Clinocardium	64
Cocconeis	186, 187
Cocculus	114
Collosphaeridae	191
Colocasia	155
Commelina	160
Comptonia	109, 111
Conus	99
Corbicula	69
Cordaites	129~131
Cornus	113
Corylopsis	115
Corylus	114, 157, 161, 165, 166, 176
Coscinodiscus	184, 185
Costatoria	59
Craex	178
Crassatella	63, 64
Crassostrea	59
Crepidula	89
Cryptomeria	160, 164, 166, 167, 173
Cryptonatica	91
Ctenis	143, 147
Cucullaea	49, 51
Cunninghamia	167, 173
Cuspidaria	71
Cycas	155, 160, 166, 174
Cyclina	69

Cyclostigma	130, 131	*Fortipecten*	57	**K**		
Cyclotella	184, 185	Fragilariaceae	184			
Cymatium	78, 93, 95	*Fragilaria*	184, 186	*Kalopanax*	102	
Cymbella	186, 187	*Fraxinus*	119, 120, 177	*Keteleeria*	118, 119, 121, 123	
Cyperaceae	178	*Frenelopsis*	131	*Koelreuteria*	125	
Cypraea	91, 93	*Fulgoraria*	78, 97			
Cyrtocapsa	193	*Fusinus*	97	**L**		
Cyrtocapsella	192	*Fusitriton*	93, 95	*Labrum*	165, 166	
				Larix	155, 160, 173	
D		**G**		*Leptophloeum*	129, 130	
Daonella	53, 55	*Galium*	165	*Leucotina*	99	
Dictyophyllum	141, 147	*Gervillia*	53	*Lima*	57, 59	
Dictyozamites	145, 147	*Ginkgo*	160, 174	*Limopsis*	51, 52	
Diodora	83, 85	*Ginkgoidium*	143	*Lindera*	114	
Diospyros	114	*Ginkgoites*	143, 147	*Liquidambar*	102, 112, 113,	
Diplodonta	63	*Glauconia*	88		124, 160, 164, 166, 177	
Diploneis	186, 187	*Gleditsia*	114	*Liqularia*	157	
Diporisporites	180	*Gleichenia*	153	Liosphaeridae	190	
Disanthus	114	*Glycymeris*	51, 52	*Liriodendron*	106, 119	
Diversifolia	175	*Glyptostrobus*	164	*Lithospermum*	160, 165	
Dosinia	69, 71	*Gnaphalium*	157	*Littorina*	88	
Droppulidae	191	*Goniomya*	71	*Lobatannularia*	135	
Dryopteris	179	Gramineae	178	*Lucinoma*	63	
Dyadosporites	180	*Grammatodon*	51	*Lunella*	85, 87	
		Granulifusus	97	*Lutraria*	65, 69	
E				*Lychnocanium*	191, 192	
Emarginula	83	**H**		*Lycopodium*	179	
Engelhardtia	119	*Haliotis*	78, 83	*Lygodium*	153, 157	
Entolium	55	*Halobia*	53			
Eomiodon	67	*Hamamelis*	114	**M**		
Epithemia	186, 187	*Hausmannia*	141, 147	*Machilus*	114	
Epithemiaceae	187	*Hemiaulus*	181	*Macoma*	65, 67	
Epitonium	100	*Hemifusus*	95, 97	*Mactra*	45, 65	
Equisetites	133, 135, 137	*Hemitrapa*	124, 125	*Maesa*	114	
Equisetostachys	137	*Hexacontium*	189	*Magnolia*	114, 124, 176	
Eriphyla	63, 64			*Mahonia*	116	
Eucommia	113, 119	**I**		*Makiyamaia*	99, 100	
Eucyrtidium	191, 192	*Idesia*	113	*Mallotus*	114	
Euptelea	114	*Ilex*	116, 177	*Malva*	166	
Euryale	124	*Inapertisporites*	180	*Melosira*	184, 185	
Eusyringium	189	*Inquisitor*	99	*Menyanthes*	177	
Excelsus	166	*Inoceramus*	51, 53, 55	*Mercenaria*	69, 71	
		Isognomon	53	*Meliosma*	113	
F				*Metaplexis*	158	
Fagus	104, 106, 107, 110,	**J**		*Metasequoia*	103, 104, 174	
	113, 116, 118, 157,	*Juglans*	114, 124, 125, 157,	*Minetrigonia*	61	
	160~162, 165, 177		160, 162, 164, 166, 177	*Minolia*	85	
Ficus	91, 114	*Juniperus*	108	*Mirabilis*	160	
Fimbria	45, 63	*Justicoa*	164	*Mitra*	97	

Mitrella	95	
Mizuhopecten	55	
Modiolus	52	
Monocolpopollenites	170	
Monoporisporites	180	
Monotis	53, 55	
Morus	115	
Mourlonia	83	
Murchisonia	88	
Musa	178	
Myadora	71	
Mylliophyllum	160	
Myophorella	61	
Myrica	108, 164〜166, 176	
Mytilus	52	

N

Nageia	131, 132
Narium	164
Nassarius	97
Naticopsis	87
Naviculaceae	187
Navicula	186, 187
Neithea	57, 59
Nelumbo	145, 147
Neocalamites	133, 135, 137
Nemocardium	64
Neomiodon	67
Neptunea	95, 97
Nerinea	99, 100
Nerita	88
Neritopsis	87
Neverita	91, 93
Nilssonia	143, 145, 148
Nipponitrigonia	61
Nitzschia	186, 187
Nitzschiaceae	187
Nododelphinula	87, 88
Noditerebra	99
Noeggerathiopsis	130
Nucella	93
Nucula	49
Nuculana	49
Nuphar	155
Nuttallia	65
Nymphaea	160
Nymphaeaceae	176
Nymphaeites	147
Nyssa	114

O

Obexempum	166
Ochetoclava	89, 91
Odontopteris	138, 139
Odostomia	100
Oenothera	160, 164, 166
Oliva	99
Olivella	97, 99
Ommatartus	192
Onychiopsis	141, 145
Ophioglosum	179
Orchidaceae	178
Oryza	160, 162, 164, 166
Osmunda	153, 155, 162, 179
Ostrea	59
Ostrya	125, 176
Otostoma	87, 88
Otozamites	145, 147
Oxaris	165
Oxytoma	53, 55

P

Padocarpus	151
Paliurus	115
Palmae	178
Panopea	71
Paphia	69
Parallelodon	49, 51
Parasphenophyllum	133〜135
Paratrizygia	133〜135
Pasania	108
Patella	83
Patinopecten	57
Patorinia	157
Pecopteris	139
Pecten	55, 57
Pedicularis	165
Peronidia	65, 69
Perotrochus	83
Persicaria	153
Pholadomya	71
Phalium	91, 93
Phellodendron	114
Picea	121, 123, 151, 160, 173, 175
Pinna	52
Pinus	121, 131, 132, 151, 158, 160, 168, 175
Pitar	69
Pittosporum	108, 125
Pityophyllum	131, 132
Plagiostoma	57
Planera	111, 113, 114
Platanus	102, 108, 165, 177
Platycarya	114, 160
Pleuricellaesporites	180
Pleurotomaria	83
Plicatula	57
Podocarpus	158, 173
Podocarpur	175
Podocarpites	172
Podozamites	129, 131, 132
Polinices	91
Polyadosporites	180
Polygala	165
Polypodium	179
Polyporisporites	180
Polysolenia	190
Poncirus	165
Populus	104, 114, 115, 164, 175
Portulaca	165
Postatrium	166
Potamogeton	164, 178
Propeamussium	55
Protocardia	64
Protorotella	87
Protothaca	69
Prunus	115, 117, 125
Pseudolarix	121, 123
Pseudomelania	89, 91
Pseudotsuga	121, 155
Psygmophyllum	138, 139
Ptelea	125
Pteria	45, 52
Pteridium	153
Pterocarya	109, 114, 119, 120, 124, 160, 162, 166, 176
Pterocoryidae	192
Pterophyllum	145
Ptirophyllum	143, 145
Pterotrigonia	61

Q

Quercus	113, 157, 160, 161, 165, 177

R

Raeta	65, 67
Rapana	93, 95
Rastellum	59
Rhaphoneis	186
Rhododendron	109
Rhus	103, 109, 114, 162
Ringicula	99, 100
Rissoina	88
Rubia	165

S

Sagenopteris	143, 147
Salix	113, 114, 160, 166, 177
Sapium	117
Sassafras	102, 108
Scapharca	51
Scheuchzeria	158
Schizoneura	129
Scopolia	160
Selaginella	153
Septifer	52
Sequoia	103, 104, 164, 167, 173
Serpulorbis	88
Serrifusus	97
Serripes	65
Silene	160
Siliqua	67
Silquaria	87
silvestris	173
Siphonalia	95
Skeletonemaceae	184
Smilax	114
Solecurtus	65, 67
Solemya	49, 51
Solen	67
Sphenophyllum	134
Spisula	65, 67
Spondias	124
Spondylus	57, 59
Spongocore	189
Spongodiscidae	192
Spongodiscus	190, 192
Spongoplegma	190
Spongurus	190, 191
Sponguridae	191
Steinmanella	61
Stephanodiscus	184, 185
Stephanopyxis	184, 185
Stewartia	125
Stichocorys	191, 192
Storgaardia	129, 130
Striarca	52
Stylatractus	190, 191
Styrax	114, 124, 125, 157
Suchium	85
Symplocos	153

T

Taeniopteris	139, 141, 143
Taiwania	122
Taxodiaceae	165
Taxodium	103, 104, 167, 173
Tegillarca	51
Tegula	85
Terebra	100
Tetoria	67
Thais	93, 95
Thalassionema	184, 186
Thalassiosira	184, 185
Thalassiosiraceae	184
Thaumatopteris	139, 147
Thea	165
Thecosphaera	190
Theocyrtis	191
Theoperidae	192
Thocyrtis	192
Thracia	71
Thuja	108
Thujopsis	108
Thyasira	63
Tilia	104, 108, 115, 125, 157, 165, 166, 177
Tonna	92, 93
Tosapecten	55, 57
Trachyspira	87
Trajanella	89, 91
Trapa	124, 125, 160, 162, 165
Tresus	65
Tricolporopollenites	170
Trigonia	59, 61
Trigonioides	59
Trinacrina	181
Triphora	100
Triporisporites	180
Tristichotrochus	85
Trizygia	133, 134, 135
Trochus	85
Trominina	95
Trophon	93, 95
Tsuga	121, 123, 158, 160, 174
Tulipa	166
Tumeszenz	165, 166
Turbo	78, 87
Turbonilla	100
Turris	99
Turritella	87, 88
Tylostoma	91
Typha	158

U

Ulmus	111~114, 119, 176
Umbonium	87

V

Vaugonia	61
Venericardia	63
Vestibulum	166
Viburnum	114
Vicarya	89, 91
Vicaryella	89
Vitis	125
Viviparus	88

Z

Zamites	145
Zanthoxylum	113
Zea	160
Zelkova	111, 113, 160, 162, 164, 166, 176
Zizyphus	115
Zostera	160

化石鑑定のガイド

1979年5月25日　初版第1刷
2004年3月1日　　第8刷(新装版)
2004年6月20日　　第9刷

定価はカバーに表示

編　者　小　畠　郁　生
発行者　朝　倉　邦　造
発行所　株式会社　朝　倉　書　店
東京都新宿区新小川町6-29
郵便番号　162-8707
電　話　03(3260)0141
FAX　03(3260)0180
振替口座東京6-8673番
http://www.asakura.co.jp

〈検印省略〉

© 1979 〈無断複写・転載を禁ず〉　　　中央印刷・渡辺製本

ISBN 4-254-16247-2　C 3044　　　Printed in Japan

R.T.J.ムーディ／A.Yu.ジュラヴリョフ著　小畠郁生監訳	**生命と地球の進化アトラスⅠ** ―地球の起源からシルル紀― 16242-1　C3044　A4変判　148頁　本体8500円	第Ⅰ巻ではプレートテクトニクスや化石などの基本概念を解説し，地球と生命の誕生から，カンブリア紀の爆発的進化を経て，シルル紀までを扱う。〔内容〕地球の起源／生命の起源／始生代／原生代／カンブリア紀／オルドビス紀／シルル紀
D.ディクソン著　小畠郁生監訳	**生命と地球の進化アトラスⅡ** ―デボン紀から白亜紀― 16243-X　C3044　A4変判　148頁　本体8500円	第Ⅱ巻では，魚類，両生類，昆虫，哺乳類的爬虫類，爬虫類，アンモナイト，恐竜，被子植物，鳥類の進化などのテーマをまじえながら白亜紀までを概観する。〔内容〕デボン紀／石炭紀前期／石炭紀後期／ペルム紀／三畳紀／ジュラ紀／白亜紀
I.ジェンキンス著　小畠郁生監訳	**生命と地球の進化アトラスⅢ** ―第三紀から現代― 16244-8　C3044　A4変判　148頁　本体8500円	第Ⅲ巻では，哺乳類，食肉類，有蹄類，霊長類，人類の進化，および地球温暖化，現代における種の絶滅などの地球環境問題をとりあげ，新生代を振り返りつつ，生命と地球の未来を展望する。〔内容〕古第三紀／新第三紀／更新世／完新世
横国大　間嶋隆一・静岡大　池谷仙之著	**古生物学入門** 16236-7　C3044　A5判　192頁　本体3900円	古生物学の概説ではなく全編にわたって「化石をいかに科学するか」を追求した実際的な入門書。〔内容〕古生物学とは／目的／関連科学／未来／化石とは／定義／概念／身近かな化石の研究／貝化石の産状の研究／微化石の研究／論文の書き方
D.E.G.ブリッグス他著　大野照文監訳 鈴木寿志・瀬戸口美恵子・山口啓子訳	**バージェス頁岩化石図譜** 16245-6　C3044　A5判　248頁　本体4800円	カンブリア紀の生物大爆発を示す多種多様な化石のうち主要な約85の写真に復元図をつけて簡潔に解説した好評の"The Fossils of the Burgess Shale"の翻訳。わかりやすい入門書として，また化石の写真集としても楽しめる。研究史付
元横国大　鹿間時夫著	**日本化石図譜**（増訂版） 16226-X　C3644　B5判　296頁　本体22000円	日本における多種多様な化石を網羅し，図版に簡潔な説明を付して構成。あわせて化石全体の概説も記載した。〔内容〕化石／東亜における化石の時代分布／化石の時代分布表／東亜の地質系統表／化石図版および同説明／化石の形態に関する術語
遠藤隆次著	**植物化石図譜** 16227-8　C3644　B5判　328頁　本体22000円	先カンブリア紀から洪積世までの各地質時代に生育した陸上・海生両植物化石について，その種属・分布・古地理・古気候・進化の動向などを図版多数を用いて詳述したわが国で初めての植物化石図譜。好評の「日本化石図譜」の姉妹編
名大　森下　晶・名大　糸魚川淳二著	**図説古生態学** 16229-4　C3044　B5判　180頁　本体8500円	古生物と生活環境の相互関係を研究する古生物学の一分野である古生態学。この学問を多数の図表と写真で解説。〔内容〕化石／古生態学／現在主義／自然環境と生物／堆積学的吟味／瑞浪層群／群集古生態学／個体古生態学／フィールド観察
日本古生物学会編	**古生物学事典** 16232-4　C3544　A5判　496頁　本体18000円	古生物学に関する重要な用語を，地質，岩石，脊椎動物，無脊椎動物，中古生代植物，新生代植物，人物などにわたって取り上げて解説した五十音順の事典（項目数約500）。巻頭には日本の代表的な化石図版を収録し，化石図鑑として用いることができ，巻末には系統図，五界説による生物分類表，地質時代区分，海陸分布変遷図，化石の採集法・処理法などの付録，日本語・外国語・分類群名の索引を掲載して，研究者，教育者，学生，同好者にわかりやすく利用しやすい編集を心がけている
J.O.ファーロウ／M.K.ブレット-サーマン編 小畠郁生監訳	**恐竜大百科事典** 16238-3　C3544　B5判　648頁　本体24000円	恐竜は，あらゆる時代のあらゆる動物の中で最も人気の高い動物となっている。本書は「一般の読者が読むことのできる，一巻本で最も権威のある恐竜学の本をつくること」を目的として，専門の恐竜研究者47名の手によって執筆された。最先端の恐竜研究の紹介から，テレビや映画などで描かれる恐竜に至るまで，恐竜に関するあらゆるテーマを，多数の図版をまじえて網羅した百科事典。〔内容〕恐竜の発見／恐竜の研究／恐竜の分類／恐竜の生態／恐竜の進化／恐竜とマスメディア

上記価格（税別）は2004年5月現在